物联网技术及应用

主　编◎陈志新
副主编◎李俊韬　周桂香

中国财富出版社

图书在版编目（CIP）数据

物联网技术及应用 / 陈志新主编 . —北京：中国财富出版社，2019. 8（2021. 7 重印）

ISBN 978 - 7 - 5047 - 6570 - 3

Ⅰ. ①物…　Ⅱ. ①陈…　Ⅲ. ①互联网络—应用 ②智能技术—应用　Ⅳ. ①TP393. 4 ②TP18

中国版本图书馆 CIP 数据核字（2017）第 194857 号

策划编辑	王　靖	**责任编辑**	邢有涛　王　靖		
责任印制	尚立业	**责任校对**	杨小静	**责任发行**	敬　东

出版发行	中国财富出版社		
社　　址	北京市丰台区南四环西路 188 号 5 区 20 楼	**邮政编码**	100070
电　　话	010 - 52227588 转 2098（发行部）		010 - 52227588 转 321（总编室）
	010 - 52227588 转 100（读者服务部）		010 - 52227588 转 305（质检部）
网　　址	http://www. cfpress. com. cn		
经　　销	新华书店		
印　　刷	北京九州迅驰传媒文化有限公司		
书　　号	ISBN 978 - 7 - 5047 - 6570 - 3/TP · 0101		
开　　本	787mm × 1092mm　1/16	**版　　次**	2019 年 8 月第 1 版
印　　张	14. 25	**印　　次**	2021 年 7 月第 2 次印刷
字　　数	295 千字	**定　　价**	48. 00 元

前　言

物联网是通过智能感知、识别技术与普适计算、泛在网络的融合应用，被称为继计算机、互联网之后世界信息产业发展的第三次浪潮。与其说物联网是网络，不如说物联网是业务和应用，物联网也被视为互联网的应用拓展。当代物流信息技术又与物联网技术紧密结合，物联网是新一代信息技术的高度集成和综合运用，现已被国务院作为战略性新兴产业上升为国家发展战略。

编者根据多年的教学实践和物联网项目实施经验编写了本书。但由于物联网应用领域很广，不可能面面俱到，因此，本书主要以物联网在智能物流领域方面的应用为背景展开讨论。在内容方面，本书力求充实、创新，注重理论与实践相结合，涉及当今物联网技术及其应用的最新成果，图文并茂，突出学生实践动手能力的训练。

本书共分为 8 章。第 1 章至第 3 章主要介绍了物联网技术的基础理论知识。第 4 章至第 7 章主要介绍了条码技术、RFID（无线射频）技术、空间信息技术和无线传感器网络技术等物联网关键技术，并通过应用实训提升学生对知识的认识，加强学生对物联网技术的实际操作能力。第 8 章重点介绍了物联网技术在物流中的应用，主要包括物联网技术在智能仓储、智能运输和智能销售中的实际应用。本书可作为高等院校物联网工程、物联网应用技术、物流工程、物流管理、工业工程、电子商务、信息管理与信息系统等专业的教材或参考书，也可作为企业物流从业人员、物联网相关岗位的技术培训用书。

本书作为中国（宁夏）现代物流职业技能公共实训基地建设的一项成果，得到了宁夏回族自治区职教园区管委会、宁夏职业技术学院的支持，并给予了项目资助，在此表示感谢!

全书由宁夏职业技术学院陈志新教授主持编写，北京物资学院李俊韬教授，宁夏职业技术学院周桂香教授、叶茜老师、熊为能老师，宁夏物流与采购联合会赵军龙会长参与了编写工作。在本书的写作过程中，国务院发展研究中心、北京物资学院、宁夏回族自治区商务厅、银川市商务局、宁夏九鼎物流科技有限公司都给予了帮助，在此向有关作者及参与编写工作的人员表示深深的感谢！

由于编者水平有限，书中难免有不完善之处，恳请专家和读者批评指正。

编　者

2019 年 8 月于银川

目　录

1　物联网技术概述

1.1　物联网技术的起源与发展

物联网的概念最早是由麻省理工学院 Ashton（艾什顿）教授于 1999 年在美国召开的移动计算和网络国际会议上提出的，其理念是基于 RFID（射频识别）技术、电子代码（EPC）等技术，在互联网的基础上，构造一个实现全球物品信息实时共享的实物互联网“Internet of Things”（简称物联网）。

2003 年，美国《技术评论》提出传感网络技术将是未来改变人们生活的十大技术之首。2005 年 11 月 17 日，在突尼斯举行的信息社会世界峰会（WSIS）上，国际电信联盟（ITU）发布《ITU 互联网报告 2005：物联网》，引用了“物联网”的概念。报告指出：无所不在的“物联网”通信时代即将来临，世界上所有的物体，从轮胎到牙刷、从房屋到纸巾都可以通过互联网主动进行交换。RFID 技术、传感器技术、纳米技术、智能嵌入技术将得到更加广泛的应用。

2009 年 1 月 28 日，奥巴马就任美国总统后，与美国工商业领袖举行了一次“圆桌会议”，作为仅有的两名代表之一，IBM（国际商业机器公司）首席执行官彭明盛首次提出“智慧地球”这一概念，建议新政府投资新一代的智慧型基础设施。当年，美国将新能源和物联网列为振兴经济的两大重点。

2009 年 8 月，时任总理温家宝同志在视察中科院无锡物联网产业研究所时，对于物联网应用也提出了一些看法和要求。自温总理提出“感知中国”以来，物联网被正式列为国家五大新兴战略性产业之一，写入《政府工作报告》。2011 年 11 月 28 日，工业和信息化部印发了《物联网“十二五”发展规划》。2013 年 2 月 17 日，国务院发布了《国务院关于推进物联网有序健康发展的指导意见》。物联网在中国受到了政府及全社会极大的关注，其受关注程度是在美国、欧盟以及其他各国不可比拟的。物联网发展历程如图 1－1 所示。

综观物联网技术的产生与发展，物联网技术也由最初的互联网、RFID 技术、EPC（电子代码）标准等转变为包括光、热等传感网、GPS（全球定位系统）、GIS（地理信

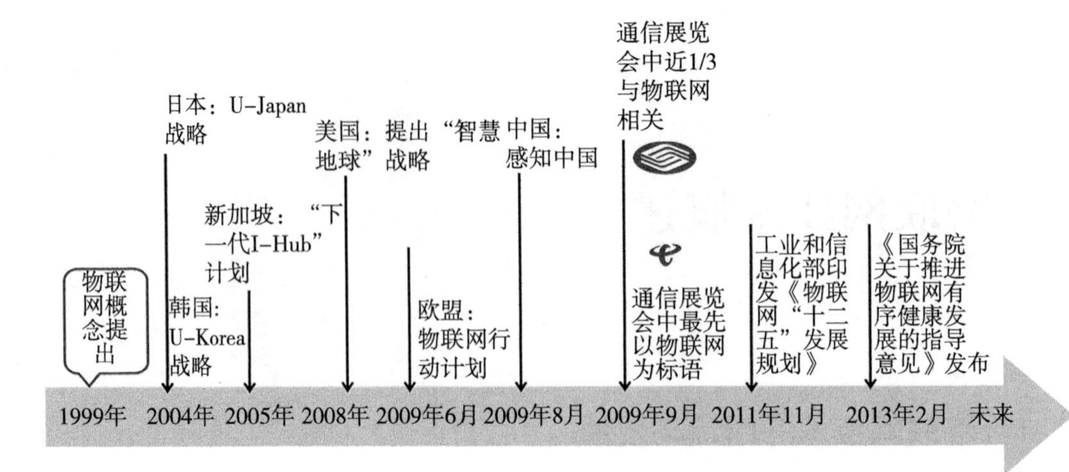

图1-1　物联网发展历程

息系统）等数据通信技术和人工智能、纳米技术等为实现全世界人与物、物与物实时通信的所用应用技术。

1.2　物联网的定义

物联网的定义目前争议很大，还没有被各界广泛接受的定义。各个地区或组织对物联网都有自己的定义。以下是一些地区或组织关于物联网的定义。

中国物联网校企联盟将物联网定义为：当下几乎所有技术与计算机、互联网技术的结合，实现物体与物体之间、环境以及状态信息的实时共享以及智能化的收集、传递、处理、执行。广义上说，当下涉及信息技术的应用，都可以纳入物联网的范畴。

国际电信联盟（ITU）发布的《ITU互联网报告：2005》，对物联网做了如下定义：通过二维码识读设备、射频识别（RFID）装置、红外感应器、全球定位系统和激光扫描器等信息传感设备，按约定的协议，把任何物品与互联网相连接，进行信息交换和通信，以实现智能化识别、定位、跟踪、监控和管理的一种网络。

EPC基于“RFID”的物联网定义：物联网是在计算机互联网的基础上，利用RFID、无线数据通信等技术，构造一个覆盖世界上万事万物的“Internet of Things”。在这个网络中，物品（商品）能够彼此进行“交流”，而无须人的干预。其实质是利用RFID技术，通过计算机互联网实现物品（商品）的自动识别和信息的互联与共享。

我国中国科学院基于传感网的物联网定义：随机分布的集成有传感器、数据处理单元和通信单元的微小节点，通过一定的组织和通信方式构成的网络，是传感网，又叫物联网。

按照上述定义，目前比较流行，能够被各方所接受的物联网定义为：通过 RFID、红外感应器、全球定位系统、激光扫描器等信息传感设备，按约定的协议，把任何物品与互联网连接起来，进行信息交换和通信，以实现智能化识别、定位、跟踪、监控和管理的一种网络。目的是让所有的物品都与网络连接在一起，方便识别和管理。其核心是将互联网扩展应用于我们所生活的各个领域。

为了更好地理解物联网的定义，我们给出了物联网的概念模型，如图 1－2 所示。

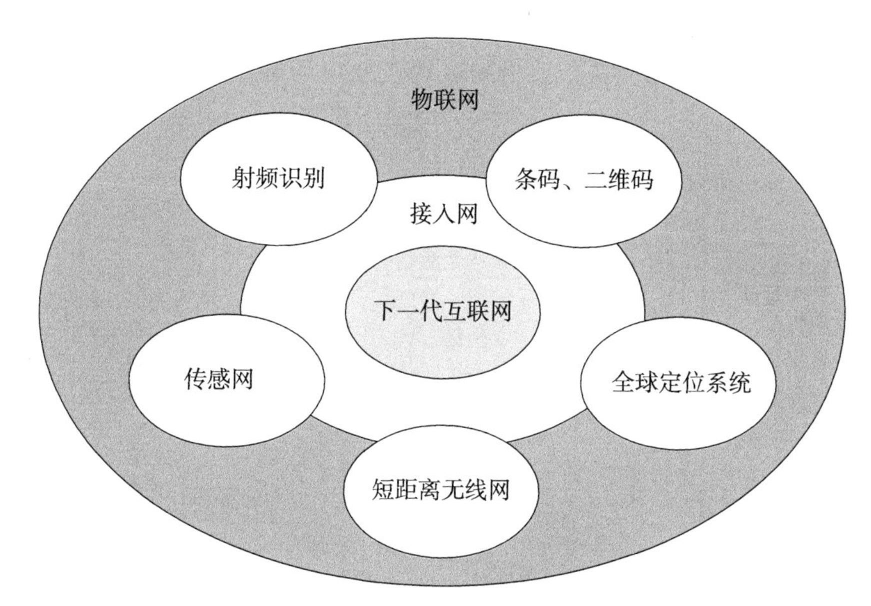

图 1－2　物联网概念模型

由物联网的定义，可以从技术和应用两个方面来对它进行理解。

（1）技术理解：物联网是物体通过感应装置，将数据/信息经过传输网络，传输到达指定的信息处理中心，最终实现物与物、人与物的自动化信息交互与处理的智能网络。

（2）应用理解：物联网是把世界上所有的物体都连接到一个网络中，形成“物联网”，然后又与现有的互联网相连实现人类社会与物体系统的整合，通过更加精细和动态的方式进行管理。

从物联网产生的背景及物联网的定义中可以大概地总结出物联网的几个特征。

（1）全面感知：利用 RFID、二维码、传感器等随时随地获取物体的信息。

（2）可靠传递：通过无线网络与互联网的融合将物体信息实时准确地传递给用户。

（3）智能处理：利用云计算、数据挖掘以及模糊识别等人工智能技术，对海量的数据和信息进行分析和处理，对物体实施智能化控制。

1.3 物联网技术的应用领域

随着物联网相关技术的发展与成熟，物联网技术已经在很多行业中取得了应用。如智能交通、智能物流、智能安防、智能医疗以及智能生产等各行各业，如图 1－3 所示。物联网技术的发展给我的生活带来了很多方便，虽然目前还处于初级发展阶段，但是未来社会的发展离不开物联网技术。很明显，随着平安城市建设、城市智能交通体系建设和“新医改”医疗信息化建设的加快，安防、交通和医疗三大领域有望在物联网发展中率先受益，成为物联网产业市场容量较大、增长较为显著的领域。

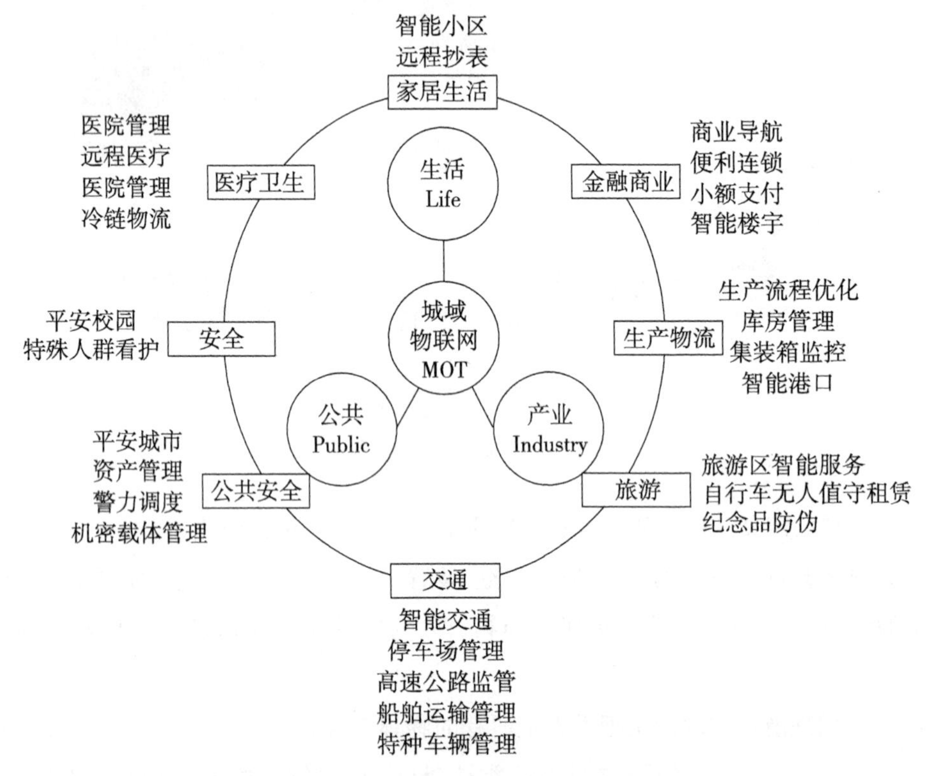

图 1－3 物联网应用实例示意

1. 智能家居

智能家居产品融合自动化控制系统、计算机网络系统和网络通信技术于一体，如图 1－4 所示，将各种家庭设备（如音视频设备、照明系统、窗帘控制、空调控制、安防系统、数字影院系统、网络家电等）通过智能家庭网络联网实现自动化，通过中国电信的宽带、固话和 3G（第三代移动通信技术）无线网络，可以实现对家庭设备的远程操控。与普通家居相比，智能家居不仅提供舒适宜人且高品位的家庭生活空间，实现更智能的家庭安防系统；还将家居环境由原来的被动静止结构转变为具有能动智慧的工具，提供全方位的信息交互功能。

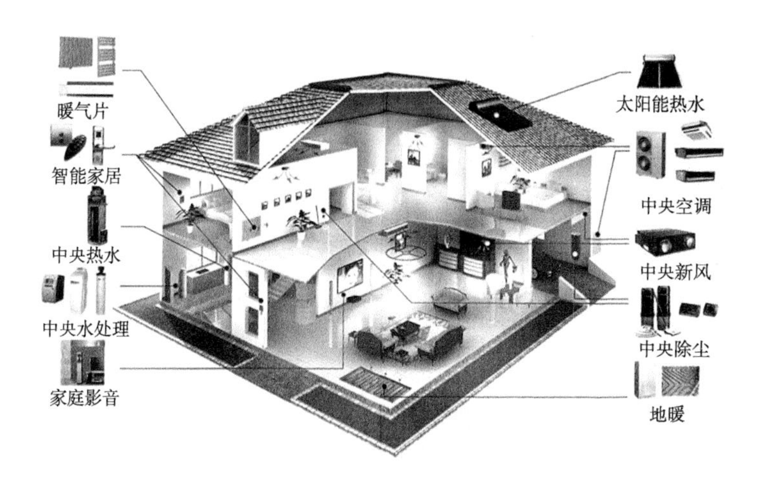

图1-4 智能家居

2. 智能医疗

智能医疗系统借助简易实用的家庭医疗传感设备，对家中病人或老人的生理指标进行自测，并将生成的生理指标数据通过 GPRS（通用分组无线业务）等无线网络传送到护理人或有关医疗单位，如图 1-5 所示。还可以根据客户需求提供增值服务，如紧急呼叫救助服务、专家咨询服务、终生健康档案管理服务等。智能医疗系

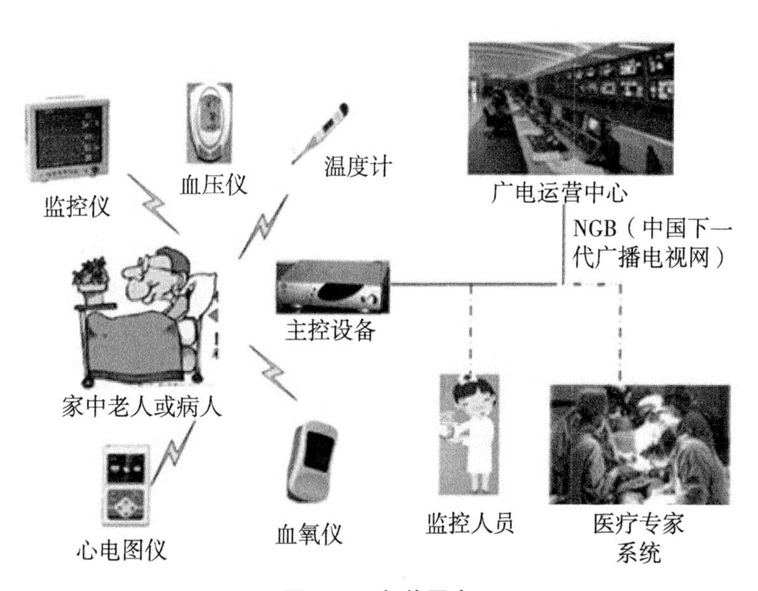

图1-5 智能医疗

统真正解决了现代社会子女们因工作忙碌无暇照顾家中老人的无奈，可以随时表达孝子情怀。

3. 智能城市

智能城市产品包括对城市的数字化管理和城市安全的统一监控。前者利用“数字城市”理论，基于3S（GIS、GPS、RS）等关键技术，深入开发和应用空间信息资源，建设服务于城市规划、城市建设和管理，服务于政府、企业、公众，服务于人口、资源环境、经济社会的可持续发展的信息基础设施和信息系统。后者基于宽带互联网的实时远程监控、传输、存储、管理的业务，利用中国电信无处不达的宽带和3G网络，将分散、独立的图像采集点进行联网，实现对城市安全的统一监控、统一存储和统一管理，为城市管理和建设者提供一种全新、直观、视听觉范围延伸的管理工具。智能城市示意，如图1－6所示。

图1－6　智能城市

4. 智能环保

智慧环保是数字环保概念的延伸和拓展，它是借助物联网技术，把感应器和装备嵌入到各种环境监控对象（物体）中，通过超级计算机和云计算将环保领域物联网整合起来，可以实现人类社会与环境业务系统的整合，以更加精细和动态的方式实现环境管理和决策的智慧，如图1－7所示。“智慧环保”的总体架构包括：感知层、传输层、智慧层和服务层。感知层：利用任何可以随时随地感知、测量、捕获和传递信息的设备、系统或流程，实现对环境质量、污染源、生态、辐射等环境因素的“更透彻的感知”。传输层：利用环保专网、运营商网络，结合3G、卫星通信等技术，将个人电子设备、组织和政府信息系统中存储的环境信息进行交互和共享，实现“更全面的互联互通”。智慧层：以云计算、虚拟化和高性能计算等技术手段，整合和分析海量的跨地域、跨行业的环境信息，实现海量存储、实时处理、深度挖掘和模型分析，实现“更深入的智能化”。服务层：利用云服务模式，建立面向对象的业务应用系统和信息服务门户，为环境质量、污染防治、生态保护、辐射管理等业务提供“更智慧的决策”。

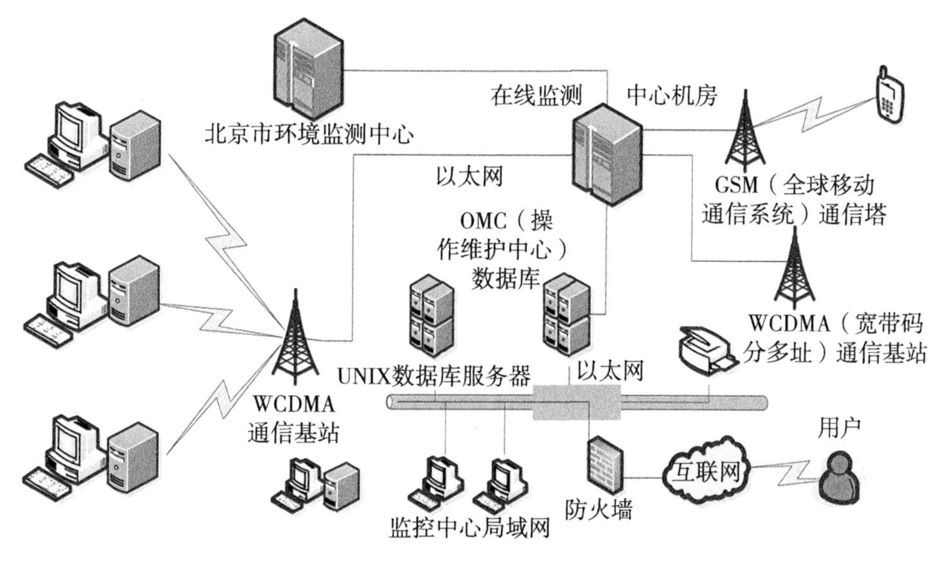

图1－7 智能环保

5. 智能交通

智能交通系统（Intelligent Transportation System，ITS）是未来交通系统的发展方向，它是将先进的信息技术、数据通信传输技术、电子传感技术、控制技术及计算机技术等有效地集成运用于整个地面交通管理系统而建立的一种在大范围内、全方位发挥作用的，实时、准确、高效的综合交通运输管理系统，如图1－8所示。ITS可以有效地利用现有交通设施、减少交通负荷和环境污染、保证交通安全、提高运输效率，因而，日益受到各国的重视。

中国物联网校企联盟认为，智能交通的发展跟物联网的发展是分不开的，只有物联网技术概念的不断发展，智能交通系统才能越来越完善。智能交通是交通的物联化体现。

21世纪将是公路交通智能化的时代，人们将要采用的智能交通系统，是一种先进的一体化交通综合管理系统。在该系统中，车辆靠自身的智能在道路上自由行驶，公路靠自身的智能将交通流量调整至最佳状态，借助于这个系统，管理人员对道路、车辆的行踪将掌握得一清二楚。

6. 智能农业

智能农业产品通过实时采集温室内温度、湿度信号以及光照、土壤温度、CO_2浓

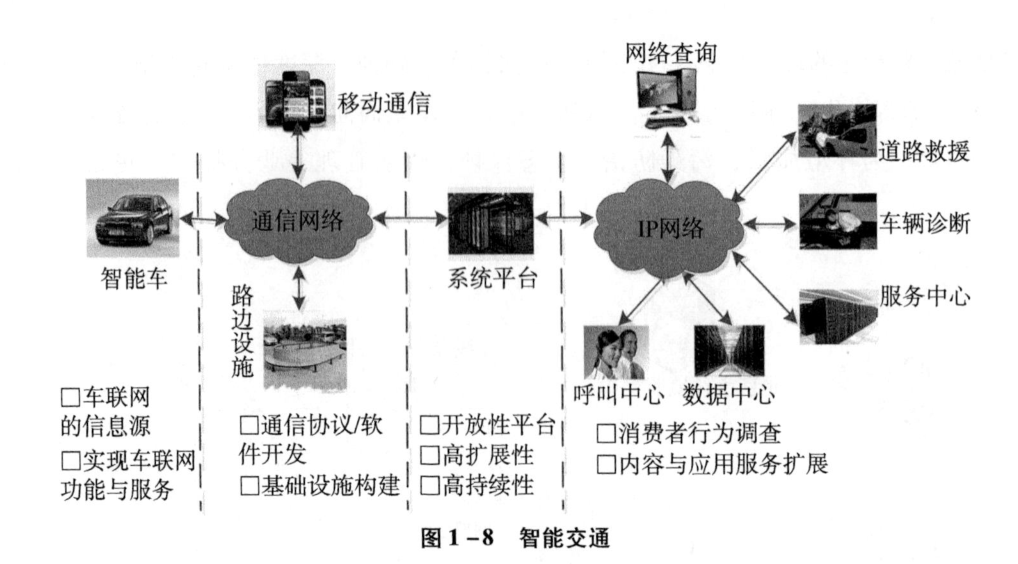

图 1-8　智能交通

度、叶面湿度、露点温度等环境参数，自动开启或者关闭指定设备。可以根据用户需求，随时进行处理，为实施农业综合生态信息自动监测、对环境进行自动控制和智能化管理提供科学依据。通过传感器模块采集温度等信号，经由无线信号收发模块传输数据，实现对大棚温湿度的远程控制。智能农业产品还包括智能粮库系统，该系统通过将粮库内温湿度变化的感知与计算机或手机的连接来进行实时观察，记录现场情况以保证粮库内的温湿度平衡。智能农业示意，如图 1-9 所示。

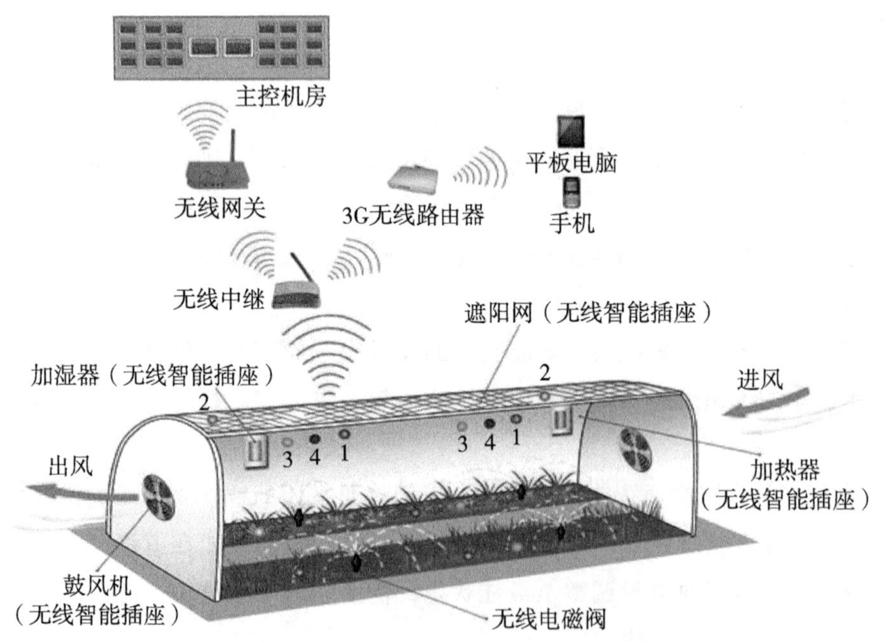

图 1-9　智能农业

7. 智能物流

智能物流打造了集信息展现、电子商务、物流配载、仓储管理、金融质押、园区安保、海关保税等功能为一体的物流园区综合信息服务平台。如图 1－10 所示，信息服务平台以功能集成、效能综合为主要开发理念，以电子商务、网上交易为主要交易形式，建设了高标准、高品位的综合信息服务平台，并为金融质押、园区安保、海关保税等功能预留了接口，可以为园区客户及管理人员提供一站式综合信息服务。

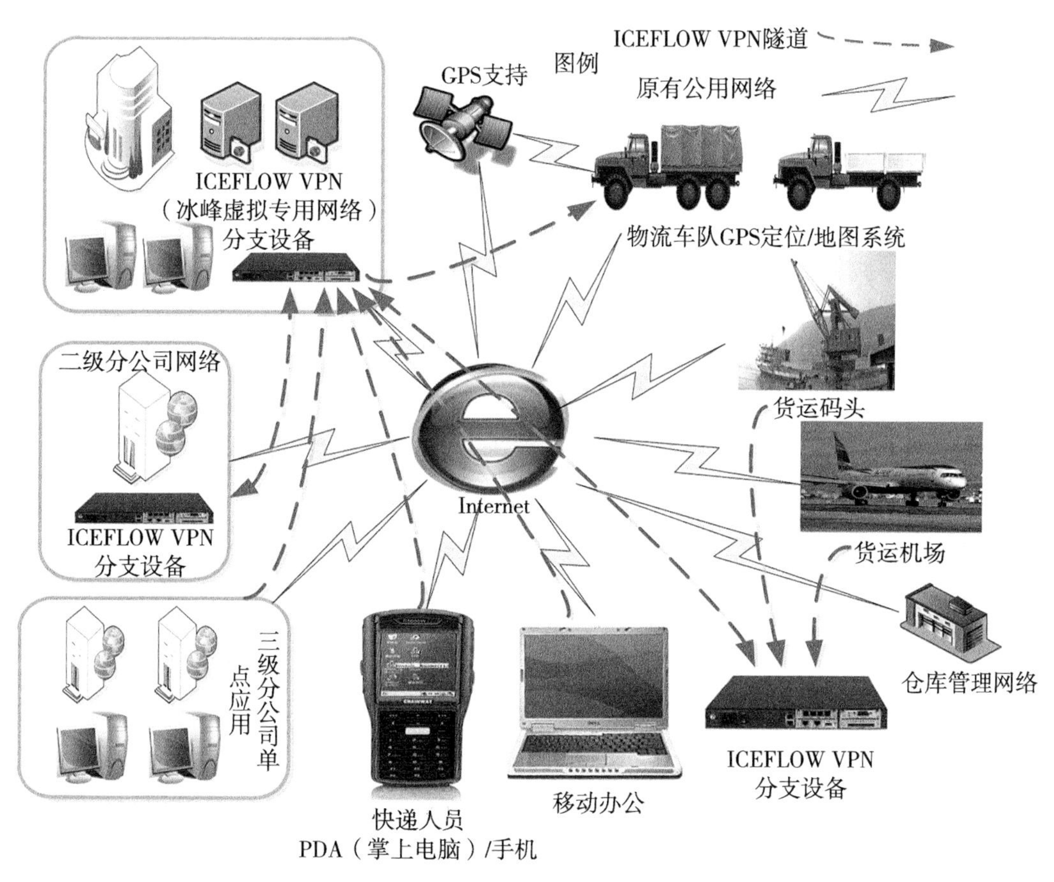

图 1－10 智能物流

8. 智能校园

智能校园是通过信息化手段，实现对各种资源的有效集成、整合与优化，实现资源的有效配置和充分利用，实现教育和校务管理过程的优化、协调，实现数字化教学、数字化学习、数字化科研和数字化管理。目前的智能校园系统基于物联网技术，主要由弱电和教学两大子系统组成，从而能够提高各项工作效率、效果和效益，实现教育的信息化和现代化，满足时代教育的需要。智能校园架构，如图 1－11 所示。

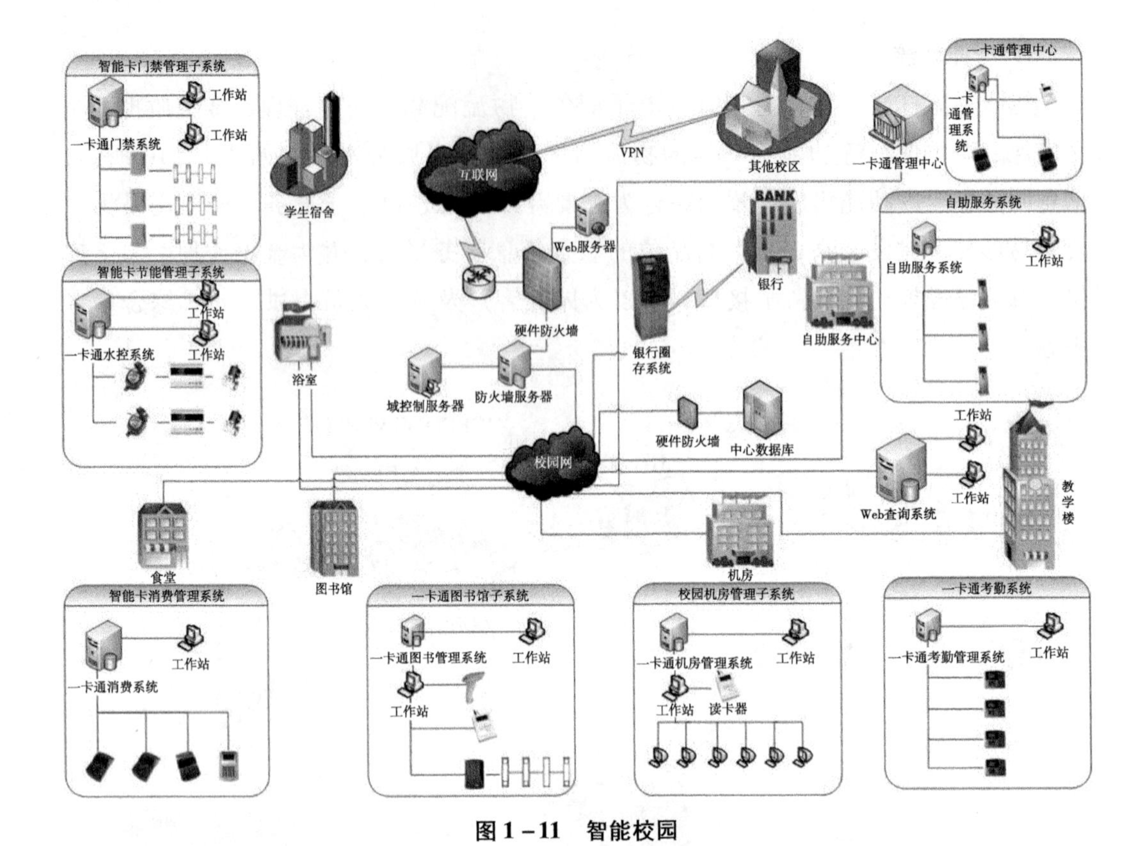

图 1-11　智能校园

综上所述，物联网的发展正处于一个初级阶段，今后将会是一个长期发展的过程。

2 物联网体系架构

2.1 物联网体系架构概述

物联网体系架构可以分为三个层次：感知层、网络层和应用层。

感知层由各种传感器以及传感器网关构成，包括光照强度传感器、温度传感器、湿度传感器、条码标签、RFID 标签和读写器、摄像头、GPS 等感知终端。感知层的作用相当于人的眼耳鼻喉和皮肤等神经末梢，它是物联网识别物体、采集信息的来源，其主要功能是识别物体、采集信息。

网络层由各种私有网络、互联网、有线和无线通信网、网络管理系统和云计算平台等组成，相当于人的神经中枢和大脑，负责传递和处理感知层获取的信息。包括各种远距离无线传输技术，如 GPRS 技术、GSM 技术等，短距离无线传输技术，如 ZigBee、Wi－Fi 技术等。

应用层是物联网和用户（包括人、组织和其他系统）的接口，它与行业需求结合，实现物联网的智能应用。

物联网体系架构，如图 2－1 所示。

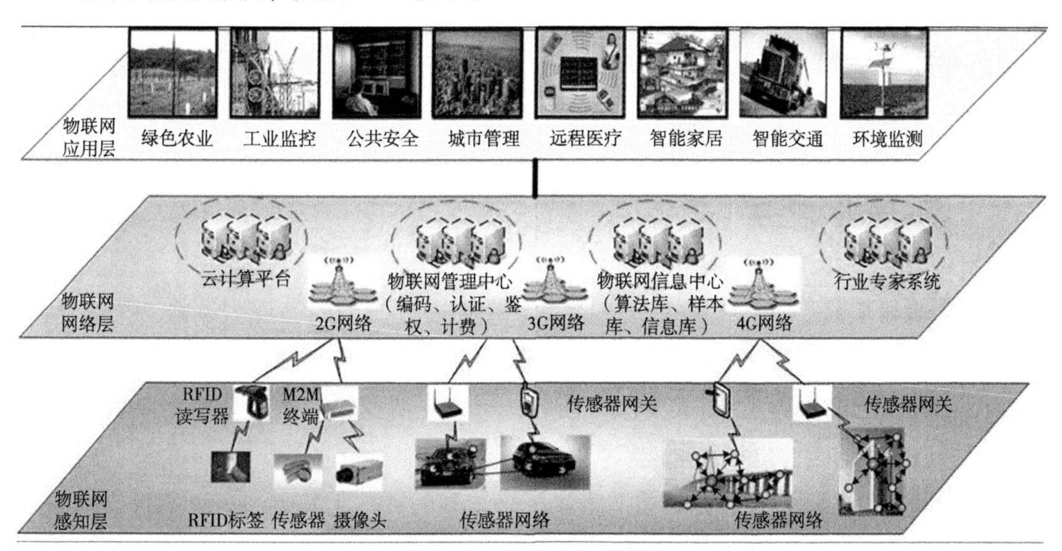

图 2－1　物联网体系架构

2.2 物联网感知层

1. 感知层功能

物联网在传统网络的基础上，从原有网络用户终端向“下”延伸和扩展，扩大通信的对象范围，即通信不仅仅局限于人与人之间的通信，还扩展到人与现实世界的各种物体之间的通信。

物联网感知层解决的就是人类世界和物理世界的数据获取问题，包括各类物理量、标识、音频、视频数据。感知层处于三层架构的最底层，是物联网发展和应用的基础，具有物联网全面感知的核心能力。作为物联网的最基本一层，感知层具有十分重要的作用。

感知层一般包括数据采集和数据短距离传输两部分，即首先通过传感器、摄像头等设备采集外部物理世界的数据，通过蓝牙、红外线、ZigBee、工业现场总线等短距离有线或无线传输技术进行协同工作或者传递数据到网关设备。也可以只有数据的短距离传输这一部分，特别是在仅传递物品识别码的情况下。实际上，感知层这两个部分有时很难明确区分开。

2. 感知层关键技术

感知层需要的关键技术包括检测技术、中低速无线或有线短距离传输技术等。具体来说，感知层综合了传感器技术、嵌入式计算技术、智能组网技术、无线通信技术、分布式信息处理技术等，能够通过各类集成化的微型传感器的协作实时监测、感知和采集各种环境或监测对象的信息。通过嵌入式系统对信息进行处理，并通过随机自组织无线通信网络，以多跳中继方式将所感知信息传送到接入层的基站节点和接入网关，最终到达用户终端，从而真正实现“无处不在”的物联网的理念。

2.3 物联网网络层

1. 网络层功能

物联网网络层是在现有网络的基础上建立起来的，它与目前主流的移动通信网、国际互联网、企业内部网、各类专网等网络一样，主要承担着数据传输的功能，特别是当三网融合后，有线电视网也能承担数据传输的功能。

在物联网中，要求网络层能够把感知层感知到的数据无障碍、高可靠性、高安全性地进行传送，它解决的是感知层所获得的数据能够在一定范围内，尤其是远距离的传输问题。同时，物联网网络层将承担比现有网络更大的数据量和面临更高的服务质量要求，所以现有网络尚不能满足物联网的需求，这就意味着物联网需要对现有网络进行融合和扩展，利用新技术以实现更加广泛和高效的互联功能。

由于广域通信网络在早期物联网发展中的缺位，早期的物联网应用往往在部署范围、应用领域等诸多方面有所局限，终端之间以及终端与后台软件之间都难以开展协同。随着物联网发展，建立端到端的全局网络将成为必然。

2. 网络层关键技术

由于物联网网络层是建立在Internet和移动通信网等现有网络基础上，目前，除了具有已经比较成熟的如远距离有线、无线通信技术和网络技术外，为实现“物物相连”的需求，物联网网络层将综合使用IPv6、2G/3G/4G、Wi-Fi等通信技术，实现有线与无线的结合、宽带与窄带的结合、感知网与通信网的结合。同时，网络层中的感知数据管理与处理技术是实现以数据为中心的物联网的核心技术。感知数据管理与处理技术包括物联网数据的存储、查询、分析、挖掘、理解以及基于感知数据决策和行为的技术。

2.4 物联网应用层

1. 应用层功能

应用是物联网发展的驱动力和目的。应用层的主要功能是把感知和传输来的信息进行分析和处理，做出正确的控制和决策，实现智能化的管理、应用和服务。这一层解决的是信息处理和人机界面的问题。

具体地讲，应用层将网络层传输来的数据通过各类信息系统进行处理，并通过各种设备与人进行交互。这一层也可按形态直观地划分为两个子层：一个是应用程序层；另一个是终端设备层。应用程序层进行数据处理，实现跨行业、跨应用、跨系统之间的信息协同、共享、互通的功能，包括电力、医疗、银行、交通、环保、物流、工业、农业、城市管理、家居生活等，也可用于政府、企业、社会组织、家庭、个人等，这正是物联网作为深度信息化网络的重要体现。而终端设备层主要是提供人机界面，物联网虽然是“物物相连的网”，但最终是要以人为本的，最终还是需要人的操作与控制，不过这里的人机界面已远远超出现有人与计算机交互的概念，而是泛指与应用程序相连的各种设备与人的反馈。

物联网的应用可分为：监控型（物流监控、污染监控）、查询型（智能检索、远程抄表）、控制型（智能交通、智能家居、路灯控制）、扫描型（手机钱包、高速公路不停车收费）等。目前，软件开发、智能控制技术发展迅速，应用层技术将会为用户提供更加丰富多彩的物联网应用。同时，各种行业和家庭应用的开发将会推动物联网的普及，也给整个物联网产业链带来利润。

2. 应用层关键技术

物联网应用层能够为用户提供丰富多彩的业务体验，然而，如何合理高效地处理从网络层传来的海量数据，并从中提取有效信息，是物联网应用层要解决的一个关键问题。因此，应用层涉及 M2M（机器对机器）技术、用于处理海量数据的云计算技术、人工智能、数据挖掘以及中间件等关键技术。

2.5 其他物联网体系架构

除了上述三层架构外，IBM 在多年的研究积累和实践中，在三层架构的基础上，提出了八层的物联网体系架构。

（1）传感器/执行器层（域）：物联网中任何一个物体都要通过感知设备获取相关信息以及传递感应到的信息给所有需要的设备或系统。传感器/执行器层是最直接与周围物体接触的域。传感器除了传统的传感功能外，还要具备一些基本的本地处理能力，使得所传递的信息是系统最需要的，从而使传递网络的使用更加优化。

（2）传感网层（域）：这是传感器之间形成的网络。这些网络有可能根据公开协议，比如 IP 地址，也有可能基于一些私有协议，目的就是为了使传感器之间可以互联互通以及传递感应信息。

（3）传感网关层（域）：由于物联网世界里的对象是我们身边的每一个物理存在的实体，因此感知到的信息量将会是巨大的、五花八门的。如果传感器将这些信息直接传递给所需要的系统，那么将会对网络造成巨大的压力和不必要的资源浪费。因此，最好的方法是通过某种程度的网关将信息进行过滤、协议转换、信息压缩加密等，使得信息更优化和安全地在公共网络上传递。

（4）广域网络层（域）：在这一层中主要是为了将感知层的信息传递到需要信息处理或者业务应用的系统中。可以采用 IPv4 或者 IPv6 的协议。

（5）应用网关层（域）：在传输过程中为了更好地利用网络资源以及优化信息处理过程，设置局部或者区域性的应用网关。目的有两个：第一是信息汇总与分发；第二是进行一些简单信息处理与业务应用的执行，最大限度地利用 IT 与通信资源，提高信息的传输和处理能力，提高可靠性和持续性。

（6）服务平台层（域）：服务平台层是为了使不同的服务提供模式得以实施，同时把物联网世界中信息处理方面的共性功能进行集中优化，缓解传统应用系统或者应用系统整合平台的压力。这样使得应用系统无须因为物联网的出现而做大的修改，能够更充分地利用已有业务应用系统，支持物联网的应用。

（7）应用层（域）：该层包括了各种不同业务或者服务所需要的应用处理系统。这些系统利用传感的信息进行处理、分析、执行不同的业务，并把处理的信息再反馈给传感器进行更新，也可以对终端使用者提供服务，使得整个物联网的每个环节都更加连续和智能。这些系统一般都是在企业内部、外部被托管或者共享的 IT 应用系统。

（8）分析与优化层（域）：在物联网世界中，从信息的业务价值和 IT 信息处理的角度看，它与互联网最大的不同就是信息和信息量。物联网的信息来源广阔，信息是海量的，基于传统的商业智能和数据分析是远远不够的，因此需要更智能化的分析能力，基于数学和统计学的模型进行分析、模拟和预测。信息越多就越需要更好的优化才能够带来价值。

2.6　物联网应用实训——信息检索

1. 实验目的

（1）学习信息检索的方法。

（2）了解信息检索的途径。

2. 实验内容

通过多种方式检索物联网相关文献。

3. 实验原理实验步骤

（1）从中文全文期刊数据库中检索中文文献。打开中国知网首页，单击“文献”，呈现蓝色时，在检索框中输入要搜索的关键词，例如输入“物联网”，如图 2－2 所示。

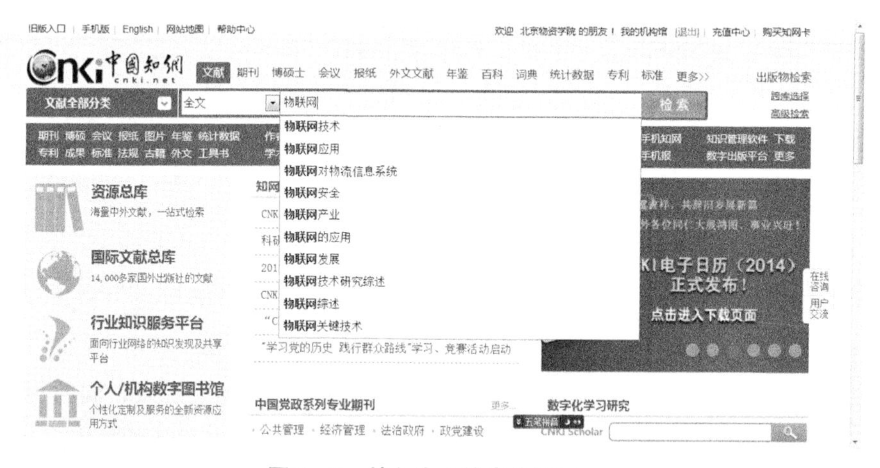

图 2－2　输入中文检索关键词

还可以根据具体的内容进行检索，比如作者、关键词、摘要等，如图 2－3 所示。

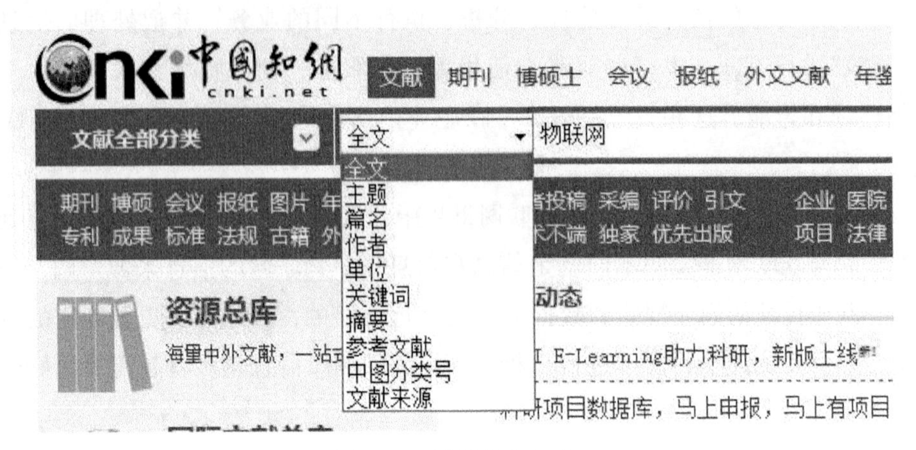

图 2－3　选择检索内容

检索结果如图 2－4 所示。

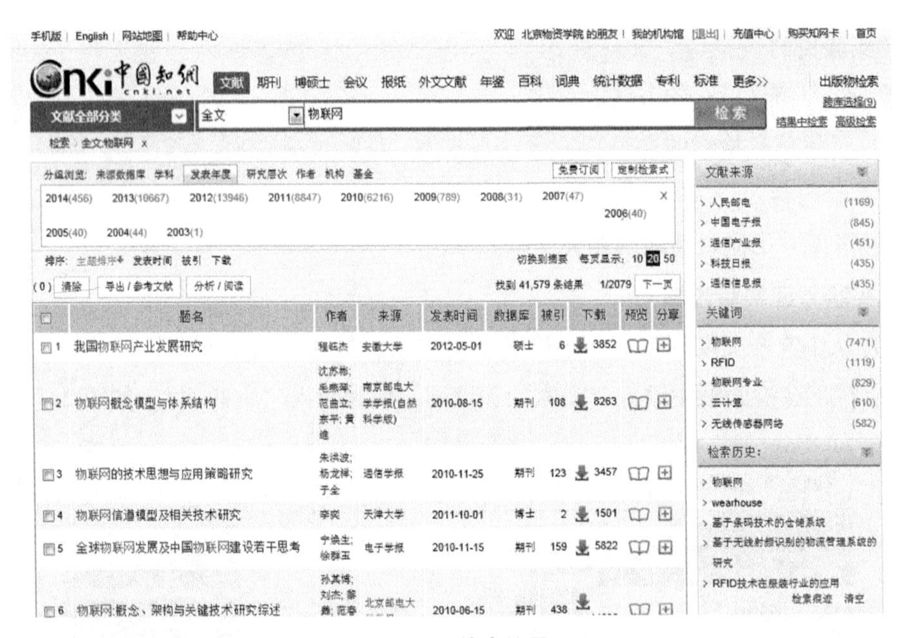

图 2－4　检索结果

点击高级检索，进入如图 2－5 所示界面，可以选择不同的检索类型，包括高级检索、专业检索等。

选择高级检索，可以通过主题、关键词、作者等不同方式检索，同时可以选择模糊检索或精确检索，增加发表时间、文献来源、文献基金等多重条件检索。

（2）从西文全文期刊数据库中检索外文文献。打开中国知网，单击“外文文献”，

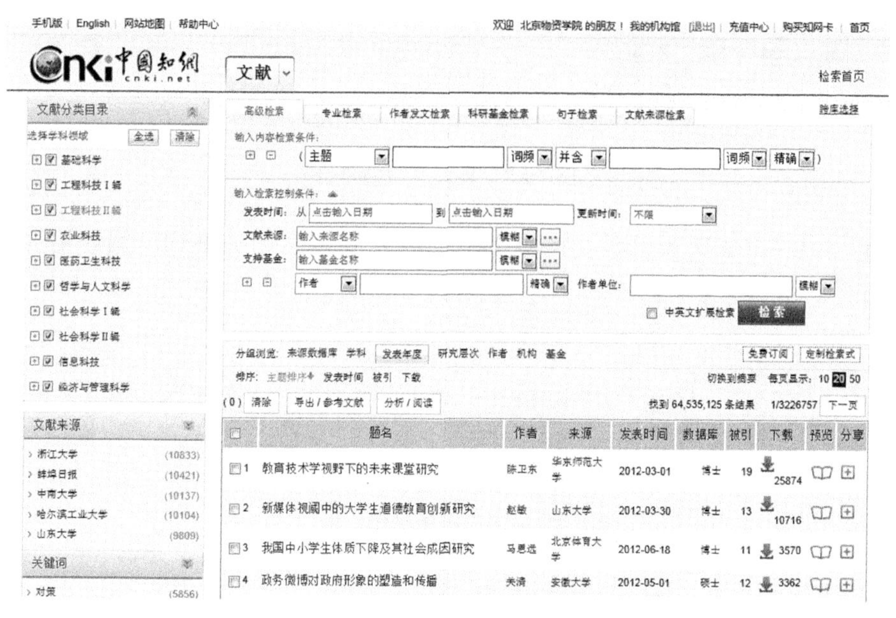

图 2-5　高级检索界面

呈现蓝色时，在检索框中输入要搜索的关键词，例如输入“IOT”（Internet of Things），如图 2-6 所示。

图 2-6　输入英文检索关键词

点击“搜索”后，界面会出现不同的年份，如图 2-7 所示。可以根据需要单击想要检索的年份，以提高搜索速度。

（3）从学位论文数据库、会议论文数据库中检索特种文献。打开中国知网首页，

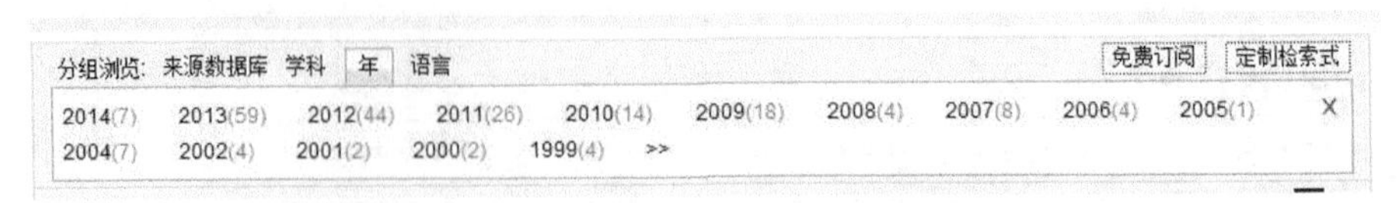

图 2－7　检索文献的年份

单击“博硕士”，呈现蓝色时，在检索框中输入要搜索的关键词，例如输入“物联网”，如图 2－8 所示。

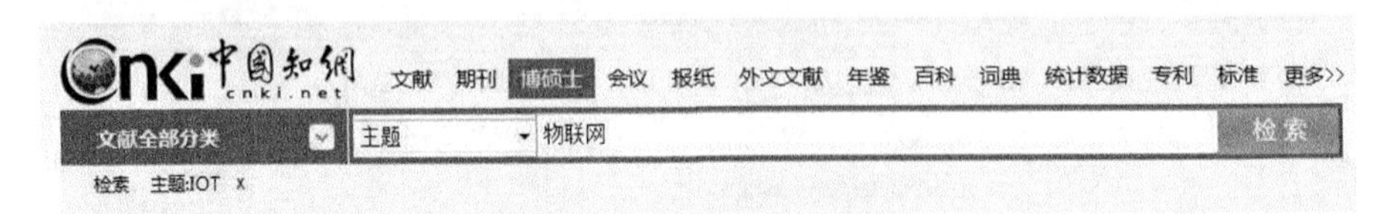

图 2－8　检索特种文献

（4）用搜索引擎（百度）检索信息。

打开百度首页，在检索框中输入要搜索的关键词，例如输入“物联网”，如图 2－9 所示。点击“文库”，可以搜索相关的文字材料。

图 2－9　百度首页

3 物联网关键技术

物联网的关键技术主要有自动识别技术、空间信息技术、传感器技术、无线通信网络技术、中间件技术、云计算技术等。

3.1 自动识别技术

自动识别技术就是应用一定的识别装置，通过被识别物品和识别装置之间的接近活动，自动地获取被识别物品的相关信息，并提供给后台的计算机处理系统来完成相关后续处理的一种技术。比如，商场的条码扫描系统就是一种典型的自动识别技术。售货员通过扫描仪扫描商品的条码，获取商品的名称、价格，输入数量，后台 POS（销售终端）系统即可计算出该批商品的价格，从而完成顾客的结算。当然，顾客也可以采用银行卡支付的形式进行支付，银行卡支付过程本身也是自动识别技术的一种应用形式。

自动识别技术是以计算机技术和通信技术的发展为基础的综合性科学技术，它是信息数据自动识读、自动输入计算机的重要方法和手段，归根结底，自动识别技术是一种高度自动化的信息或者数据采集技术。

自动识别技术主要包括针对物（无生命）的识别和针对人（有生命）的识别两类。针对物的识别技术包括条码技术、智能卡（Smart Card）技术、RFID 技术等；针对人的识别技术包括声音识别技术、人脸识别技术、指纹识别技术等。

3.1.1 “无生命”识别技术

1. 条码识别技术

（1）一维条码技术。一维条码技术是一种最传统的自动识别技术。自 20 世纪 70 年代条码技术产生后发展至今，该技术逐渐成为一种重要的信息标识和信息采集技术在世界范围内被推广应用。随着条码技术应用领域的拓展，条码技术迎来了一个强劲的集成创新发展期，是商业贸易、物流、产品追溯、电子商务等领域的主导信息技术。

（2）二维条码技术。二维条码技术，即基于一维条码技术经过研究逐步兴起的一种自动识别技术。这项技术在信息容量、信息密度、中英文字符显示以及纠错等方面的功能要优于一维条码技术。

2. 智能卡技术

智能卡技术主要是利用智能卡来进行自动标识，而智能卡实质上可以认为是“集成电路卡”。其最大特点是具有独立的运算和存储功能，所以智能卡更容易与计算机系统结合，在信息的采集、管理、传输、加密等方面更为方便。独有的功能特点使智能卡技术被广泛应用于物流、金融等领域，例如在智能货运车辆识别、物品身份追踪与验证等方面有广泛的应用。

3. 射频识别技术

射频识别技术是一种非接触式的自动符号识别技术。通过无线电信号识别特定目标并读写相关数据，而无须识别系统与特定目标之间建立机械或光学接触。从概念上来讲，RFID 类似于条码扫描，对于条码技术而言，它是将已编码的条码附着于目标物，并使用专用的扫描读写器，利用光信号将信息由条形磁传送到扫描读写器；而 RFID 则使用专用的 RFID 读写器及专门的可附着于目标物的 RFID 标签，利用频率信号将信息由 RFID 标签传送至 RFID 读写器。

3.1.2 “有生命”识别技术

1. 声音识别

声音识别，是一种非接触的识别技术，用户可以很自然地接受。这种技术可以用声音指令实现“不用手”的数据采集，其最大特点就是不用手和眼睛，这对那些采集数据同时还要完成手脚并用的工作场合尤为适用。目前，由于声音识别技术的迅速发展以及高效可靠的应用软件的开发，使声音识别系统在很多方面得到了应用。

2. 人脸识别

人脸识别，特指利用分析比较人脸视觉特征信息进行身份鉴别的计算机技术。人脸识别是一项热门的计算机技术研究领域，人脸追踪侦测，自动调整影像放大；夜间红外侦测，自动调整曝光强度。它属于生物特征识别技术，是对生物体（一般特指人）本身的生物特征来区分生物体个体。

3. 指纹识别

指纹识别，是指人的手指末端正面皮肤凸凹不平产生的纹线。纹线有规律地排列形成不同的纹型。纹线的起点、终点、结合点和分叉点，称为指纹的细节特征点（Minutiae）。由于指纹具有终身不变性、唯一性和方便性，已经成为生物特征识别的代名词。指纹识别，即指通过比较不同指纹的细节特征点来进行自动识别。由于每个人的指纹不同，就是同一人的十指之间，指纹也有明显区别，因此指纹可用于身份的自动识别。

一般来讲，在一个信息系统中，数据的自动采集（识别）完成了系统的原始数据的采集工作，解决了人工数据输入的速度慢、误码率高、劳动强度大、工作简单重复性高等问题，为计算机信息处理提供了快速、准确地进行数据采集输入的有效手段，因此，自动识别技术作为一种革命性的高新技术，正迅速为人们所接受。自动识别系统通过中间件或者接口（包括软件的和硬件的）将数据传输给后台处理计算机，由计算机对所采集到的数据进行处理或者加工，最终形成对人们有用的信息。

完整的自动识别计算机管理系统包括自动识别系统（Auto Identification System，AIDS）、应用程序接口（Application Interface，API）或者中间件（Middleware）和应用系统软件（Application Software）。

也就是说，自动识别系统完成数据的采集和存储工作，应用系统软件对自动识别系统所采集的数据进行应用处理，而应用程序接口软件则提供自动识别系统和应用系统软件之间的通信接口，将自动识别系统采集的数据信息转换成应用软件系统可以识别和利用的信息并进行数据传递。

3.2 空间信息技术

空间信息技术（Spatial Information Technology）是20世纪60年代兴起的一门新技术，70年代中期以后在我国得到迅速发展，主要包括3S等的理论与技术，同时结合计算机技术和通信技术，进行空间数据的采集、量测、分析、存储、管理、显示、传播和应用等。空间信息技术在广义上也被称为“地球空间信息科学”，在国外被称为Geoinformatics。

3S是遥感（Remote Sensing，RS）、地理信息系统（Geographic Information System，GIS）和全球定位系统（Global Positioning System，GPS）的简称。

3.2.1 RS技术

RS是指从高空或外层空间接收来自地球表层各类地物的电磁波信息，并通过对这些信息进行扫描、摄影、传输和处理，从而对地表各类地物和现象进行远距离探测和识别的现代综合技术。RS是空间信息采集和分析技术，为GIS等应用提供支持。

3.2.2 GIS技术

GIS就是一个专门管理地理信息的计算机软件系统，它不但能分门别类、分级分层地去管理各种地理信息，而且能将它们进行各种组合、分析、再组合、再分析等，还

能查询、检索、修改、输出、更新等。GIS 还有一个特殊的“可视化”功能，就是通过计算机屏幕把所有的信息逼真地再现到地图上，成为信息可视化工具，清晰直观地表现出信息的规律和分析结果，同时还能在屏幕上动态地监测“信息”的变化。

3.2.3 GPS 技术

GPS 技术主要包括美国的 GPS 系统、俄罗斯的 GLONASS（格洛纳斯）卫星导航系统、欧洲“伽利略”和我国的北斗系统。

1. GPS 系统

美国在设计 GPS 系统时提供两种服务，一种为精密定位服务（PPS），利用精码（军码）定位，提供给军方和得到特许的用户使用，定位精度可达 10m 以内；另一种为标准定位服务（SPS），利用粗码（民码）定位，提供给民间及商业用户使用。目前，GPS 民码单点定位精度可以达到 25m，测速精度 0.1m/s，授时精度 200ns（纳秒）。GPS 系统作为军民两用的系统，其应用范围极广。军事上，GPS 已成为自动化指挥系统、先进武器系统的一项基本保障技术。民用上，其应用领域包括陆地运输、海洋运输、民用航空、通信、测绘、建筑、采矿、农业、电力系统、医疗应用、科研、家电、娱乐等各个方面。

为得到更高的定位精度，可采用差分 GPS 技术，将一台 GPS 接收机安置在基准站上进行观测，根据基准站已知精密坐标，计算出基准站到卫星的距离改正数，并由基准站实时将这一数据发送出去。用户接收机在进行 GPS 观测的同时，也接收到基准站发出的改正数，并对其定位结果进行改正，从而提高定位精度。根据差分 GPS 基准站发送信息的方式，将差分 GPS 定位分为三类：位置差分、伪距差分和相位差分。这三类差分方式的工作原理相同，都是由基准站发送改正数，由用户接收机接收并对其测量结果进行改正，以获得精确的定位结果。所不同的是，发送改正数的具体内容不一样，其差分定位精度也不同。

2. 格洛纳斯卫星导航系统

GLONASS（格洛纳斯）卫星导航系统由俄罗斯政府运作。GLONASS 系统由卫星、地面测控站和用户设备三部分组成，系统由 21 颗工作卫星和 3 颗备用卫星组成。2006 年年末，格洛纳斯系统的卫星数量已达到 17 颗，到 2012 年，GLONASS 全球导航系统卫星的数量增加到 30 颗，实现全球定位导航，其卫星导航范围可覆盖整个地球表面和近地空间，定位精度将达到 1m 左右。

3. 伽利略定位系统

伽利略定位系统（Galileo Positioning System），是欧盟一个正在建造中的卫星定位系统，有“欧洲版 GPS”之称，也是继美国现有的全球定位系统（GPS）及俄罗斯的

GLONASS 系统外，第三个可供民用的定位系统。伽利略定位系统的基本服务有导航、定位、授时；“伽利略计划”是一种中高度圆轨道卫星定位方案。伽利略卫星导航定位系统原计划于 2007 年年底之前完成，2008 年投入使用，总共发射 30 颗卫星，其中 27 颗卫星为工作卫星，3 颗为候补卫星。卫星高度为 24126km，位于 3 个倾角为 56 度的轨道平面内。该系统除了 30 颗中高度圆轨道卫星外，还有 2 个地面控制中心。

4. 北斗导航定位系统

在 2000 年，北斗导航定位系统两颗卫星成功发射，标志着我国拥有了自己的第一代卫星导航定位系统。截至 2012 年年底，在轨卫星 16 颗，已经初步具备区域导航、定位和授时能力。2013 年，北斗系统保持连续稳定运行，性能稳中有升。通过覆盖亚太地区的服务信号监测评估表明，系统服务性能满足 10m 指标要求，部分地区性能略优于指标要求。如在北京、郑州、西安、乌鲁木齐等地区，定位精度可达 7m 左右；东盟国家等低纬度地区，定位精度可达 5m 左右。

北斗导航定位系统由空间端、地面端和用户端三部分组成。空间端包括 5 颗静止轨道卫星和 30 颗非静止轨道卫星。地面端包括主控站、注入站和监测站等若干个地面站。用户端由北斗用户终端以及与美国 GPS、俄罗斯“格洛纳斯”、欧洲“伽利略”等其他卫星导航系统兼容的终端组成。中国此前已成功发射 4 颗北斗导航试验卫星和 13 颗北斗导航卫星，将在系统组网和试验基础上，逐步扩展为全球卫星导航系统。北斗定位系统可向用户提供全天候、24h 的即时定位服务，授时精度可达数十纳秒的同步精度，北斗导航系统三维定位精度约几十米，授时精度约 100ns。北斗卫星定位系统的民用服务提供商以神州天鸿（北京神州天鸿科技有限公司）和北斗星通（北京北斗星通卫星导航技术有限公司）最为出色。在汶川地震救灾中，中国自主研制的“北斗一号”系统在通信中断的情况下发挥了重要作用，救灾部队携带的北斗系统陆续发回各种灾情和救援信息。

总体来说，美国的 GPS 系统成本较低且在民用领域应用较广，而我国的北斗系统由于其民用化时间较短，使用成本较高。

空间信息技术为多个学科和行业的发展提供了强力支持，在物流领域的应用也非常广泛。GPS 可以获取运输车辆的位置信息，结合 GIS 技术可以实现运输车辆和货物的追踪管理。同时，GIS 可以为物流规划提供全面、准确的基础数据，分析预测货物流量、流向及其变化，减少物流规划中的盲目性等。未来，空间信息技术将会在物流领域发挥更多的作用，为物流系统营运或物流企业的方案决策提供科学的决策依据，为决策的可视化、促进物流相关部门管理的科学化、信息化进程做出贡献。

3.3 传感器技术

在物联网中传感器主要负责接收物品“讲话”的内容。传感器技术是从自然信源获取信息并对获取的信息进行处理、变换、识别的一门多学科交叉的现代科学与工程技术，它涉及传感器、信息处理和识别的规划设计、开发、制造、测试、应用及评价改进活动等内容。

物联网终端就是由各种传感器组成的，用来感知环境中的可用信号。传感器（transducer/sensor）是一种检测装置，能感受到被测量的信息，并能将检测感受到的信息，按一定规律变换成为电信号或其他所需形式的信息输出，以满足信息的传输、处理、存储、显示、记录和控制等要求。它是实现自动检测和自动控制的首要环节。随着社会的不断进步，在我们生活的周围，各种各样的传感器已经得到普遍的使用，如电冰箱、微波炉、空调机有温度传感器；电视机有红外传感器；录像机有湿度传感器、光电传感器；汽车有速度、压力、湿度、流量、氧气等多种传感器。这些传感器的共同特点是利用各种物理、化学、生物效应等实现对被检测量的测量。

在物联网系统中，传感器就是对各种参量进行信息采集和简单加工处理的设备。传感器可以独立存在，也可以与其他设备以一体方式呈现，但无论哪种方式，它都是物联网中的感知和输入部分。

在物联网中，传感器用来进行各种数据信息的采集和简单的加工处理，并通过固有协议，将数据信息传送给物联网终端处理。如通过 RFID 进行标签号码的读取，通过 GPS 得到物体位置信息，通过图像感知器得到图片或图像，通过环境传感器取得环境温湿度等参数。传感器属于物联网中的传感网络层，处于研究对象与检测系统的接口位置，是感知、获取与检测信息的窗口，它提供物联网系统赖以进行决策和处理所必需的原始数据，作为物联网的最基本一层，具有十分重要的作用，好比人的眼睛和耳朵，去看、去听世界上需要被监测的信息。因此，传感网络层中传感器的精度是应用中重点考虑的一个实际参数。

传感器的种类繁多，往往同一种被测量可以用不同类型的传感器来测量，而同一原理的传感器又可测量多种物理量，因此传感器有许多种分类方法。

1. 按被测量分类

被测量的类型主要有：

（1）机械量，如位移、力、速度、加速度等。

（2）热工量，如温度、热量、流量（速）、压力（差）、液位等。

（3）物性参量，如浓度、黏度、比重、酸碱度等。

（4）状态参量，如裂纹、缺陷、泄露、磨损等。

2. 按测量原理分类

按传感器的工作原理可分为电阻式、电感式、电容式、压电式、光电式、磁电式、光纤、激光、超声波等传感器。现有传感器的测量原理都是基于物理、化学和生物等各种效应和定律，这种分类方法便于从原理上认识输入与输出之间的变换关系，有利于专业人员从原理、设计及应用上作归纳性的分析与研究。

3. 按作用形式分类

按作用形式可分为主动型和被动型传感器。主动型传感器又有作用型和反作用型，此种传感器对被测对象能发出一定探测信号，能检测探测信号在被测对象中所产生的变化，或者由探测信号在被测对象中产生某种效应而形成信号。检测探测信号变化方式的称为作用型，检测产生响应而形成信号方式的称为反作用型。雷达与无线电频率范围探测器是作用型实例，而光声效应分析装置与激光分析器是反作用型实例。被动型传感器只是接收被测对象本身产生的信号，如红外辐射温度计、红外摄像装置等。

4. 按输出信号为标准分类

（1）模拟传感器：将被测量的非电学量转换成模拟电信号。

（2）数字传感器：将被测量的非电学量转换成数字输出信号（包括直接和间接转换）。

（3）膺数字传感器：将被测量的信号量转换成频率信号或短周期信号的输出（包括直接或间接转换）。

（4）开关传感器：当一个被测量的信号达到某个特定的阈值时，传感器相应地输出一个设定的低电平或高电平信号。

3.4 无线通信网络技术

物联网中物品要与人无障碍地交流，必然离不开高速、可进行大批量数据传输的无线网络。物联网的通信与组网技术主要完成感知信息的可靠传输。无线网络既包括允许用户建立远距离无线连接的全球语音和数据网络，也包括近距离的蓝牙技术、超宽带（UWB）技术、Wi－Fi 技术和 ZigBee 技术等。由于物联网连接的物体多种多样，物联网涉及的网络技术也有多种，如可以是有线网络、无线网络；可以是短距离网络和长距离网络；可以是企业专用网络、公用网络；还可以是局域网、互联网等。

3.4.1 蓝牙技术

蓝牙（Bluetooth）是一种低成本、低功率、近距离无线连接技术标准，是实现数据与话音无线传输的开放性规范。所谓蓝牙技术，其实质内容是建立通用的无线电空中接口，使计算机和通信进一步结合，让不同厂家生产的便携式设备在没有电线或电缆相互连接的情况下，能在近距离范围内具有相互操作的一种技术。目前，蓝牙技术由于采用了向产业界无偿转让该项专利的策略，在无线办公、汽车工业、医疗等设备上都可见其身影，应用极为广泛。

利用蓝牙技术，能够有效地简化掌上电脑、笔记本电脑和移动电话手机等移动通信终端设备之间的通信，也能够成功地简化以上这些设备与互联网（Internet）之间的通信，从而使这些现代通信设备与互联网之间的数据传输变得更加迅速高效，为无线通信拓宽道路。蓝牙技术使得现代一些可携带的移动通信设备和电脑设备不必借助电缆就能联网，并且能够实现无线上网，其实际应用范围还可以拓展到各种家电产品、消费电子产品和汽车等信息家电，组成一个巨大的无线通信网络。

3.4.2 ZigBee 技术

ZigBee 技术是一种近距离、低复杂度、低功耗、低速率、低成本的双向无线通信技术。主要用于距离短、功耗低且传输速率不高的各种电子设备之间进行数据传输以及典型的有周期性数据、间歇性数据和低反应时间数据传输的应用。

简单地说，ZigBee 是一种高可靠的无线数传网络，类似于 CDMA 和 GSM 网络。ZigBee 数传模块类似于移动网络基站。通信距离从标准的 75m 到几百米、几千米，并且支持无限扩展。

ZigBee 是一个由可多到 65000 个无线数传模块组成的无线数传网络平台，在整个网络范围内，每一个 ZigBee 网络数传模块之间可以相互通信，每个网络节点间的距离可以从标准的 75m 无限扩展。

与移动通信的 CDMA 网或 GSM 网不同的是，ZigBee 网络主要是为工业现场自动化控制数据传输而建立，因而，它必须具有简单、使用方便、工作可靠、价格低的特点。而移动通信网主要是为语音通信而建立，每个基站价值一般都在百万元人民币以上，而每个 ZigBee “基站”却不到 1000 元。每个 ZigBee 网络节点不仅本身可以作为监控对象，例如其所连接的传感器直接进行数据采集和监控，还可以自动中转别的网络节点传过来的数据资料。除此之外，每一个 ZigBee 网络节点（FFD）还可在自己信号覆盖的范围内，和多个不承担网络信息中转任务的孤立的子节点（RFD）无线连接。

ZigBee 技术具有如下主要特点：

（1）低功耗：由于 ZigBee 的传输速率低，发射功率仅为 1mW，而且采用了休眠模式，功耗低，因此，ZigBee 设备非常省电。据估算，ZigBee 设备仅靠两节 5 号电池就可以维持长达 6 个月到 2 年左右的使用时间，这是其他无线设备望尘莫及的。

（2）成本低：ZigBee 模块的初始成本在 6 美元左右，估计很快就能降到 1.5 ~ 2.5 美元，并且 ZigBee 协议是免专利费的。低成本对于 ZigBee 也是一个关键的因素。

（3）时延短：通信时延和从休眠状态激活的时延都非常短，典型的搜索设备时延 30ms，休眠激活的时延是 15ms，活动设备信道接入的时延为 15ms。因此，ZigBee 技术适用于对时延要求苛刻的无线控制（如工业控制场合等）应用。

（4）网络容量大：一个星型结构的 ZigBee 网络最多可以容纳 254 个从设备和一个主设备，一个区域内可以同时存在最多 100 个 ZigBee 网络，而且网络组成灵活。

（5）可靠：采取了碰撞避免策略，同时为需要固定带宽的通信业务预留了专用时隙，避开了发送数据的竞争和冲突。MAC（媒体介入控制）层采用了完全确认的数据传输模式，每个发送的数据包都必须等待接收方的确认信息。如果传输过程中出现问题可以进行重发。

（6）安全：ZigBee 提供了基于循环冗余校验（CRC）的数据包完整性检查功能，支持鉴权和认证，采用了 AES - 128 的加密算法，各个应用可以灵活确定其安全属性。

3.4.3 Wi - Fi 技术

Wi - Fi 是一种可以将个人电脑、手持设备［如 PDA（掌上电脑）、手机］等终端以无线方式互相连接的技术。Wi - Fi 是一个无线网路通信技术的品牌，由 Wi - Fi 联盟（Wi - Fi Alliance）所持有。目的是改善基于 IEEE 802.11 标准的无线网路产品之间的互通性。它遵循 IEEE（电气和电子工程师协会）所制定的 802.11x 系列标准，所以一般所谓的 802.11x 系列标准都属于 Wi - Fi。根据 802.11x 标准的不同，Wi - Fi 的工作频段也有 2.4GHz 和 5GHz 的差别。但是 Wi - Fi 却能够实现随时随地上网需求，也能提供较高速的宽带接入。当然，Wi - Fi 技术也存在着诸如兼容性、安全性等方面的问题，不过它也凭借着自身的优势，占据着主流无线传输的地位。

Wi - Fi 网络是由 AP（Access Point）和无线网卡组成的无线网络。AP 一般称为网络桥接器或接入点，它是传统的有线局域网络与无线局域网络之间的桥梁，因此任何一台装有无线网卡的 PC（个人电脑）均可透过 AP 去分享有线局域网络甚至广域网络的资源，其工作原理相当于一个内置无线发射器的 HUB 或者是路由，而无线网卡则是负责接收由 AP 所发射信号的 CLIENT 端（客户端）设备。

Wi - Fi 技术突出的优势在于：

（1）无线电波的覆盖范围广，基于蓝牙技术的电波覆盖范围非常小，半径大约只有 50 英尺左右（约合 15m），而 Wi - Fi 的半径则可达 300 英尺左右（约合 100m），办公室自不用说，就是在整栋大楼中也可使用。最近，由 Vivato 公司推出的一款新型交换机，据悉，该款产品能够把目前 Wi - Fi 无线网络 300 英尺（接近 100m）的通信距离扩大到4英里（约6.5km）。

（2）Wi－Fi技术传输速度非常快，可以达到11Mbps，符合个人和社会信息化的需求。

（3）厂商进入该领域的门槛比较低。厂商只要在机场、车站、咖啡店、图书馆等人员较密集的地方设置“热点”，并通过高速线路将互联网接入上述场所。这样，由于“热点”所发射出的电波可以达到距接入点半径数10～100m的地方，用户只要将支持无线LAN（局域网）的笔记本电脑或PDA拿到该区域内，即可高速接入互联网。也就是说，厂商不用耗费资金来进行网络布线接入，从而节省了大量的成本。

3.4.4 超宽带技术

超宽带（Ultra Wide Band，UWB）技术是一种无线载波通信技术，即不采用正弦载波，而是利用纳秒级的非正弦波窄脉冲传输数据，因此其所占的频谱范围很宽。UWB是利用纳秒级窄脉冲发射无线信号的技术，适用于高速、近距离的无线个人通信。按照FCC（美国联邦通信委员会）的规定，在3.1GHz到10.6GHz范围内的7.5GHz的带宽频率为UWB所使用的频率范围。

UWB技术具有系统复杂度低，发射信号功率谱密度低，对信道衰落不敏感，低截获能力，定位精度高等优点，尤其适用于室内等密集多径场所的高速无线接入，非常适于建立一个高效的无线局域网（WLAN）或无线个域网（WPAN）。UWB最具特色的应用将是视频消费娱乐方面的无线个人局域网。具有一定相容性和高速、低成本、低功耗的优点使得UWB较适合家庭无线通信的需求。现有的无线通信方式，802.11b和蓝牙的速率太慢，不适合传输视频数据；54Mb/s速率的802.11a标准可以处理视频数据，但费用昂贵。而UWB有可能在10m范围内，支持高达110Mb/s的数据传输率，不需要压缩数据，可以快速、简单、经济地完成视频数据处理。

超宽带系统同时具有无线通信和定位的功能，可方便地应用于智能交通系统中，为车辆防撞、电子牌照、电子驾照、智能收费、车内智能网络、测速、监视、分布式信息站等提供高性能、低成本的解决方案。UWB也可应用在小范围、高分辨率，能够穿透墙壁、地面和身体的雷达和图像系统中，诸如军事、公安、消防、医疗、救援、测量、勘探和科研等领域，用作隐秘安全通信、救援应急通信、精确测距和定位、透地探测雷达、墙内和穿墙成像、监视和入侵检测、医用成像、储藏罐内容探测等。UWB还可应用于传感器网络和智能环境，这种环境包括生活环境、生产环境、办公环境等，主要用于对各种对象（人和物）进行检测、识别、控制和通信。

3.5 中间件技术

中间件是物联网应用中的关键软件部件，是衔接相关硬件设备和业务应用的桥梁，主要功能是屏蔽异构性、实现互操作和数据的预处理等。

屏蔽异构性。表现在计算机的软硬件之间的异构性，包括硬件（中央处理器和指令集、硬件结构、驱动程序等）、操作系统（不同操作系统的 API 和开发环境）、数据库（不同的存储和访问格式）等。造成异构的原因源自市场竞争、技术升级以及保护投资等因素。

实现互操作。在物联网中，同一个信息采集设备所采集的信息可能要供给多个应用系统，不同的应用系统之间的数据也需要相互共享和互通。但是因为异构性，不同应用系统所产生的数据结果依赖于计算环境，使得各种不同软件之间在不同平台之间不能移植，或者移植非常困难。而且，因为网络协议和通信机制的不同，这些系统之间还不能有效地相互集成。通过中间件可建立一个通用平台，实现各应用系统、应用平台之间的互操作。

数据的预处理。物联网的感知层将采集海量的信息，如果把这些信息直接传输给应用系统，那应用系统对于处理这些信息将不堪重负，甚至面临崩溃的危险。而且应用系统想要得到的并不是这些原始数据，而是对其有意义的综合性信息。这就需要中间件平台将这些海量信息进行过滤，融合成有意义的事件再传给应用系统。

中间件所包括的范围十分广泛，针对不同的应用需求涌现出多种各具特色的中间件产品。但至今中间件还没有一个比较精确的定义，因此，在不同的角度或不同的层次上，对中间件的分类也会有所不同。由于中间件需要屏蔽分布环境中异构的操作系统和网络协议，它必须能够提供分布环境下的通信服务，我们将这种通信服务称为平台。基于目的和实现机制的不同，可以将平台主要分为以下几类：

（1）远程过程调用（Remote Procedure Call）。

（2）面向消息的中间件（Message - Oriented Middleware）。

（3）对象请求代理（Object Request Brokers）。

（4）事务处理监控（Transaction Processing Monitors）。

它们可向上提供不同形式的通信服务，包括同步、排队、订阅发布、广播等，在这些基本的通信平台之上，可构筑各种框架，为应用程序提供不同领域内的服务，如事务处理监控器、分布数据访问、对象事务管理器（OTM）等。平台为上层应用屏蔽了异构平台的差异，而其上的框架又定义了相应领域内的应用系统结构、标准的服务组件等，用户只需告诉框架所关心的事件，然后提供处理这些事件的代码。当事件发生时，框架则会调用用户的代码。用户代码不用调用框架，用户程序也不必关心框架结构、执行流程、对系统级 API 的调用等，所有这些由框架负责完成。因此，基于中间件开发的应用具有良好的可扩充性、易管理性、高可用性和可移植性。

1. 远程过程调用

远程过程调用是一种广泛使用的分布式应用程序处理方法。一个应用程序使用 RPC（远程过程调用协议）来“远程”执行一个位于不同地址空间里的过程，并且从效果上看和执行本地调用相同。事实上，一个 RPC 应用分为两个部分：Server 和 Client。Server 提供一个或多个远程过程；Client 向 Server 发出远程调用。Server 和 Client 可以位于同一台计算机，也可以位于不同的计算机，甚至运行在不同的操作系统之上。它们通过网络进行通信。相应的 Stub（客户桩）和运行支持提供数据转换和通信服务，从而屏蔽不同的操作系统和网络协议。在这里 RPC 通信是同步的。采用线程可以进行异步调用。

在 RPC 模型中，Client 和 Server 只要具备了相应的 RPC 接口，并且具有 RPC 运行支持，就可以完成相应的互操作，而不必限制于特定的 Server。因此，RPC 为 Client/Server 分布式计算提供了有力的支持。同时，远程过程调用 RPC 所提供的是基于过程的服务访问，Client 与 Server 进行直接连接，没有中间机构来处理请求，因此也具有一定的局限性。比如，RPC 通常需要一些网络细节以定位 Server；在 Client 发出请求的同时，要求 Server 必须是活动的等。

2. 面向消息的中间件（MOM）

MOM 指的是利用高效可靠的消息传递机制进行平台无关的数据交流，并基于数据通信来进行分布式系统的集成。通过提供消息传递和消息排队模型，它可在分布环境下扩展进程间的通信，并支持多通信协议、语言、应用程序、硬件和软件平台。流行的 MOM 中间件产品有 IBM 的 MQSeries、BEA 的 MessageQ 等。消息传递和排队技术有以下三个主要特点。

通信程序可在不同的时间运行：程序不在网络上直接相互通话，而是间接地将消息放入消息队列，因为程序间没有直接的联系，所以它们不必同时运行。消息放入适当的队列时，目标程序甚至根本不需要正在运行；即使目标程序在运行，也不意味着要立即处理该消息。

对应用程序的结构没有约束：在复杂的应用场合中，通信程序之间不仅可以是一对一的关系，还可以进行一对多和多对一，甚至是上述多种方式的组合。多种通信方式的构造并没有增加应用程序的复杂性。

程序与网络复杂性相隔离：程序将消息放入消息队列或从消息队列中取出消息来进行通信，与此关联的全部活动，比如维护消息队列、维护程序和队列之间的关系、处理网络的重新启动和在网络中移动消息等是MOM的任务，程序不直接与其他程序通话，并且它们不涉及网络通信的复杂性。

3. 对象请求代理

随着对象技术与分布式计算技术的发展，两者相互结合形成了分布对象计算，并发展为当今软件技术的主流方向。1990年年底，对象管理集团OMG首次推出对象管理结构OMA（Object Management Architecture），对象请求代理（Object Request Broker，ORB）是这个模型的核心组件。它的作用在于提供一个通信框架，透明地在异构的分布计算环境中传递对象请求。CORBA（公共对象请求代理体系结构）规范包括了ORB的所有标准接口。1991年推出的CORBA 1.1定义了接口描述语言OMG IDL和支持Client/Server对象在具体的ORB上进行互操作的API。CORBA 2.0规范描述的是不同厂商提供的ORB之间的互操作。

对象请求代理（ORB）是对象总线，它在CORBA规范中处于核心地位，定义异构环境下对象透明地发送请求和接收响应的基本机制，是建立对象之间Client/Server关系的中间件。ORB使得对象可以透明地向其他对象发出请求或接收其他对象的响应，这些对象可以位于本地也可以位于远程机器。ORB拦截请求调用，并负责找到可以实现请求的对象、传送参数、调用相应的方法、返回结果等。Client对象并不知道同Server对象通信、激活或存储Server对象的机制，也不必知道Server对象位于何处、它是用何种语言实现的、使用什么操作系统或其他不属于对象接口的系统成分。

值得指出的是，Client和Server角色只是用来协调对象之间的相互作用，根据相应的场合，ORB上的对象可以是Client，也可以是Server，甚至兼有两者。当对象发出一个请求时，它是处于Client角色；当它在接收请求时，它就处于Server角色。大部分的对象都是既扮演Client角色又扮演Server角色。另外，由于ORB负责对象请求的传送和Server的管理，Client和Server之间并不直接连接，因此，与RPC所支持的单纯的Client/Server结构相比，ORB可以支持更加复杂的结构。

4. 事务处理监控

事务处理监控（Transaction Processing Monitors）最早出现在大型机上，为其提供支持大规模事务处理的可靠运行环境。随着分布计算技术的发展，分布应用系统对大规模的事务处理提出了需求，比如商业活动中大量的关键事务处理。事务处理监控界于Client和Server之间，进行事务管理与协调、负载平衡、失败恢复等，以提高系统的整体性能。它可以被看作事务处理应用程序的“操作系统”。总体上来说，事务处理监控有以下功能：

（1）进程管理，包括启动Server进程、为其分配任务、监控其执行并对负载进行平衡。

（2）事务管理，即保证在其监控下的事务处理的原则性、一致性、独立性和持久性。

通信管理，为 Client 和 Server 之间提供了多种通信机制，包括请求响应、会话、排队、订阅发布和广播等。

事务处理监控能够为大量的 Client 提供服务，比如飞机订票系统。如果 Server 为每一个 Client 都分配其所需要的资源的话，那么 Server 将不堪重负。但实际上，在同一时刻并不是所有的 Client 都需要请求服务，而一旦某个 Client 请求了服务，它希望得到快速的响应。事务处理监控在操作系统之上提供一组服务，对 Client 请求进行管理并为其分配相应的服务进程，使 Server 在有限的系统资源下能够高效地为大规模的客户提供服务。

3.6 云计算技术

3.6.1 云计算定义

物联网的发展离不开云计算技术的支持。物联网中的终端的计算和存储能力有限，云计算平台可以作为物联网的大脑，以实现对海量数据的存储和计算。

云计算（Cloud Computing）是基于互联网的相关服务的增加、使用和交付模式，通常涉及通过互联网来提供动态易扩展且经常是虚拟化的资源。云是网络、互联网的一种比喻说法。过去在图中往往用云来表示电信网，后来也用来表示互联网和底层基础设施的抽象。狭义云计算指 IT（信息技术）基础设施的交付和使用模式，指通过网络以按需、易扩展的方式获得所需资源；广义云计算指服务的交付和使用模式，指通过网络以按需、易扩展的方式获得所需服务。这种服务可以是 IT 和软件、互联网相关，也可是其他服务。它意味着计算能力也可作为一种商品通过互联网进行流通。

（1）服务模式角度：云计算是一种全新的网络服务模式，将传统的以桌面为核心的任务处理转变为以网络为核心的任务处理，利用互联网实现自己想完成的一切处理任务，使网络成为传递服务、计算力和信息的综合媒介，真正实现按需计算、网络协作。

（2）技术角度：云计算是对并行计算（Parallel Computing）、分布式计算（Distributed Computing）和网格计算（Grid Computing）的发展或商业实现。

云计算的基本原理是，通过使计算分布在大量的分布式计算机上，而非本地计算机或远程服务器中，企业数据中心的运行将与互联网更相似。这使得企业能够将资源切换到需要的应用上，根据需求访问计算机和存储系统。

云计算在定义上有狭义和广义之分，其中信息系统基础的设置交付与使用的模式为狭义云计算，具体是指通过互联网的方式，依据业务需求和便于扩展的创新方式来获得计算中需到的内容和资源；比此更广的是广义云计算，它指了一种交付服务和使用的方式，是通过互联网的方式按照需求和高扩展性来获得需要服务的方式，这种服务同 IT、客户端软件和互联网紧密联系，也可能是其他的服务类型。

云计算核心理念，是将与网络连接的大量计算资源进行统一调度和管理，构成各种类型资源池面向用户使用。这种提供资源的网络就称为了“云”。在“云”中含有的资源在用户看来是能够进行无限扩展的，并可以随时进行资源存取，原则是按需使用，随时扩展，按使用付费。

总的来看，云计算模式是一种对信息资源的运行模式，是一种对能够共享，可进行配置的网络、服务器、存储、应用和服务等资源提供随时可接入、便利的、按需分配的网络访问。

3.6.2 云计算发展过程

云计算是慢慢出现的，是历史上技术和运算模式发展与演变的结果，它可能不是计算模式的终极进化结果，而是适合于当前商业的需求和技术上的可行性一种新模式。通过分析计算机发展历程，云计算的出现过程如图 3－1 所示。

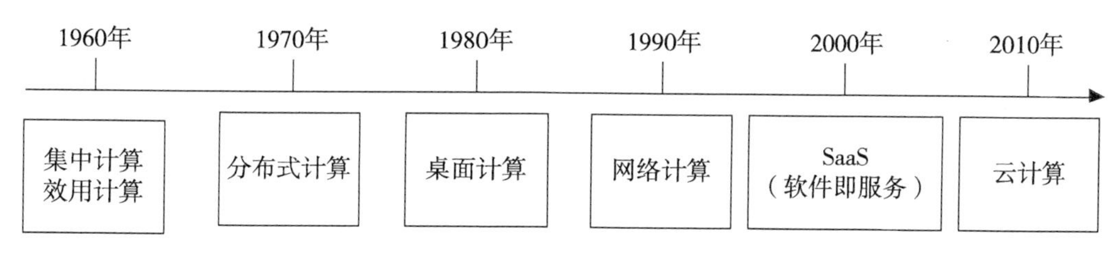

图 3－1 云计算的发展历程

1. 主机系统与集中计算

首先出现的是主机系统与集中计算，而在计算机刚刚产生的年代，就已经有了虚拟化模式的雏形。20 世纪 60 年代，虚拟化技术专利伴随着第一台大型主机 S360 产生而诞生。在 20 世纪六七十年代，计算机一般用于军队和银行，他们的价格异常昂贵，所以一个主机只运行的一系统和应用，就很少有客户能够承受这样的成本了。伴随着这个需求，IBM 公司研发了虚拟化技术的基本雏形，将一台独立的服务器划分为不同的分区，在每个分区上只运行一个系统或者一个业务应用。与此同时，带来了如何动态分配系统资源的问题，IBM 公司随之研发了负载均衡技术，产生并行系统综合体，能够将 32 台主机节点组成一个集群。总之，大型主机的一个特点就是资源集中，将计算资源和存储资源向一点集中，这就代表了集中计算模式。

2. 效用计算

随着计算机技术的进一步发展，人们需要考虑到购买主机的成本较高，一些经济实力较为薄弱的用户只能通过租用其他公司的服务器而不是自己购买来使用。效用计算概念被推到了前台，其设计的目标是把服务器的计算资源以及存储系统的存储资源一起发给用户进行使用，由实际资源量计算，对每个使用者进行收费。

3. 分布式计算

个人计算机出现后，依旧不能解决数据共享和信息交换的问题，于是出现了网络：局域网和后来的互联网。网络把大量分布在不同地理位置的计算机连接在一起，这里有个人计算机，也有服务器。分布式计算也由之孕育而生，通过分布式计算，通过网络连接的多台计算机，可以协同工作，完成一个计算任务，如今只有很少的程序不是分布式计算，一些单机游戏和文字处理不是分布式计算。

4. 桌面计算

20 世纪 80 年代，个人计算机飞速发展。个人计算机具有自己的存储空间和处理能力，虽然性能有限，但是对于个人用户来说，在一段时间内已经可以满足需要了。个人计算机可以满足大部分的个人计算需求，这种模式也叫桌面计算。

5. 网络计算

互联网的发展速度超出了人们的想象，促成了网络计算的产生。由于巨型计算机造价昂贵，而社会活动中又有很多难以解决的计算难题，而互联网能够把不同位置的计算机组成一个大型计算系统，也就是一台“超级计算机”，每一个计算机就是一个节点，整个计算系统就由许许多多的“节点”构成。

6. 软件即服务（SaaS）

SaaS 全称为 Software as a Service，中文译为软件即服务。SaaS 最早诞生于 2000 年，这种模式将一次性软件购买收入变成了持续的服务收入，软件提供商不再计算拷贝成本。对企业来说，其优点在于：

（1）无须技术人员投入。

（2）不进行大量投资，企业资金不足的前提下，可以解决企业对信息化的部分需求。

（3）企业由于无须维护基础设施和其他设备，所以维护和管理人员就没有存在的需要，这也为企业节约了一大笔资金。

云计算经过几十年的发展，以崭新的结构模式登上历史舞台，它是多种技术混合演进的结果，在大公司推动和成熟度高的综合作用下，计算模式的发展极为迅速。IBM、亚马逊、Google、微软和 Yahoo 等大公司是云计算的先行者。

3.6.3 云计算基础架构

就目前学术界和业界的共识来看，云计算包括以下三个层次的服务：基础设施即服务（IaaS）、平台即服务（PaaS）和软件即服务（SaaS）。云计算三层基础架构，如图3－2所示。

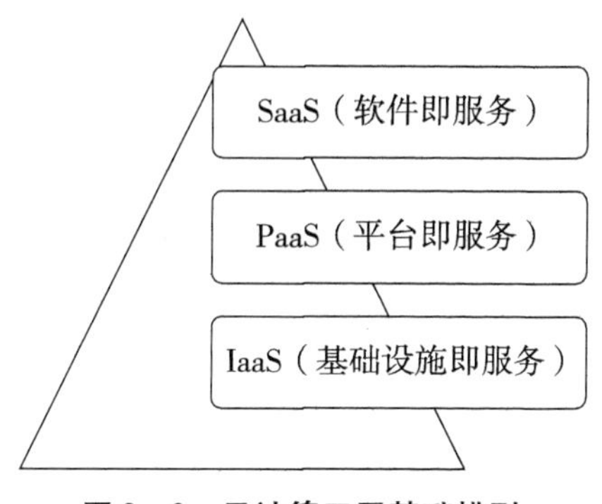

图3－2　云计算三层基础模型

1. IaaS（Infrastructure as a Service）

IaaS是集成传统服务器、存储器和网络交换设备为一体的服务模式。消费者通过Internet可以从完善的计算机基础设施获得基本的存储、计算能力。

2. PaaS（Platform as a Service）

当服务商提供的是包含基本数据库和中间件程序的一套完整系统，但用户还需要根据接口编写自己的应用程序时，就是PaaS，例如Google App Engine、Microsoft Azure和Amazon Simple DB、SQS。因此，PaaS实际上也是SaaS模式中的一种应用形式，但PaaS的出现正在加快SaaS的发展，尤其是加快SaaS应用的开发速度。

3. SaaS（Software as a Service）

SaaS是一种通过互联网提供软件功能的服务模式，用户现在无须购买新软件，只要能够接入互联网并且有一台足够的终端，就可以向提供商租用基于互联网的软件，来管理和经营企业活动。相对于传统本地使用的软件，SaaS解决方案具有明显的性能和价格优势，较低的前期架设成本便于进行维护快速和展开使用等。

3.6.4　云计算关键技术

在云计算模式的三个应用层中，每个层次都有自身的核心技术，在底层的基础设施及服务中，主要关键技术为虚拟化和负载均衡技术，正是虚拟化技术使底层独立的硬件能够形成合力，构建出计算、网络和存储资源池，供上层使用，如图3－3所示。负载均衡技术将流量控制用独立的设备进行控制，这种控制方式是使云计算底层能够分担计算任务的基础；而位于中间的平台即服务层，实现的关键内容在于将底层资源整合后，向应用程序提供统一的接口，Web Service技术和中间件是本层的关键，中小物流企业中不同的云终端，如条码枪、RFID读卡器等，需要Web Service技术进行整合与信息传递，在底层中，通过中间件统一各个终端的接口，能够做到在本地和远程使用时快速调用接口；云安全覆盖整个云计算各层。本书重点突出软件即服务层中的安全技术，特别是硬件 KEY 技术，使之能在源头控制客户的访问安全性。

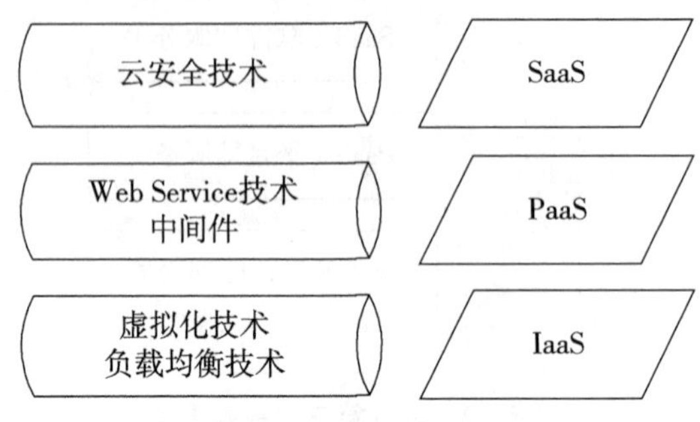

图 3－3　云计算关键技术

1. IaaS 层——虚拟化技术

虚拟化通常指的是计算在虚拟的环境上进行．虚拟化技术的特点是高扩容性，和容易负载均衡的特点。CPU 虚拟化技术指通过一个独立的 CPU 来模拟多 CPU 进行并行运算，这种技术允许单平台运行多个操作系统和应用程序，它们可以独立于对方，进而达到一机多用和提高计算机的工作效率。

虚拟化实现了 IT 资源的逻辑抽象和统一表示，在大规模数据中心管理和解决方案交付方面发挥着巨大的作用，是支撑云计算数据中心的最重要技术基石。包括服务器虚拟化、存储虚拟化和网络虚拟化。

服务器虚拟化是指硬件、操作系统和应用程序一同装入一个可迁移的虚拟机文件包中，如图 3－4 所示。

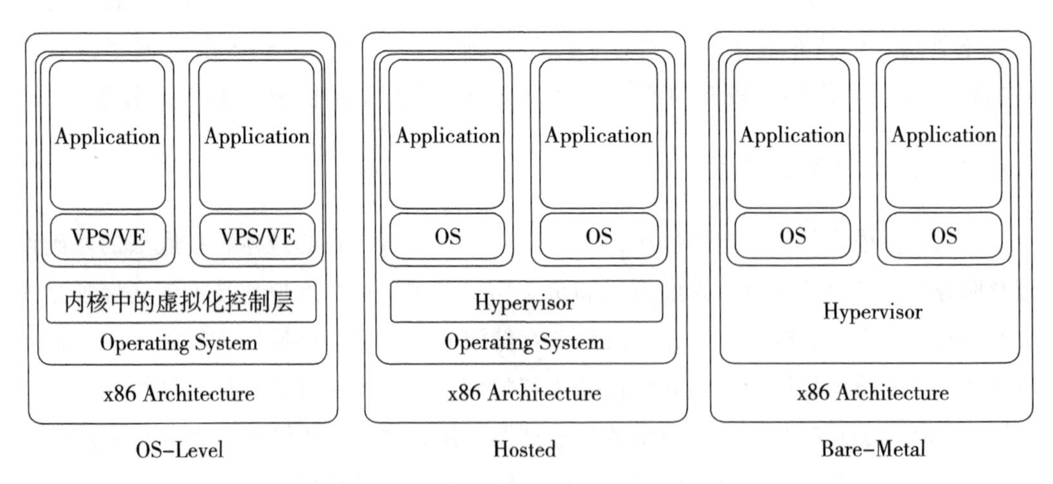

图 3－4　服务器虚拟化

在虚拟化前，软件必须与硬件相结合，每台机器上只有单一的操作系统镜像，每个操作系统只有一个应用程序负载；而在经过虚拟化以后，每台机器上有多个负载，并且软件对于硬件独立，其过程如图 3－5 所示。

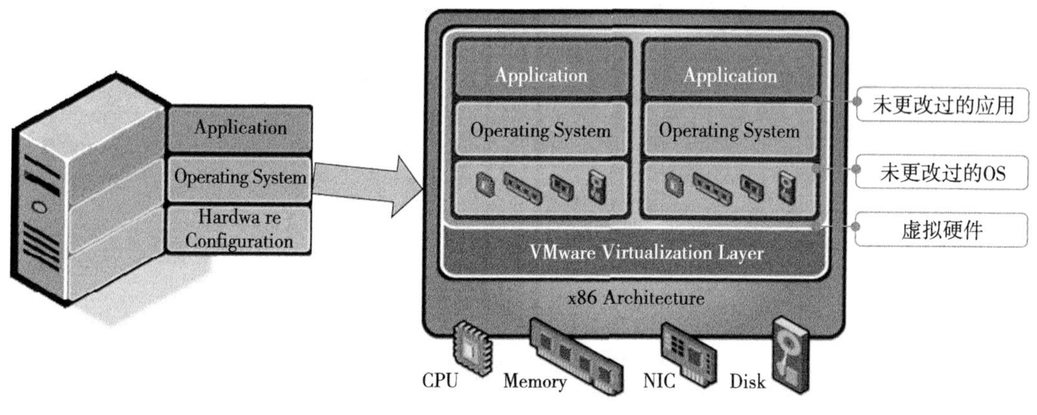

图 3－5　虚拟化结果

虚拟化特点如下：

（1）能够把正在运行中的虚拟机从一台物理机器上搬移到另一台，而服务不会中断，用户也不会感觉出任何异常。

（2）经济有效地适用于所有应用的高可用解决方案。当服务器发生故障时，自动重新启动虚拟机，不需要独占的 stand－by（备用）硬件，没有集群软件的成本和复杂性。

（3）虚拟机磁盘存储独立迁移，无须虚拟机停机，由于存储器的使用，最大限度地降低了计划内停机，实现跨服务器和存储器的完整计划停机管理。

（4）监控虚拟机，以发现客户操作系统的故障，在指定的时间间隔后自动重新启动虚拟机。发生物理硬件故障或操作系统故障时，最大限度降低计划外停机。

（5）分布式资源调度（DRS），按需自动调配资源。跨资源池动态调整计算资源。基于预定义的规则智能分配资源，使 IT 和业务优先级对应，动态提高系统管理效率，自动维护硬件。

（6）分布式电源管理，保证服务水平的同时减少电力消耗，虚拟机不中断、不停机。群集需要的资源越少，就将工作负载整合到越少的服务器上，将不需要的服务器置于待机模式。工作负载需要增加时，再恢复服务器的在线状态，保证服务水平的同时减少电力消耗，虚拟机不中断、不停机。虚拟化提升效果如图 3－6 所示。

虚拟机关键特征如下：

（1）虚拟机可以完全兼容各大公司的标准操作系统，以及基于这些操作系统的硬

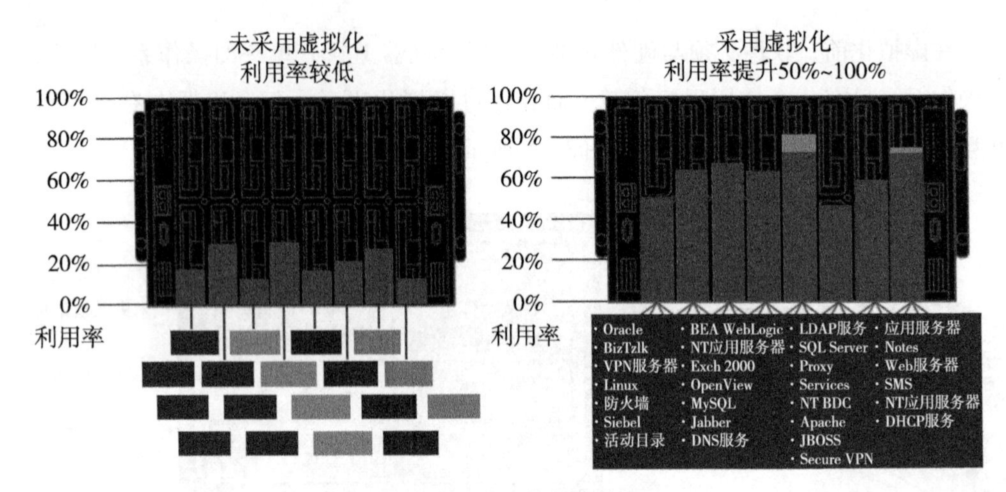

图3－6　虚拟化提升效果

件系统和应用系统。

（2）在同一个服务器中，每一个虚拟机都是相互隔离的。使用时就像在物理上是分开的一样。虽然不同的虚拟机可以共享到一台计算机物理资源，但它们之间是完全隔离的，就像是在不同的物理计算机。

（3）虚拟机将整个系统，包含所有硬件配置、操作系统以及应用程序等封装在一个数据文件里。

（4）可以在其他不同的服务器上部署不加修改的运行虚拟机。

虚拟化架构的优点如下：

（1）合并测试环境。

（2）降低系统管理成本。

（3）快速准备和迁移虚拟机。

（4）简化开发者和测试者的协作。

（5）用虚拟机库增加覆盖范围。

（6）容易模拟复杂和多变的测试环境。

2. IaaS层——负载均衡技术

负载均衡技术是云计算统一计算资源，统一处理的前提。负载均衡（Load Balance）建立在现有网络结构之上，扩展网络设备和服务器的带宽、增加吞吐量、提高网络的灵活性，其特点是廉价、有效、透明。

负载均衡有两方面的含义：首先，多台节点设备分别处理大量的并发访问或数据流量，减少用户等待响应的时间；其次，多个节点还能并行处理一个高负载的运算，在每个节点的设备结束处理后，汇总结果，并给用户反馈，系统的处理能力能够得到大幅度的提高。

软件与硬件的负载均衡、本地和全局的负载均衡与更高网络层负载均衡，以及链路聚合技术，这些都是世界上存在的不同的负载均衡技术，用以满足不同企业的应用需求。

负载均衡技术种类如下：

（1）软件方面负载均衡：是在服务器中安装一些软件来实现软件的负载均衡技术。软件负载均衡的优点为特定环境适应性、简易配置、灵活性、低成本。

（2）硬件方面负载均衡：在服务器和外部网络间安装负载均衡单位，负载均衡器就是这类设备。由于设备的专业性，而且能够独立于操作系统，不受操作系统的影响，数据中心的计算能力就有了大幅度的提高。而且负载均衡中算法丰富多彩，能够智能控制流量，做到使整个系统达到最优化的配置。

负载均衡在其应用的地理结构角度讲，可以分为本地的负载均衡、全局的负载均衡技术。本地的负载均衡技术可有效解决数据流量大、网络负荷重的问题，使用新功能和新结构不一定需要购买更加昂贵的服务器等设备，可以充分利用目前有的设备，减少本地服务器出现单点故障而引发的数据损失。通过使用不同的负载均衡策略，可以把数据流量均分给各个服务器群中的服务器，让这些服务器能够平均地承担计算任务。如果对现在的服务器进行升级扩充，只需要简单地增加一个新服务器到服务群就可以了，不需要改变其他的网络结构，甚至不需要停止现有的服务。全局负载均衡技术，适用范围是在多区域内拥有自己站点的服务器，就能够得到很快的访问速度，如果是一个子公司众多的大公司，可以通过 Intranet（企业内部网）来进行负载均衡，调配资源达到合理分配。

对于不同的网络层次，可以使用不同的负载均衡技术，特别是针对不同操作层的网络负载均衡技术，一般作用于网络的第四层和第七层。第四层的负载均衡将外部网的 IP 地址，通过算法映射为多个局域网服务器的 IP 地址，对每次 TCP 请求通过算法分配使用其中一个内部服务器 IP，可以达到负载均衡的作用。第七层的负载均衡技术主要对应用层服务内容起作用，提供一种针对访问流量采取的高层控制方式，适合对 HTTP 服务器群的应用。

网络负载均衡的优点如下：

（1）网络负载均衡技术能够允许将传入请求传播到多台服务器，即可以使用多台服务器共同承担对外网络请求的服务。网络负载均衡技术能够保证在负载很重的情况下也能作出快速响应。

（2）网络负载均衡对外只是提供一个 IP 地址（或域名）。

（3）若网络负载均衡的几个服务器出现故障时，服务并不会中断。网络负载均衡如果自动检测到服务器出现故障时，能够在最短的时间找出剩余的服务器可用位置，并重新指派客户机进行通信。此类的保护措施能够帮助为重要的业务程序不中断地运行。可根据网络访问量的增加提高网络负载均衡服务器的个数。

(4) 网络负载均衡还能在普通的计算机上实现。比如 Windows Server 2003 中，进行网络负载均衡的应用程序还包括了 Internet 信息服务（IIS)、ISA Server 2000 防火墙和代理服务器、VPN 虚拟专用网、终端服务器、Windows Media Services（Windows 视频点播、视频广播）等服务。与此同时网络负载均衡技术能够有助于改善服务器的性能和可伸缩性，这样可满足不断增长的客户端需求。网络负载均衡能够让客户用一个逻辑 Internet 名称、虚拟 IP 地址（又称群集 IP 地址）访问群集，同时又能够保留每台计算机各自名称。

3. PaaS 层——Web Service 技术

该技术是一种普遍构建应用程序的模型，在有网络环境的前提下，可以在许多操作系统中进行运行。Web Service 是一个应用组件，它逻辑性地为其他应用程序提供数据与服务。各应用程序通过网络协议和规定的一些标准数据格式（Http，XML，Soap）来访问 Web Service，通过 Web Service 内部执行得到所需结果。Web Service 可以执行从简单的请求到复杂商务处理的任何功能。一旦部署以后，其他 Web Service 应用程序可以发现并调用它部署的服务。

Web Service 技术的原理，如图 3－7 所示。

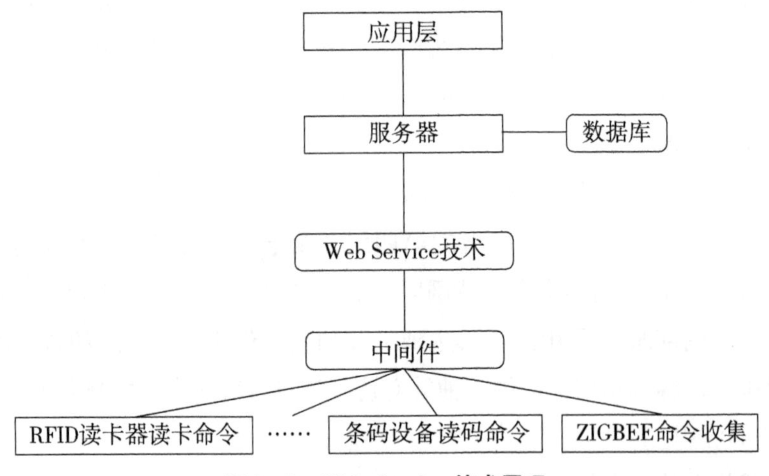

图 3－7　Web Service 技术原理

在构建和使用 Web Service 时，主要用到以下几个关键的技术和规则：

(1) XML：描述数据的标准方法。

(2) SOAP：表示信息交换的协议。

(3) WSDL：Web 服务描述语言。

(4) UDDI（Universal Description Discovery and Integration)：通用描述、发现与集

成，它是一种独立于平台的，基于XML语言的用于互联网上描述商务的协议。

4. SaaS——云安全技术

同许多的其他技术选择一样，安全性是云计算世界中的硬币的两面，既有正面也有反面。但是相对于传统方式的安全技术，云的自然属性使得它需要一些非常强有力的安全机制。

（1）硬件密钥技术。用户在使用云计算的服务时，需要将自身数据和计算的结果都保存在服务器端。但是对于安全级别考虑较高的用户，如果云计算没有较好的安全防护措施，就不愿意将数据交给云计算平台运算。我们可以通过加密的手段解决安全性问题，但是不同于简单的数据加密，用户的密钥写入硬件里的，而不是存储在计算机数据上和网络上面的，用户在使用云计算的同时，插入密钥KEY，数据经过加密后传到云计算中心，当用户在使用数据时，数据中心发送来的数据经过密钥KEY解密。这种加密技术称它为“智能型”加密狗，加密狗内置单片机里包含有用于加密的算法软件，该软件被写入单片机后，就不能再被读出。这样就保证加密狗硬件不能被复制。同时，加密算法是不可预知、不可逆转的。加密算法可以把一个数字的字符变换成一个整数。上述硬件KEY技术流程在一定程度上解决了数据云计算存储和传输过程中的安全性问题。

（2）通信安全技术。目前，经常使用的网络通信安全技术常用SSL与PPTP等技术，下面简单介绍两种安全技术。安全套接层（SSL）技术通过加密信息和提供鉴权，保护网站安全。一份SSL证书包括一个公共密钥和一个私用密钥。公共密钥用于加密信息，私用密钥用于解译加密的信息。浏览器指向一个安全域时，SSL同步确认服务器和客户端，并创建一种加密方式和一个唯一的会话密钥。它们可以启动一个保证消息的隐私性和完整性的安全会话。下面是SSL功能介绍。

首先，确认网站真实性（网站身份认证）：用户需要登录正确的网站进行在线购物或其他交易活动，但由于互联网的广泛性和开放性，使得互联网上存在着许多假冒、钓鱼网站，用户如何来判断网站的真实性，如何信任自己正在访问的网站，可信网站将帮助确认网站的身份。

其次，保证信息传输的机密性：用户在登录网站在线购物或进行各种交易时，需要多次向服务器端传送信息，而这些信息很多是用户的隐私和机密信息，直接涉及经济利益或隐私，如何来确保这些信息的安全呢？可信网站建立一条安全的信息传输加密通道。

在SSL会话产生时，服务器会传送它的证书，用户端浏览器会自动分析服务器证书，并根据不同版本的浏览器，从而产生40位或128位的会话密钥，用于对交易的信息进行加密。所有的过程都会自动完成，对用户是透明。因而，服务器证书可分为两种：最低40位和最低128位（这里指的是SSL会话时生成加密密钥的长度，密钥越长越不容易破解）证书。最低40位的服务器证书在建立会话时，根据浏览器版本不同，可产生40位或128位的SSL会话密钥用来建立用户浏览器与服务器之间的安全通道。而最低128位的服务器证书不受浏览器版本的限制可以产生128位以上的会话密钥，实现高级别的加密强度，无论是IE或Netscape浏览器，即使使用强行攻击的办法破译密码，也需要10年。

点对点隧道协议（PPTP）是一种支持多协议虚拟专用网络的网络技术，它工作在第二层。通过该协议，远程用户能够通过Microsoft Windows NT工作站、Windows XP、Windows 2000和Windows 2003、Windows 7操作系统以及其他装有点对点协议的系统安全访问网络，并能拨号连入本地ISP，通过Internet安全链接到网络。

PPTP使用GRE（通用路由封装）的扩展版本来传输用户PPP（点对点协议）包。这些增强允许为在PAC和PNS之间传输用户数据的隧道提供底层拥塞控制和流控制。这种机制允许高效使用隧道可用带宽并且避免了不必要的重发和缓冲区溢出。PPTP没有规定特定的算法用于底层控制，但它确实定义了一些通信参数来支持这样的算法工作。

3.7 基础通信应用实训

3.7.1 串行通信实验

1. 实验目的

（1）了解实现串行通信的硬件环境、数据格式的协议、数据交换的协议。

（2）掌握双机通信的原理和方法。

（3）掌握上位机通信程序编制方法。

2. 实验内容

（1）利用计算机的串行口，实现双机通信。

（2）将1号实验机上的键盘输入数据显示到2号实验机上。

（3）了解使用高级程序设计语言进行串行口通信开发。

3. 实验仪器

（1）串口交叉线。

（2）PC机。

（3）物流信息技术与信息管理软件平台。

4. 实验原理

（1）串口通信定义。串口是计算机上一种通用设备通信的协议，大多数计算机包含两个基于 RS－232 的串口。串口也是仪器仪表设备通用的通信协议，很多 GPIB 兼容的设备也带有 RS－232 串口。同时，串口通信协议也可以用于获取远程采集设备的数据。

（2）串口通信原理。串口通信的概念非常简单，串口按位（bit）发送和接收字节。尽管比按字节（byte）的并行通信慢，但是串口可以在使用一根线发送数据的同时用另一根线接收数据。它很简单并且能够实现远距离通信。比如 IEEE488 定义并行通信状态时，规定设备线总长不得超过 20m；而对于串口而言，长度可达 1200m。典型的应用是，串口用于 ASCII 码字符的传输。通信使用 3 根线完成，即地线、发送、接收。由于串口通信是异步的，端口能够在一根线上发送数据同时在另一根线上接收数据。串口通信最重要的参数是波特率、数据位、停止位和奇偶校验位。对于两个进行通信的端口，这些参数必须匹配。

①波特率。这是一个衡量通信速度的参数。它表示每秒钟传送的 bit 的个数。例如，300 波特表示每秒钟发送 300bit。当我们提到时钟周期时，就是指波特率。例如，如果协议需要 4800 波特率，那么时钟是 4800Hz。这意味着串口通信在数据线上的采样率为 4800Hz。通常电话线的波特率为 14400、28800 和 36600。波特率可以远远大于这些值，但是波特率和距离成反比。高波特率常常用于放置的很近的仪器间的通信，典型的例子就是 GPIB 设备的通信。

②数据位。这是衡量通信中实际数据位的参数。当计算机发送一个信息包时，实际的数据不会是 8 位的，标准的值是 7 位和 8 位。如何设置取决于你想传送的信息。比如，标准的 ASCII 码是 0～127（7 位）。扩展的 ASCII 码是 0～255（8 位）。如果数据使用标准 ASCII 码，那么每个数据包使用 7 位数据。每个包是指一个字节，包括开始/停止位、数据位和奇偶校验位。由于实际数据位取决于通信协议的选取，术语“包”指任何通信的情况。

③停止位。停止位用于表示单个包的最后一位。典型的值为 1 位、1.5 位和 2 位。由于数据是在传输线上定时的，并且每一个设备有其自已的时钟，很可能在通信中两台设备间出现不同步。因此，停止位不仅仅是表示传输的结束，而且提供计算机校正时钟同步的机会。适用于停止位的位数越多，不同时钟同步的容忍程度越大，但是数据传输率同时也越慢。

④奇偶校验位。在串口通信中一种简单的检错方式。有四种检错方式：偶、奇、高和低。当然，没有校验位也是可以的。对于偶校验和奇校验的情况，串口会设置校验位（数据位后面的一位），用一个值确保传输的数据有偶个或者奇个逻辑高位。例如，如果数据是 011，那么对于偶校验，校验位为 0，保证逻辑高的位数是偶数个。如果是奇校验，校验位是 1，这样就有 3 个逻辑高位。高位和低位并不能真正地检查数据，只能简单进行置位逻辑高或者逻辑低校验。这样使得接收设备能够知道一个位的

状态，有机会判断是否有噪声干扰了通信或者传输和接收数据是否不同步。

⑤RS－232。RS－232（ANSI/EIA－232 标准）是 IBM－PC 及其兼容机上的串行连接标准，可用于许多用途，比如连接鼠标、打印机或者调制解调器，也可以连接工业仪器仪表，还可以用于驱动和连线的改进。实际应用中，RS－232 的传输长度或者速度常常超过标准的值。RS－232 只限于 PC 串口和设备间点对点的通信。RS－232 串口通信最远距离是 50 英尺（1 英尺＝0.3048m）。

DB－9 针连接头连出线的截面，如图 3－8 所示。

```
-------------
\ 1 2 3 4 5 /
 \ 6 7 8 9 /
  -------
```

图 3－8　DB－9 针连接头连出线截面

RS－232 针脚的功能如下。

- 数据

TXD（pin 3）：串口数据输出（Transmit Data）。

RXD（pin 2）：串口数据输入（Receive Data）。

- 握手

RTS（pin 7）：发送数据请求（Request to Send）。

CTS（pin 8）：清除发送（Clear to Send）。

DSR（pin 6）：数据发送就绪（Data Send Ready）。

DCD（pin 1）：数据载波检测（Data Carrier Detect）。

DTR（pin 4）：数据终端就绪（Data Terminal Ready）。

- 地线

GND（pin 5）：地线。

- 其他

RI（pin 9）：铃声指示。

5. 实验步骤

（1）PC 机安装物流信息技术与信息管理实验软件平台。

（2）用随机所配的串口交叉线分别安装到 PC 机串口上，串口交叉线如图 3－9 所示。

（3）鼠标右键点击“我的电脑”，在弹出菜单点击“属性”，弹出“系统属性”对话框，选择“硬件”选项页，点击“设备管理器”按钮弹出“设备管理器”对话框，查看“端口（COM 和 LPT）”节点，可看到本机所有的 COM 口（串口），如图 3－10 所示。

图 3－9　串口交叉线示意

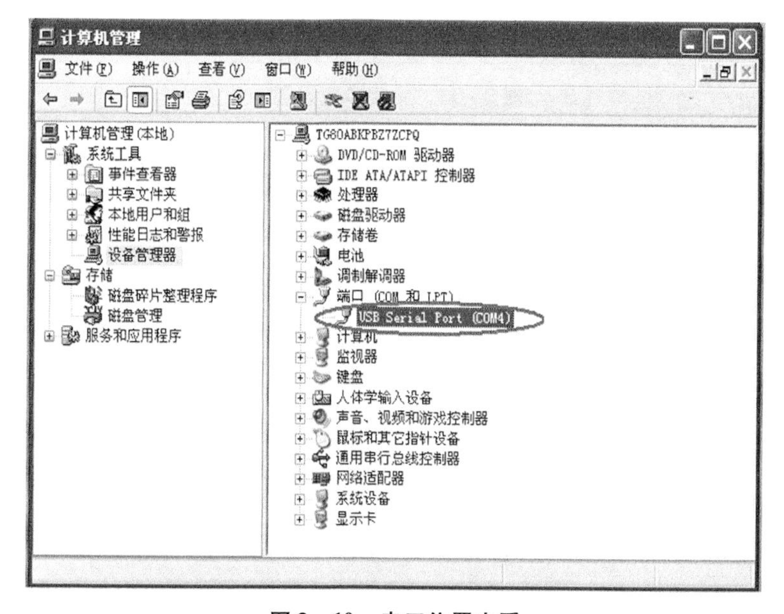

图 3－10　串口位置查看

（4）打开物流信息技术与信息管理实验平台，在“系统设置”的“常用参数设置”中设置串口通信参数，如图 3－11 所示。

打开网络通信中的“串口通信实验”，如图 3－12 所示。

进入串口通信的界面如图 3－13 所示，进入后点击“打开串口”按钮。

（5）通过键盘输入字符，点击“手动发送”按钮，可在与本机相连的另外一个 PC 机软件，显示输入字符。例如，A 计算机输入多个“8”，B 计算机中显示如图 3－14 所示。

（6）选中十六进制发送和显示的复选框，可在文本框内输入十六进制数据，如输入“AA 01 02 05 06 09 07 55”后点击发送，显示部分也可以十六进制的数据进行显示。图 3－15 为另一台计算机显示的界面。

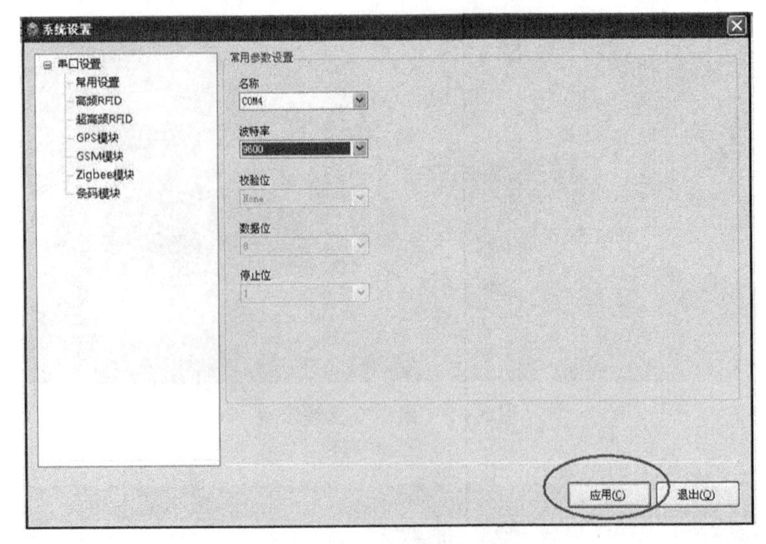

图 3-11　常用参数设置

图 3-12　串口通信实验

（7）实验完成后，点击“关闭串口”按钮，点击“退出”按钮完成串口实验。

3.7.2　网络通信实验

1. 实验目的

（1）熟悉 TCP/IP 协议的功能和网络操作。

（2）掌握 Windows 环境下基于 WinSock 的编程方法和通信实现。

（3）掌握基于客户/服务器模式的网络通信设计。

（4）编写一个聊天程序，即以客户端和服务器的模式进行互发消息。

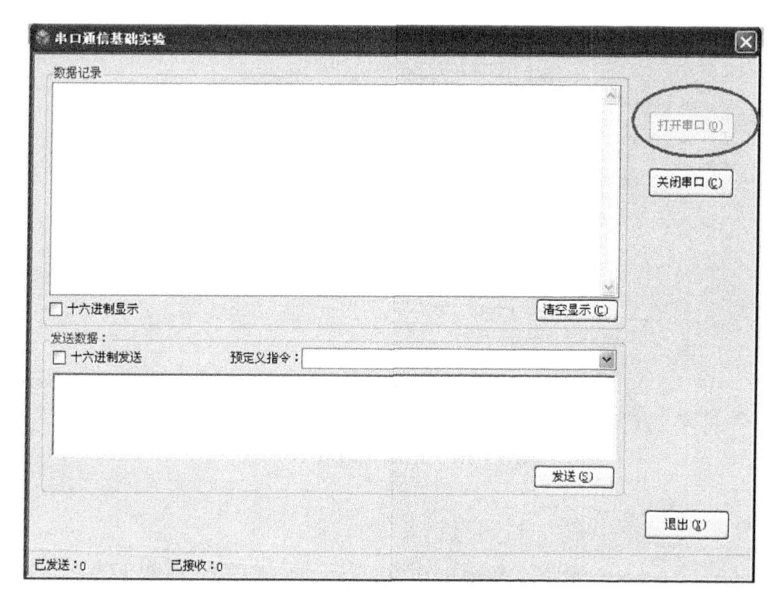

图 3－13　打开串口位置示意

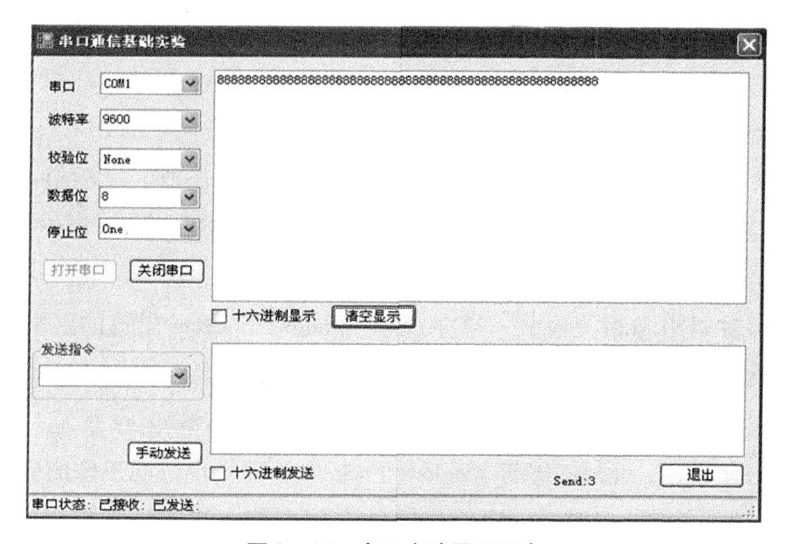

图 3－14　串口实验显示示意

2. 实验内容

（1）利用 TCP/IP 协议及 Socket 进行网络通信。

（2）实现客户端与服务器之间的数据通信。

（3）了解使用高级程序设计语言进行网络开发。

3. 实验仪器

（1）网线。

（2）PC 机与服务器（互联网或局域网内）。

（3）物流信息技术与信息管理软件平台。

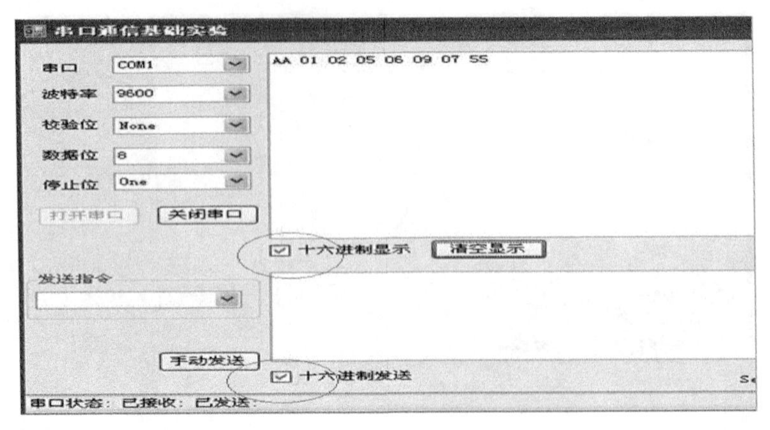

图 3-15 不同进制选择示意

4. 实验原理

（1）Windows Sockets 规范。Windows Sockets 规范以加利福尼亚大学伯克利分校BSD UNIX 中流行的 Socket 接口为范例定义了一套 Microsoft Windows 下的网络编程接口。它不仅包含了人们所熟悉的 Berkeley Socket 风格的库函数，也包含了一组针对Windows 的扩展库函数，以使程序员能充分地利用 Windows 消息驱动机制进行编程。Windows Sockets 规范的本意在于提供给应用程序开发者一套简单的 API，并让各家网络软件供应商共同遵守。此外，在一个特定版本 Windows 的基础上，Windows Sockets 也定义了一个二进制接口（ABI），以此来保证应用 Windows Sockets API 的应用程序的兼容性。因此，这份规范定义了应用程序开发者能够使用，并且网络软件供应商能够实现的一套库函数调用和相关语义。遵守这套 Windows Sockets 规范的网络软件，称为Windows Sockets 兼容；而 Windows Sockets 兼容实现的提供者，称为 Windows Sockets 提供者。一个网络软件供应商必须百分之百地实现 Windows Sockets 规范，才能做到与Windows Sockets 兼容。任何能够与 Windows Sockets 兼容实现协同工作的应用程序就被认为具有 Windows Sockets 接口。我们称这种应用程序为 Windows Sockets 应用程序。Windows Sockets 规范定义并记录了如何使用 API 与 Internet 协议族（IPS，通常指的是TCP/IP）连接，尤其要指出的是所有的 Windows Sockets 实现都支持流套接口和数据报套接口。应用程序调用 Windows Sockets 的 API 实现相互之间的通信。Windows Sockets又利用下层的网络通信协议功能和操作系统调用实现实际的通信工作。

（2）Bekeley 套接口。Windows Sockets 规范是建立在 Bekeley 套接口模型上的。这个模型现在已是 TCP/IP 网络的标准。它提供了习惯于 UNIX 套接口编程的程序员极为熟悉的环境，并且简化了移植现有的基于套接口的应用程序源代码的工作。

（3）Microsoft Windows 和针对 Windows 的扩展。这一套 Windows Sockets API 能够在所有 3.0 以上版本的 Windows 和所有 Windows Sockets 实现上使用，所以它不仅为

Windows Sockets 实现和 Windows Sockets 应用程序提供了 16 位操作环境，而且也提供了 32 位操作环境。Windows Sockets 也支持多线程的 Windows 进程。一个进程包含了一个或多个同时执行的线程。在 Windows 3.1 非多线程版本中，一个任务对应了一个仅具有单个线程的进程。线程都是指在多线程 Windows 环境中的真正意义的线程。在非多线程环境中（如 Windows 3.0），线程是指 Windows Sockets 进程。Windows Sockets 规范中的针对 Windows 的扩展部分为应用程序开发者提供了开发具有 Windows 应用软件的功能。它有利于程序员写出更加稳定并且更加高效的程序，也有助于在非占先 Windows 版本中使多个应用程序在多任务情况下更好地运作。除了 WSAStartup（）和 WSACleanup（）两个函数外，其他的 Windows 扩展函数的使用不是强制性的。

（4）客户机/服务器模型。一个在建立分布式应用时最常用的范例便是客户机/服务器模型。在这种方案中客户应用程序向服务器程序请求服务。这种方式隐含了在建立客户机/服务器间通信时的非对称性。客户机/服务器模型工作时要求有一套客户机和服务器所共识的惯例来保证服务能够被提供（或被接受），这一套惯例包含了一套协议，它必须在通信的两头都被实现。根据不同的实际情况，协议可能是对称的或是非对称的。在对称的协议中，每一方都有可能扮演主从角色；在非对称协议中，一方被不可改变地认为是主机，而另一方则是从机。一个对称协议的例子是 Internet 中用于终端仿真的 TELNET。而非对称协议的例子是 Internet 中的 FTP。无论具体的协议是对称的或是非对称的，当服务被提供时必然存在“客户进程”和“服务进程”。一个服务程序通常在一个众所周知的地址监听对服务的请求，也就是说，服务进程一直处于休眠状态，直到一个客户对这个服务的地址提出了连接请求。在这个时刻，服务程序被“惊醒”并且为客户提供服务，也就是对客户的请求做出适当的反应。

5. 实验步骤

（1）服务器端（教师机）安装物流信息技术上位机软件物流信息技术与信息管理实验平台（LogisTechBase. exe，教师版）。学生机安装上位机软件物流信息技术与信息管理实验平台（LogisTechBase. exe，学生版）。

（2）确定双机能够连接上 Internet 或在同一局域网范围内。

（3）一台计算机执行建立 TCP/IP 服务器，另一台计算机执行建立 TCP/IP 客户端，如图 3 – 16 所示。

（4）点击“建立 TCP/IP 服务器”选项后，出现如图 3 – 17 所示的“启动服务”按钮，点击该按钮，服务端程序将出现等待连接界面，并且在此界面上会有 IP 地址及端口号，如图 3 – 18 所示。

（5）使用另一计算机打开“TCP/IP 客户端登录”界面，如图 3 – 19 所示。

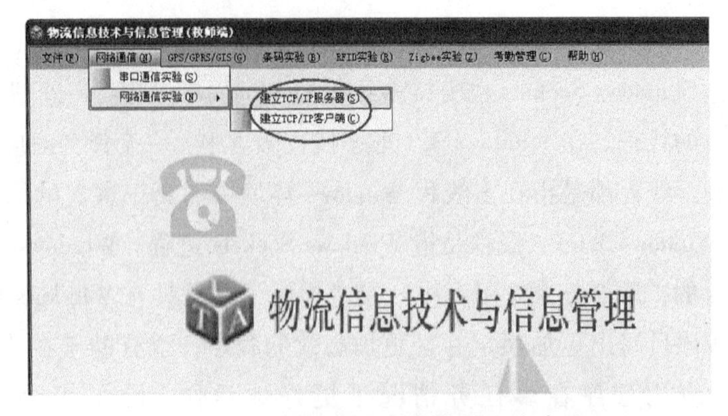

图 3-16　选择 TCP/IP 服务器和客户端

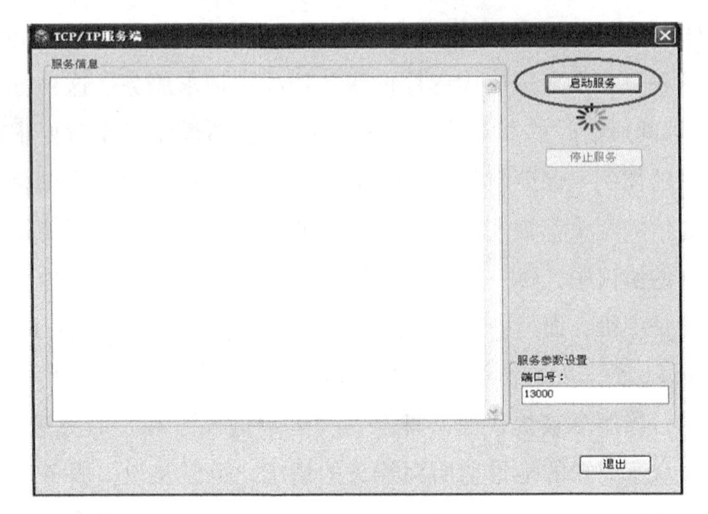

图 3-17　启动服务示意

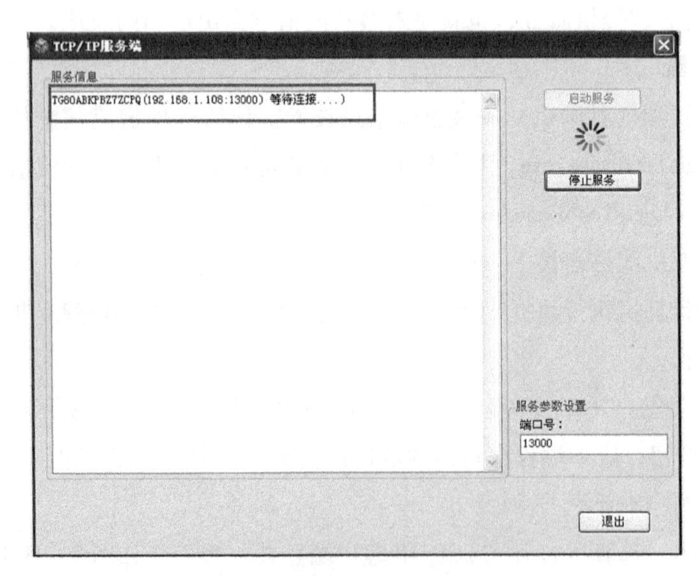

图 3-18　等待客户端连接示意

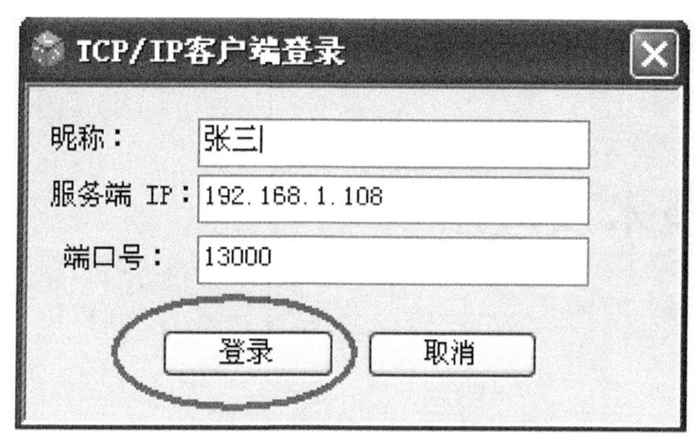

图 3 – 19　客户端登录界面

在图 3 – 19 中，可自定义昵称，英文中文皆可。IP 地址与端口号输入在服务器端显示内容即可，然后点击"登录"按钮。

（6）在对话框中输入谈话内容，点击"Send"，如图 3 – 20 所示。

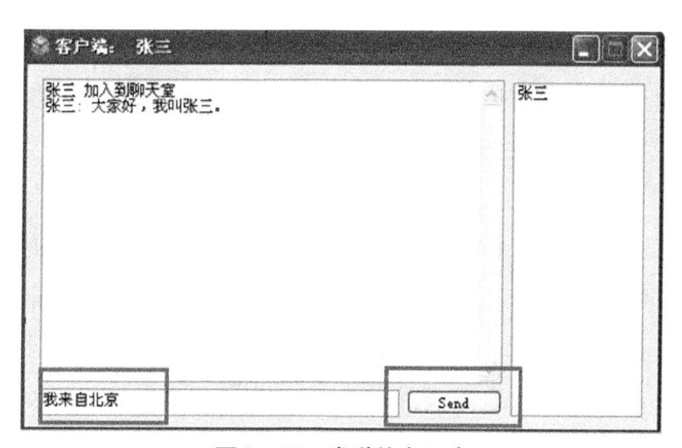

图 3 – 20　发送信息示意

（7）聊天及退出会在服务器窗体显示对应内容，如图 3 – 21 所示。

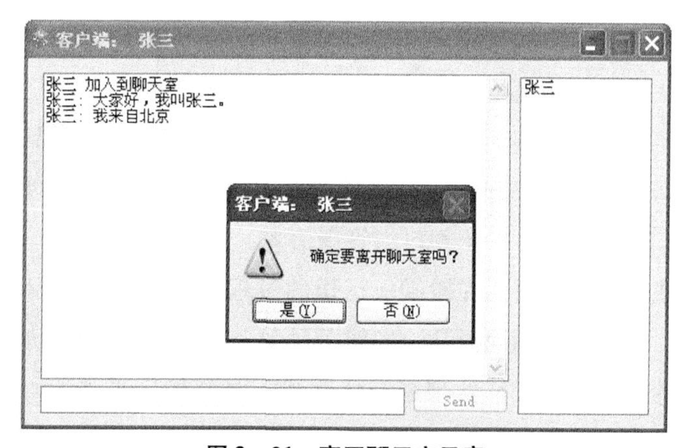

图 3 – 21　离开聊天室示意

4 条码技术及应用

4.1 案例引入——条码技术在仓储系统中的应用

目前，国际市场上，特别是发达国家和新兴工业化地区已经普遍在商品包装上使用条码标签。在这些国家所在地区的超级市场中，几乎所有的商品都使用条码识别系统，顾客选定商品后，售货员只要把商品包装上的条码对着扫描阅读器，电子计算机就能自动查询售价并作收款累计。当把顾客选定商品的所有条码都经过扫描后，计算机也就立即报出总价并把购物清单打印出来。这样，商店只需配备少量的售货员便能迅速、准确地完成结账、收款等工作，既方便消费者，也为商店本身改善管理、提高销售效率、降低销售成本创造了条件。就批发、仓储运输部门而言，通过使用条码技术，商品分类、输送、查找、核对、情况汇总迅速、准确，能缩短商品流通和库内停留时间，减少商品损耗。在商品包装上使用符合国际规范的条码，能在世界各国的商场内销售，出口厂商就有可能及时掌握自己产品在国际市场上的需求情况、价格动态和其他有关信息，有利于不断改进商品的生产和销售，因而可进一步促进国际贸易的发展。

在仓储管理中，人工管理往往难以真正做到货物按进仓批次在保质期内先进先出，利用条码技术，可以解决这一难题。仓管员只需在原材料、半成品、成品入库前对其赋码，就可以随时掌握货物的进出库和库存情况，为决策部门提供有力的参考。下面就是一典型的钢铁行业中条码技术在仓储管理上的应用。

钢铁生产需要大量地购买大宗原材料，同时伴随着各类钢铁产品的销售，这是生产两端的范畴，属于流程性很强的行业，只有全面地实施精细化管理，才能有效降低管理和交易成本，提升效率。对于物料的管理信息，过去多通过手工记录、电话沟通、人工计算、邮寄或传真等方法，在搬卸、运送的过程中不乏出现产品重复计量、数据人工输入速度慢、易出错、标识混乱、发错品种等问题，使得统筹协调生产环节中的各物料具有相当的困难度，无法实现系统优化和实时监控。通过条码管理系统达到信息自动化，企业管理更加有效率地细化。

在入库作业上，通过 ARGOX AS 扫描仪读取供应商提供的条码，对入库的原材料进行识别和分类，并通过扫描货单上的条码号以及无线局域网络的环境，传送到仓库数据中心，在系统中检索出订单，实时查询该入库产品的订单状态，确认是否可以收货后，提交后台系统。

在计量作业上，计量人员选择批次信息，从电子秤自动采集重量，将数据自动导入系统，及时增加库存，并利用 ARGOX X 系列打印机生成完整的标签信息，将其明显贴在指定库位上作为参考。

在出库作业上，通过 ARGOX AS 扫描仪读取条码，打印出提货的信息，由货场人员根据提货信息进行装货，装货时使用 ARGOX PT 系列采集终端逐件进行扫描，配合无线网络部署，将扫描数据一次传入生成销售出库单，及时减少库存。

在库存管理上，系统对货物入库、出库、移库和盘点进行实时反应，通过指定的库位条码，管理每一件产品及其存放的货位，有效利用有限的货位资源。条码管理系统结合无线技术的解决方案，更加规范且简化了日常的操作流程，减轻钢铁行业人员的劳动负荷，并提高了物料管理水平；此外，不仅有效降低库存成本，提高供应链效率，更为重要的是，准确及时的库存信息，让管理层可以对市场变化及时做出调整，加快反应时间及弹性，取得了较好的经济效益和社会效益。

4.2　一维条码技术

4.2.1　一维条码技术概述

条码是将线条与空白按照一定的编码规则组合起来的符号，用以代表一定的字母、数字等资料。在进行辨识的时候，是用条码阅读器（条码扫描器又叫条码扫描枪或条码阅读器）扫描，得到一组反射光信号，此信号经光电转换后变为一组与线条、空白相对应的电子信号，经解码后还原为相应的文数字，再传入电脑。

条码技术是在计算机应用和实践中产生并发展起来的一种广泛应用于商业、邮政、图书管理、仓储、工业生产过程控制、交通等领域的自动识别技术，具有输入速度快、准确度高、成本低、可靠性强等优点，在当今的自动识别技术中占有重要的地位。现如今条码识别技术已相当成熟，其读取的错误率约为百万分之一，首读率大于 98%，是一种可靠性高、输入快速、准确性高、成本低、应用面广的资料自动收集技术。世界上约有 225 种以上的一维条码，每种一维条码都有自己的一套编码规格，规定每个字母（可能是文字或数字或文数字）是由几个线条（Bar）及几个空白（Space）组成，以及字母的排列。一般较流行的一维条码有 39 码、EAN 码、UPC 码、128 码，以及专门用于书刊管理的 ISBN、ISSN 等。

各种一维条码的发明时间，如表 4－1 所示；标准制定时间如表 4－2 所示。

表 4－1　一维条码发明时间

年份	条码名称	发明人或公司	特殊意义
1949	Bull's Eye Code	N. Joseph Woodland，Bernard Silver	第一个条码
1972	Codabar	Monarch Marking System	在全球零售业得到了应用
1973	UPC	IBM	首次大规模应用的条码
1974	39 码	David C. Allias（Intermec）	第一个商业性文、数字条码
1976	EAN	EAN 协会	保证商品与其标识代码一一对应
1981	Code 128	Code 协会	比 Code 39 更具灵活性
1983	Code 93	Code 协会	密度比 39 码高

表 4－2　一维条码标准制定时间表

年份	条码	纳入标准
1982	Code39	Military Standard 1189
1983	Code39，Interleaved 2 of 5，Codabar	ANSI MH10. 8M
1984	UPC	ANSI MH10. 8M
1984	Code39	AIAG 标准
1984	Code39	HIBC 标准

从 UPC 以后，为满足不同的应用需求，陆续发展出各种不同的条码标准和规格，时至今日，条码已成为商业自动化不可缺少的基本条件。条码可分为一维条码（One Dimensional Bar Code，1D）和二维条码（Two Dimensional Bar Code，2D）两大类。目前，在商品上的应用仍以一维条码为主，故一维条码又被称为商品条码，二维条码则是另一种渐受重视的条码，其功能较一维条码强，应用范围更加广泛。

4. 2. 2　条码码制

条码的码制是指条码符号的类型，每种类型的条码符号都是由符合特定编码规则的条和空组合而成。每种码制都具有固定的编码容量和所规定的条码字符集。条码字符中字符总数不能大于该种码制的编码容量。常用的一维条码码制包括：EAN 条码、UPC 条码、UCC/EAN－128 条码、交叉 25 条码、39 条码、93 条码、库德巴条码等。

4. 2. 3　条码设备

条码识别设备由条码扫描和译码两部分组成。现在绝大部分条码识读器都将扫描器和译码器集成为一体。条码扫描器可分为输入组件（Input Device）及解码器（Decoder），两者可一体成型，也可用电线连接，或利用红外线以无线方式输送数据。

输入组件主要包括光电转换系统与类比数位转换器两大部分，光电系统主要用来扫描条码，扫描动作可借着操作者手的移动或条码的移动来完成。当光源照射到条码，反射光经光路设计落在感测组件上时，感测组件随着不同内射光之强度转换成不同的类比信号，经类比数位（A/D）转换器处理成数位码输出。

数位码输出到解码器中，将数位码解译成条码信号，即完成了条码扫描的工作。条码扫描器的读取系统结构如图 4－1 所示。

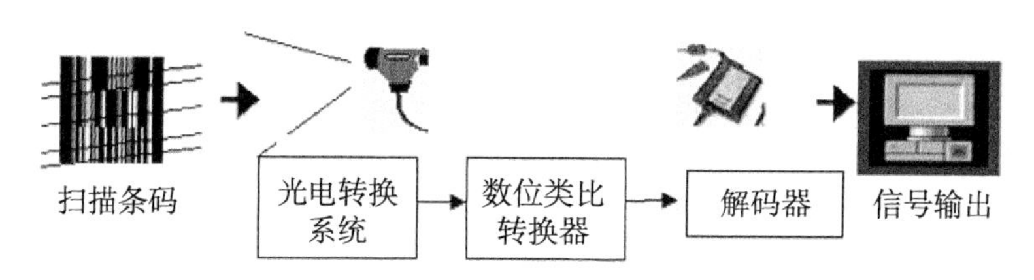

图 4－1　条码扫描器的读取系统结构

人们根据不同的用途和需要设计了各种类型的扫描器，如图 4－2 所示。一般的条码扫描器可分为四类：固定式镭射条码扫描器（Fixed Laser Bar Code Reader）、手持式镭射条码扫描器（Hand－Held Laser Bar Code Reader）、CCD 条码扫描器（Charge Coupled Device Bar Code Reader）和光笔条码扫描器（WAND 或称 Light Pen）。

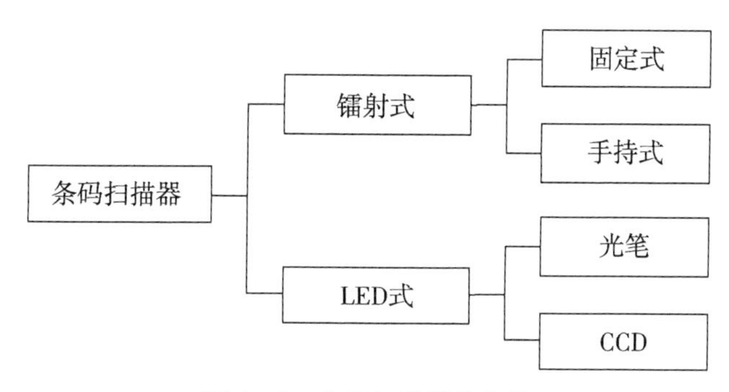

图 4－2　条码扫描器的分类

若从扫描方式上，条码识读设备可分为接触和非接触两种条码扫描器。接触式识读设备包括光笔与卡槽式条码扫描器；非接触式识读设备包括 CCD 扫描器、激光扫描器。

从操作方式上分类，条码识读设备可分为手持式和固定式两种条码扫描器。手持式条码扫描器应用于许多领域，这类条码扫描器特别适用于条码尺寸多样、识读环境复杂、条码形状不规整的应用场合。在这类扫描器中有光笔、激光枪、手持式全向扫描器、手持式CCD扫描器和手持式图像扫描器。

固定式扫描器扫描识读不用人手把持，适用于省力、人手劳动强度大（如超市的扫描结算台）或无人操作的自动识别应用。固定式扫描器有卡槽式扫描器、固定式单线扫描器、单方向多线式（栅栏式）扫描器、固定式全向扫描器和固定式CCD扫描器。

条码扫描设备从原理上可分为光笔、CCD、激光和拍摄四类。光笔与卡槽式条码扫描器只能识读一维条码。激光条码扫描器只能识读行排式二维码（如PDF417码）和一维码。图像式条码识读器可以识读常用的一维条码，还能识读行排式和矩阵式的二维条码。

条码扫描设备从扫描方向上可分为单向和全向条码扫描器。其中全向条码扫描器又分为平台式和悬挂式。

把条码识读器和具有数据存储、处理、通信传输功能的手持数据终端设备结合在一起，成为条码数据采集器，简称数据采集器，当人们强调数据处理功能时，往往简称为数据终端。它具备实时采集、自动存储、即时显示、即时反馈、自动处理、自动传输功能。它实际上是移动式数据处理终端和某一类型的条码扫描器的集合体。本节对此类设备将作进一步的介绍。

数据采集器按处理方式分为两类：在线式数据采集器和批处理式数据采集器。数据采集器按产品性能分为：手持终端、无线型手持终端、无线掌上电脑、无线网络设备。

4.2.4 条码编码

尽管条码的标准有很多，但国际上公认的用于物流领域的条码主要有3种，即通用商品条码、储运单元条码和贸易单元128条码，这3种条码基本上可以满足物流领域的条码应用要求。

1. 通用商品条码

通用商品条码是用于标识国际通用的商品代码的一种模块组合。通用商品条码（Bar Code for Commodity）是由国际物品编码协会（EAN）和统一代码委员会（UCC）规定的、用于表示商品标识代码的条码，包括EAN商品条码（EAN－13商品条码和EAN－8商品条码）和UPC商品条码（UPC－A商品条码和UPC－E商品条码），是商品标识的一种载体。

条码标识商品起源于美国，并形成一个独立的编码系统——UPC系统，通用于北美地区。由于国际物品编码协会推出的国际通用编码系统——EAN系统，在世界范围内得到迅速推广应用，UPC系统的影响逐渐缩小。美国早期的商店扫描系统只能识读UPC条码。为适应EAN条码的蓬勃发展，北美地区大部分商店的扫描系统更新改造为能同时识读 UPC 条码和 EAN 条码的自动化系统。为适应市场需要，EAN 系统和 UPC 系统目前已经合并为一个全球统一的标识系统——EAN/UCC 系统。

商品条码是 EAN/UCC 系统的核心组成部分，是 EAN/UCC 系统发展的根基，也是商业最早应用的条码符号。

（1）EAN/UCC－13 代码。

EAN/UCC－13 代码由 13 位数字组成。不同国家（地区）的条码组织对 13 位代码的结构有不同的划分。在中国大陆，EAN/UCC－13 代码分为三种结构，每种代码结构由三部分组成，如表 4－3 所示。

表 4－3　　EAN/UCC－13 代码的结构

结构	厂商识别代码	商品项目代码	校验码
结构一	$X_{13}X_{12}X_{11}X_{10}X_9X_8X_7$	$X_6X_5X_4X_3X_2$	X_1
结构二	$X_{13}X_{12}X_{11}X_{10}X_9X_8X_7X_6$	$X_5X_4X_3X_2$	X_1
结构三	$X_{13}X_{12}X_{11}X_{10}X_9X_8X_7X_6X_5$	$X_4X_3X_2$	X_1

①前缀码。前缀码由 2～3 位数字（$X_{13}X_{12}$或 $X_{13}X_{12}X_{11}$）组成，是 EAN 分配给国家（或地区）编码组织的代码。前缀码由 EAN 统一分配和管理，截至 2003 年 7 月，全球共有 101 个国家（或地区）编码组织代表 103 个国家（或地区）加入 EAN International，成为 EAN 的成员组织。EAN 前缀码的分配如表 4－4 所示。

需要指出的是，随着世界经济一体化发展，前缀码一般并不一定代表产品的原产地，而只能说明分配和管理有关厂商识别代码的国家（或地区）编码组织。

表 4－4　　EAN 已分配的前缀码

前缀码	编码组织所在国家（或地区）	前缀码	编码组织所在国家（或地区）	前缀码	编码组织所在国家（或地区）
00～13	美国和加拿大	460～469	俄罗斯	481	白俄罗斯
20～29	店内码	471	中国台湾	482	乌克兰
30～37	法国	474	爱沙尼亚	484	摩尔多瓦
380	保加利亚	475	拉脱维亚	485	亚美尼亚
383	斯洛文尼亚	476	阿塞拜疆	486	格鲁吉亚
385	克罗地亚	477	立陶宛	487	哈萨克斯坦
387	波黑	478	乌兹别克斯坦	489	中国香港特别行政区
40～44	德国	479	斯里兰卡	50	英国
45、49	日本	480	菲律宾	520	希腊

续 表

前缀码	编码组织所在国家（或地区）	前缀码	编码组织所在国家（或地区）	前缀码	编码组织所在国家（或地区）
528	黎巴嫩	628	阿拉伯联合酋长国	789～790	巴西
529	塞浦路斯	629	阿拉伯联合酋长国	80～83	意大利
531	马其顿	64	芬兰	84	西班牙
535	马耳他	690～695	中国	850	古巴
539	爱尔兰	70	挪威	858	斯洛伐克
54	比利时和卢森堡	729	以色列	859	捷克
560	葡萄牙	73	瑞典	860	南斯拉夫
569	冰岛	740	危地马拉	867	朝鲜
57	丹麦	741	萨尔瓦多	869	土耳其
590	波兰	742	洪都拉斯	87	荷兰
594	罗马尼亚	743	尼加拉瓜	880	韩国
599	匈牙利	744	哥斯达黎加	885	泰国
600、601	南非	745	巴拿马	888	新加坡
608	巴林	746	多米尼加	890	印度
609	毛里求斯	750	墨西哥	893	越南
611	摩洛哥	759	委内瑞拉	899	印度尼西亚
613	阿尔及利亚	76	瑞士	90、91	奥地利
616	肯尼亚	770	哥伦比亚	93	澳大利亚
619	突尼斯	773	乌拉圭	94	新西兰
621	叙利亚	775	秘鲁	955	马来西亚
622	埃及	777	玻利维亚	958	中国澳门特别行政区
624	利比亚	779	阿根廷	977	连续出版物
625	约旦	780	智利	978、979	图书
626	伊朗	784	巴拉圭	980	应收票据
627	科威特	786	厄瓜多尔	981、982	普通流通券

②厂商识别代码。厂商识别代码用来在全球范围内唯一标识厂商，其中包含前缀码。在中国大陆，厂商识别代码由7～9位数字组成，由中国物品编码中心负责注册分配和管理。

根据《商品条码管理办法》，依法取得营业执照的生产者、销售者，可以申请注册厂商识别代码。任何厂商不得盗用其他厂商的厂商识别代码，不得共享和转让，更不得伪造代码。当厂商生产的商品品种很多，超过了“商品项目代码”的编码容量时，允许厂商申请注册一个以上的厂商识别代码。

③商品项目代码。商品项目代码由 3 ~ 5 位数字组成，由获得厂商识别代码的厂商自己负责编制。由于厂商识别代码的全球唯一性，因此，在使用同一厂商识别代码的前提下，厂商必须确保每个商品项目代码的唯一性，这样才能保证每种商品的项目代码的全球唯一性，即符合商品条码编码的“唯一性原则”。

不难看出，由 3 位数字组成的商品项目代码有 000 ~ 999 共 1000 个编码容量，可标识 1000 种商品；同理，由 4 位数字组成的商品项目代码可标识 10000 种商品；由 5 位数字组成的商品项目代码可标识 100000 种商品。

④校验码。商品条码是商品标识代码的载体，由于条码的设计、印刷的缺陷，以及识读时光电转换环节存在一定程度的误差，为了保证条码识读设备在读取商品条码时的可靠性，我们在商品标识代码和商品条码中设置校验码。校验码为 1 位数字，用来校验编码 $X_{13} \sim X_2$ 的正确性。校验码是根据 $X_{13} \sim X_2$ 的数值按一定的数学算法计算而得。

校验码的计算步骤如下：

a. 包括校验码在内，由右至左编制代码位置序号（校验码的代码位置序号为 1）。

b. 从代码位置序号 2 开始，所有偶数位的数字代码求和。

c. 将步骤 b 的和乘以 3。

d. 从代码位置序号 3 开始，所有奇数位的数字代码求和。

e. 将步骤 c 与步骤 d 的结果相加。

f. 用大于或等于步骤 e 所得结果且为 10 的最小整数倍的数减去步骤 e 所得结果，其差即为所求校验码。

厂商在对商品项目编码时，不必计算校验码的值，该值由制作条码原版胶片或直接打印条码符号的设备自动生成。

（2）EAN/UCC - 8 代码。

EAN/UCC - 8 代码是 EAN/UCC - 13 代码的一种补充，用于标识小型商品。它由 8 位数字组成，其结构如表 4 - 5 所示。

表 4 - 5　　EAN/UCC - 8 代码结构

商品项目识别代码	校验码
$X_8X_7X_6X_5X_4X_3X_2$	X_1

可以看出，EAN/UCC－8 的代码结构中没有厂商识别代码。EAN/UCC－8 的商品项目识别代码由 7 位数字组成。在中国大陆，$X_8X_7X_6$为前缀码。前缀码与校验码的含义与 EAN/UCC－13 相同。计算校验码时只需在 EAN/UCC－8 代码前添加 5 个“0”，然后按照 EAN/UCC－13 代码中的校验位计算即可。从代码结构上可以看出，EAN/UCC－8 代码中用于标识商品项目的编码容量要远远少于 EAN/UCC－13 代码。

以前缀码 690 的商品标识代码为例：就 EAN/UCC－8 代码来说，除校验位外，只剩下 4 位可用于商品的编码，即仅可标识 10000 种商品项目；而在 EAN/UCC－13 代码中，除厂商识别代码、校验位外，还剩 5 位可用于商品编码，即可标识 100000 种商品项目。可见，EAN/UCC－8 代码用于商品编码的容量很有限，应慎用。

商品项目识别代码由国家（或地区）编码组织统一分配管理。在我国由中国物品编码中心依据《商品条码管理办法》的相关规定，对 EAN/UCC－8 商品条码统一分配，以确保标识代码在全球范围内的唯一性，厂商不得自行分配。

根据 GB 12904《商品条码》和《商品条码管理办法》中的规定：“商品条码印刷面积超过商品包装表面面积或者标签可印刷面积四分之一的，系统成员可以申请使用缩短版商品条码。”申请 EAN/UCC－8 商品条码时，企业应先办理注册 EAN/UCC－13 厂商识别代码或同时办理。

EAN/UCC－8 商品条码的注册程序如下：

①企业填写《中国商品条码缩短码注册登记表》，并提供使用缩短码产品的外包装或标签设计样张。

②企业将上述材料交到所在地的编码中心分支机构进行初审，并向编码中心交纳相关费用。

③初审合格后，分支机构将材料上报到编码中心。

④编码中心收到分支机构上报材料和相关费用，符合要求的，由编码中心统一分配 EAN－8 商品条码。

⑤申请人获得由编码中心颁发的《中国商品条码缩短码通知书》。

图 4－3 表示的是“69012341” EAN/UCC－8 码结构。

图 4－3 “69012341”的 EAN/UCC－8 码结构

（3）UCC－12 代码。

UCC－12 代码可以用 UPC－A 商品条码和 UPC－E 商品条码的符号表示。UPC－A 是 UCC－12 代码的条码符号表示，UPC－E 则是在特定条件下将 12 位的 UCC－12 消“0”后得到的 8 位代码的 UCC－12 符号表示。需要指出的是，通常情况下，不选用 UPC 商品条码。当产品出口到北美地区并且客户指定时，才申请使用 UPC 商品条码。中国厂商如需申请 UPC 商品条码，须经中国物品编码中心统一办理。

UPC 码是美国统一代码委员会制定的一种商品用条码，主要用于美国和加拿大地区，我们在美国进口的商品上可以看到。UPC 码（Universal Product Code）是最早大规模应用的条码，其特性是一种长度固定、连续性的条码，目前主要在美国和加拿大使用，由于其应用范围广泛，故又被称万用条码。UPC 码仅可用来表示数字，故其字码集为数字 0～9。UPC 码共有 A、B、C、D、E 五种版本。

UPC 条码和 EAN 条码的区别：EAN 条码是国际物品编码协会制定的一种条码，已经遍布全球 90 多个国家和地区，EAN 条码符号有标准版和缩短版两种，标准版是由 13 位数字构成，缩短版是由 8 位数字构成；UPC 条码也是用于商品的条码，主要用于美国和加拿大地区，UPC 条码是由美国统一代码委员会制定的一种条码。我国有些出口到北美地区的商品为了适应北美地区的需要，也需要申请 UPC 条码。UPC 条码也有标准版和缩短版两种，标准版由 12 位数字构成，比标准版的 EAN 条码少一位，缩短版由 8 位数字构成，与 EAN 条码的缩短版位数一样。UPC－A 商品条码所表示的 UCC－12 代码由 12 位（最左边加 0 可视为 13 位）数字组成，其结构如下。

①厂商识别代码。厂商识别代码是美国统一代码委员会 UCC 分配给厂商的代码，由左起 6～10 位数字组成。其中，X_{12} 为系统字符，其应用规则如表 4－6 所示。UCC 起初只分配 6 位定长的厂商识别代码，后来为了充分利用编码容量，于 2000 年开始，根据厂商对未来产品种类的预测，分配 6～10 位可变长度的厂商识别代码。

表 4－6　　厂商识别代码应用规则

系统字符	应用范围
0，6，7	一般商品
2	商品变量单元
3	药品及医疗用品
4	零售商店内码
5	优惠券
1，8，9	保留

系统字符0、6、7用于一般商品，通常为6位厂商识别代码；系统字符2、3、4、5的厂商识别代码用于特定领域（2、4、5用于内部管理）的商品；系统字符8用于非定长的厂商识别代码的分配，其厂商识别代码位数如下所示：

80：6位

84：7位

81：8位

85：9位

82：6位

86：10位

83：8位

②商品项目代码。商品项目代码由厂商编码，由1～5位数字组成，编码方法与EAN/UCC－13相同。

③校验码。校验码为1位数字。在UCC－12最左边加0即视为13位代码，计算方法与EAN/UCC－13代码相同。“725272730706”代码结构如图4－4所示。

图4－4　“725272730706”的UPC－A码结构

UPC－E商品条码所表示的UCC－12代码由8位数字（$X_8 \sim X_1$）组成，是将系统字符为“0”的UCC－12代码进行消零压缩所得。其中，$X_8 \sim X_2$为商品项目代码；X_8为系统字符，取值为0；X_1为校验码，校验码为消零压缩前UCC－12的校验码。需要指明的是，表4－7所示的消零压缩方法是人为规定的算法。

由表4－7可看出，以000、100、200结尾的UPC－A商品条码的代码转换为UPC－E商品条码的代码后，商品项目代码X_4 X_3 X_2有000～999共1000个编码容量，可标识1000种商品项目；同理，以300～900结尾的，可标识100种商品项目；以10～90结尾的，可标识10种商品项目；以5～9结尾的，可标识5种商品项目。可见，UPC－E商品条码的UCC－12代码可用于给商品编码的容量非常有限，因此，厂商识别代码第一位为“0”的厂商，必须谨慎地管理他们有限的编码资源。只有厂商识别代码以“0”打头的厂商，确有实际需要，才能使用UPC－E商品条码。

以“0”开头的UCC－12代码压缩成8位的数字代码后，就可以用UPC－E商品条码表示。需要特别说明的是，在识读设备读取UPC－E商品条码时，由条码识读软件或应用软件把压缩的8位标识代码还原成全长度的UCC－12代码。条码系统的数据库中不存在UPC－E表示的8位数字代码。

表4－7 UCC－12转换为UPC－E商品条码的代码的压缩方法

<table>
<tr><th colspan="4">UPC－A商品条码的代码</th><th colspan="2">UPC－E商品条码的代码</th></tr>
<tr><th colspan="2">厂商识别代码</th><th rowspan="2">商品项目代码
$X_6X_5X_4X_3X_2$</th><th rowspan="2">校验码
X_1</th><th rowspan="2">商品项目代码</th><th rowspan="2">校验码</th></tr>
<tr><th>X_{12}
系统字符</th><th>$X_{11}X_{10}X_9X_8X_7$</th></tr>
<tr><td rowspan="4">0</td><td>$X_{11}X_{10}000$
$X_{11}X_{10}100$
$X_{11}X_{10}200$</td><td>$00X_4X_3X_2$</td><td rowspan="4">X_1</td><td>$0X_{11}X_{10}X_4X_3X_2X_9$</td><td rowspan="4">$X_1$</td></tr>
<tr><td>$X_{11}X_{10}300$
⋮
$X_{11}X_{10}900$</td><td>$000X_3X_2$</td><td>$0X_{11}X_{10}X_9X_3X_23$</td></tr>
<tr><td>$X_{11}X_{10}X_910$
⋮
$X_{11}X_{10}X_990$</td><td>$0000X_2$</td><td>$0X_{11}X_{10}X_9X_8X_24$</td></tr>
<tr><td>无零结尾 X_7 < >0</td><td>00005
⋮
00009</td><td>$0X_{11}X_{10}X_9X_8X_72$</td></tr>
</table>

设某编码系统字符为“0”，厂商识别代码为012300，商品项目代码为00064，将其压缩后用UPC－E的代码表示。由于厂商识别代码是以“300”结尾，首先取厂商识别代码的前三位数字“123”，后跟商品项目代码的后两位数字“64”，再其后是“3”。计算压缩前12位代码的校验字符的校验字符为“2”。因此，UPC－E的代码为：01236432，如图4－5所示。

2. 储运单元条码

储运单元条码是指专门表示储运单元编码的条码。储运单元是指为便于搬运、仓储、订货、运输等，由消费单元（即通过零售渠道直接销售给最终用户的商品）组成

图 4-5 "01236432" UPC-E 码结构

的商品包装单元。储运单元可以分为定量储运单元和变量储运单元两种。

（1）定量储运单元。定量储运单元是指内含预先确定的、指定数量商品的储运单元，如成箱的牙刷、瓶装饮料、烟等。定量储运单元一般采用 13 位或者 14 位数字编码，具体可分为以下 3 种情况：

①当定量储运单元同时又是定量消费单元时（如彩电、冰箱等），其代码与通用商品编码相同。

②当定量储运单元内含有不同种类的定量消费单元时，其代码为区别于消费单元的 13 位数字代码，条码标识可用 EAN-13 码表示，也可用 14 位交叉二五码（ITF-14）码表示。

③当定量储运单元由相同种类的定量消费单元组成时，定量储运单元可用 14 位数字代码进行编码标识，定量储运单元包装指示符（V）用于指示定量储运单元的不同包装，取值范围为 V=1，2，…，8。定量消费单元代码是指包含在定量储运单元内的定量消费单元代码去掉校验字符后的 12 位数字代码。其编码的代码结构如表 4-8所示。

表 4-8 由相同种类的定量消费单元组成的定量储运单元的代码结构

定量储运单元包装指示符	定量消费单元代码（不含校验码）	校验码
V	$X_1X_2X_3X_4X_5X_6X_7X_8X_9X_{10}X_{11}X_{12}$	C

（2）变量储运单元。变量储运单元是指内含按基本计量单位计价的商品的储运单元。变量储运单元编码由 14 位数字的主代码和 6 位数字的附加代码组成，其代码结构如表 4-9 所示。

表 4-9 变量储运单元的代码结构

主代码			附加代码	
变量储运单元包装指示符	厂商识别代码与商品项目代码	校验码	商品数量	校验码
LI	$X_1X_2X_3X_4X_5X_6X_7X_8X_9X_{10}X_{11}X_{12}$	C_1	$Q_1Q_2Q_3Q_4Q_5$	C_2

注：LI 用于指示在主代码后面有附加代码，取值为 LI=9。

附加代码（Q_1 ~ Q_5）是指包含在变量储运单元内，按确定的基本计量单位（如千克、米等）计量取得的商品数量。变量储运单元的主代码用 ITF－14 条码标识，附加代码用 ITF－6（6 位交叉 25 条码）标识。变量储运单元的主代码和附加代码也可以用 EAN－128 条码标识。

①交叉 25 条码。交叉 25 条码（Interleaved 2 of 5 Bar Code）由美国的 Intermec 公司于 1972 年发明的。自身具有校验功能。交叉 25 条码起初广泛应用于仓储及重工业领域，1987 年开始用于运输包装领域。1987 年日本引入了交叉 25 条码，用于储运单元的识别与管理。1997 年我国也研究制定了交叉 25 条码标准（GB/T 16829—1997），主要应用于运输、仓储、工业生产线、图书情报等领域的自动识别管理。交叉 25 条码是一种条、空均表示信息的连续型、非定长、具有自校验功能的双向条码。它的字符集为数字字符 0 ~ 9。图 4－6 是表示“3185”的交叉 25 条码的结构。

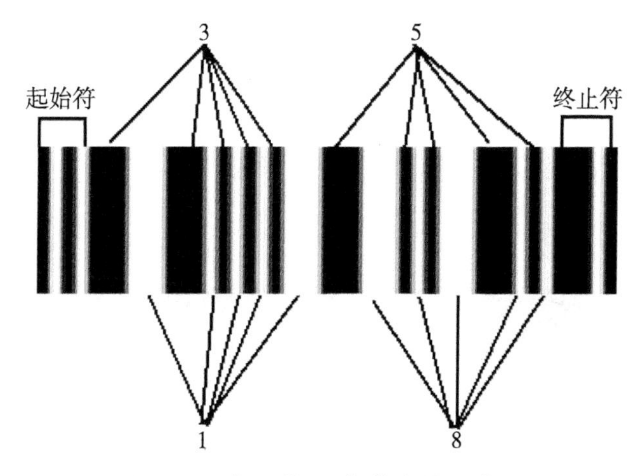

图 4－6　表示“3185”的交叉 25 条码

从图 4－6 中可以看出，交叉 25 条码由左侧空白区、起始符、数据符、终止符及右侧空白区构成。它的每一个条码数据符由 5 个单元组成，其中两个是宽单元（表示二进制的“1”），三个窄单元（表示二进制的“0”）。条码符号从左到右，表示奇数位数字符的条码数据符由条组成，表示偶数位数字符的条码数据符由空组成。组成条码符号的条码字符个数为偶数。当条码字符所表示的字符个数为奇数时，应在字符串左端添加“0”，如图 4－7 所示。

②ITF－14 条码和 ITF－6 条码。ITF 条码是一种连续性、定长、具有自校验功能，并且条和空都表示信息的双向条码。主要用于运输包装，是印刷条件较差，不允许印刷 EAN－13 和 UPC－A 条码时应选用的一种条码。是有别于 EAN、UPC 条码的另一种形式的条码。在商品运输包装上使用的主要是 14 位数字字符代表组成的 ITF－14 条码

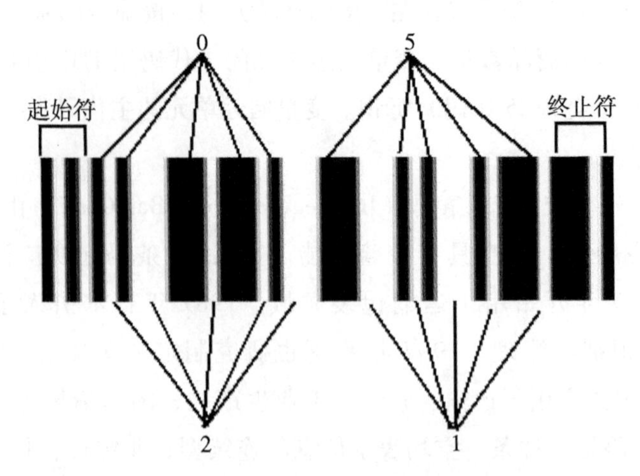

图 4－7　表示“215”的条码（字符串左端添加“0”）

和 6 位数字字符代表组成的 ITF－6 条码。ITF－14 条码和ITF－6条码由矩形保护框、左侧空白区、条码字符、右侧空白区组成，其条码字符集、条码字符的组成与交叉 25 码相同。ITF－14 条码只用于标识非零售的商品。ITF－14 条码对印刷精度要求不高，比较适合直接印刷（热转换或喷墨）于表面不够光滑，受力后尺寸易变形的包装材料，如瓦楞纸或纤维板上。图 4－8 所示为 ITF－14 条码。

图 4－8　ITF－14 条码

3. 贸易单元 128 码

通用商品条码和储运单元条码都属于不携带信息的标识符。在物流配送过程中，如果需要将生产日期、有效日期、运输包装序号、重量、体积、尺寸、送出地址、送达地址等重要信息条码化，以便扫描输入，就需要用到贸易单元 128 条码。

128 条码是物流条码中常用条码之一，其样式如图 4－9 所示。

（1）128 条码结构。贸易单元 128 条码（UCC/EAN－128）于 1981 年推出，是一种长度可变、连续性的字母数字条码。与其他一维条码比较起来，128 码是较为复杂的

其中，上部分为承运商区段，下部分为供应商区段

图 4－9 128 条码表示的物流条码

条码系统，而其所能支援的字符也相对地比其他一维条码多，又有不同的编码方式可供交互运用，因此其应用弹性也较大。一般是由起始符、数据符、校验符、终止符和两侧空白区组成，每个条码字符由 3 个条、3 个空共 11 个模块组成，每个条、空由 1～4 个模块组成。起始符标识 128 条码符号的开始，由 2 个条码字符组成；数据符标识一定的数据信息，每个数据符由 11 个模块组成；校验符用以校验 128 条码的正误；终止符标识 128 条码的结束，由有 4 个条、3 个空共 13 个模块组成；左右侧空白区都由 10 个模块组成，如表 4－10 所示。

表 4－10　　128 条码的结构

左侧空白区	起始符	数据符	校验符	终止符	右侧空白区
10 个模块	22 个模块	11 个模块	11 个模块	13 个模块	10 个模块

（2）EAN/UCC－128 条码。目前，我国所推行的 128 码是 EAN－128 码，应用最多，其结构如图 4－10 所示。EAN－128 码是根据 UCC/EAN－128 码的定义标准将资料转变成条码符号，并采用 128 码逻辑，具有完整性、紧密性、联结性及高可靠度的特性。辨识范围涵盖生产过程中一些补充性且易变动之资讯，如生产日期、批号、计量等。

因为 EAN－128 条码可携带大量的信息，所以其应用范围非常广泛，主要应用于制造业的生产流程控制、物流业的仓储管理、车辆调配、货物追踪、医院血液样本的管理、政府对管制药品的控制追踪等方面，也可应用于货运栈板标签、携带式资料库、

图 4-10 EAN-128 条码的结构

连续性资料段、流通配送标签等。EAN-128 条码的内容如表 4-11 所示。

表 4-11 EAN-128 条码的内容

代号	条码内容	码长度	说明
A	应用识别码	2	00 代表其后的资料内容为运输包装序号
B	包装性能指示码	1	3 代表无定义的包装指示码
C	前置码与公司码	7	代表 EAN-128 条码的前置码与公司码
D	自行编订序号	9	由公司指定序号
E	检查码	1	检查码
F	应用识别码		420 代表其后的资料内容为配送邮政编码
G	配送邮政编码		代表配送邮政编码

由表 4-11 可知，EAN-128 条码可以通过应用标识符来组合生成条码，应用标识符是标识编码应用含义和格式的字符，作用是指明跟随在应用标识符后面的数字所表示的含义。应用标识符是一个用于改善货物与信息有效流动的通用工具，是一个全面而系统的通用商业通信手段，填补了其他 EAN/UCC 标准遗留的空白。应用标识符由 2~4 位数字信息组成，EAN-128 条码可编码的信息范围包括项目标识、计量、数量、日期、交易参考信息、位置等。常见应用标识符的含义如表 4-12 所示。

表 4-12 EAN-128 条码常见应用标识符的含义

AI	内容	格式
00	系列货运包装箱代码（SSCC）	n2 + n18
01	全球贸易项目代码（GTIN）	n2 + n14
02	物流单元中的全球贸易项目标识代码	n2 + n14
10	批号和组号	n2 + an...20
11	生产日期	n2 + n6
13	包装日期	n2 + n6

续 表

AI	内容	格式
15	保质期	n2 + n6
17	有效期	n2 + n6
21	系列号	n2 + an. . . 20
310X	净重（kg）	n4 + n6
37	一个物流单元中所含贸易项目数量	n2 + n. . . 8
401	托运代码	n3 + an. . . 30
420	收货方邮政编码	n3 + an. . . 20

注：n2 + n18 表示应用标识符由 2 位代码组成，其后的条码必须由 18 位数字和其他字符组成；n2 + an. . . 20 表示应用标识符由 2 位代码组成，其后的条码不超过 20 位数字和其他字符。

4. 特殊情况下的编码

（1）产品变体的编码。“产品变体”是指制造商在产品生产周期内对产品进行的各种变更。如果制造商决定产品的变体（如含不同的有效成分）与标准产品同时存在，那么就必须为该变体另外分配一个标识代码。产品只做较小的改变或改进，不需要分配不同的商品标识代码。比如，标签图形进行重新设计，产品说明有小部分修改，但内容物不变或成分只有微小的变化。当产品的变化影响到产品的重量、尺寸、包装类型、产品名称、商标或产品说明时，必须另行分配一个商品标识代码。产品的包装说明有可能使用不同的语言，如果想通过商品标识代码加以区分，则一种说明语言对应一个商品标识代码。也可以用相同的商品标识代码对其进行标识，但这种情况下，制造商有责任将贴着不同语言标签的产品包装区分开来。

（2）组合包装的编码。如果商品是一个稳定的组合单元，其中每一部分都有其相应的商品标识代码。一旦任意一个组合单元的商品标识代码发生变化，或者组合单元的组合有所变化，都必须分配一个新的商品标识代码。如果组合单元变化微小，其商品标识代码一般不变，但如果需要对商品实施有效的订货、营销或跟踪，那么就必须对其进行分类标识，另行分配商品标识代码。例如，针对某一特定地理区域的促销品，某一特定时期的促销品，或用不同语言进行包装的促销品。某一产品的新变体取代原产品，消费者已从变化中认为两者截然不同，这时就必须给新产品分配一个不同于原产品的商品标识代码。

（3）促销品的编码。此处所讲的促销品是指商品的一种暂时性的变动，并且商品的外观有明显的改变。这种变化是由供应商决定的，商品的最终用户从中获益。通常促销变体和它的标准产品在市场中共同存在。商品的促销变体如果影响产品的尺寸或重量，必须另行分配一个不同的、唯一的商品标识代码。例如，加量不加价的商品，或附赠品的包装形态。包装上明显地注明了减价的促销品，必须另行分配一个唯一的商品标识代码。例如，包装上有“省 2.5 元”的字样。针对时令的促销品要另行分配一个唯一的商品标识代码。例如，春节才有的糖果包装。其他的促销变体就不必另行分配商品标识代码。

（4）商品标识代码的重新启用。厂商在重新启用商品标识代码时，应主要考虑以下两个因素：

①合理预测商品在供应链中流通的期限。根据 EAN/UCC 规范，按照国际惯例，一般来讲，不再生产的产品标识代码自厂商将最后一批商品发送之日起，至少 4 年内不能重新分配给其他商品项目。对于服装类商品，最低期限可为 2 年半。

②合理预测商品历史资料的保存期。即使商品已不在供应链中流通，由于要保存历史资料，需要在数据库中较长时期地保留它的商品标识代码，因此，在重新启用商品标识代码时，还需考虑此因素。

5. 编码举例

【例 1】 如图 4－11 所示，假设分配给 A 厂的厂商识别代码为 6901234。A 厂生产的 M 牌蘑菇罐头，对于规格分别为 200 克和 500 克的罐头，其商品项目代码不同，分别为 6901234567892 和 6901234567885；对于规格同为 200g，但大包装为 4 罐、小包装为 1 罐的不同包装形式应以不同商品项目代码标识，分别为 6901234567878 和 6901234567892；对于规格同为 200g，但包装类型为纸质方形包装，也应以不同商品项目代码标识。

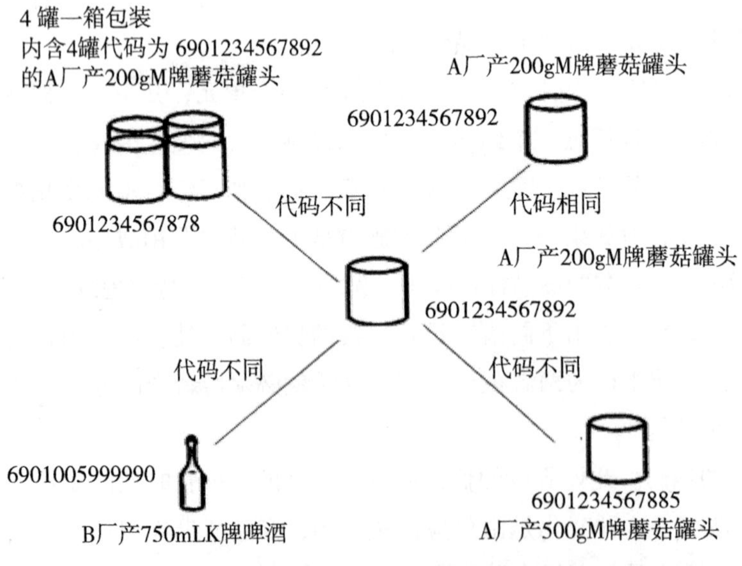

图 4－11 A 厂生产的 M 牌蘑菇罐头的商品项目代码标识

【例2】假设分配给某药厂的厂商识别代码为6901234，表4－13给出了其部分产品的编码方案。

表4－13　　　　　　　　　　某药厂部分产品的编码方案

<table>
<tr><th>产品种类</th><th>商标</th><th colspan="4">剂型、规格与包装规格</th><th>商品标识代码</th></tr>
<tr><td rowspan="17">清凉油</td><td rowspan="8">天坛牌</td><td rowspan="7">搽型</td><td rowspan="4">固体</td><td rowspan="3">棕色</td><td>3.5g/盒</td><td>6901234 000 00 9</td></tr>
<tr><td>3.5g/袋</td><td>6901234 000 01 6</td></tr>
<tr><td>19g/盒</td><td>6901234 000 02 3</td></tr>
<tr><td>白色</td><td>19g/盒</td><td>6901234 000 03 0</td></tr>
<tr><td rowspan="3">液体</td><td colspan="2">3mL/瓶</td><td>6901234 000 04 7</td></tr>
<tr><td colspan="2">8mL/瓶</td><td>6901234 000 05 4</td></tr>
<tr><td colspan="2">18mL/瓶</td><td>6901234 000 06 1</td></tr>
<tr><td colspan="3">吸剂（清凉油鼻舒）</td><td>1.2g/支</td><td>6901234 000 07 8</td></tr>
<tr><td rowspan="7">龙虎牌</td><td rowspan="2">黄色</td><td>3g/盒</td><td></td><td></td><td>6901234 000 08 5</td></tr>
<tr><td>10g/盒</td><td></td><td></td><td>6901234 000 09 2</td></tr>
<tr><td rowspan="2">白色</td><td>10g/盒</td><td></td><td></td><td>6901234 000 10 8</td></tr>
<tr><td>18.4g/盒</td><td></td><td></td><td>6901234 000 11 5</td></tr>
<tr><td rowspan="2">棕色</td><td>10g/盒</td><td></td><td></td><td>6901234 000 12 2</td></tr>
<tr><td>18.4g/瓶</td><td></td><td></td><td>6901234 000 13 9</td></tr>
<tr><td>吸剂
（清凉油鼻舒）</td><td></td><td>1.2g/支</td><td></td><td>6901234 000 14 6</td></tr>
<tr><td rowspan="2">ROYAL BALM™</td><td>运动型棕色
强力装</td><td></td><td>18.4g/瓶</td><td></td><td>6901234 000 15 3</td></tr>
<tr><td>关节型原始
白色装</td><td></td><td>18.4g/瓶</td><td></td><td>6901234 000 16 0</td></tr>
<tr><td rowspan="2">风油精</td><td rowspan="2">龙虎牌</td><td>8mL/瓶</td><td></td><td></td><td></td><td>6901234 000 17 7</td></tr>
<tr><td>3mL/瓶</td><td></td><td></td><td></td><td>6901234 000 18 8</td></tr>
<tr><td>家友
（组合包装）</td><td>龙虎牌</td><td colspan="4">风油精1mL，清凉油鼻舒0.5g/支</td><td>6901234 000 19 1</td></tr>
</table>

总结说明：

（1）商品品种不同应编制不同的商品项目代码。如清凉油与风油精是不同的商品，所以其商品项目代码不同。

（2）即使是同一企业生产的同一品种的商品，其商标不同，也应编制不同的商品项目代码。如天坛牌风油精与龙虎牌风油精，其商标不同，所以应编制不同的商品项目代码。

（3）同种商标的同种商品，如果剂型不同，其商品项目代码也应不同。如天坛牌清凉油，搽剂与吸剂的商品项目代码不同。

（4）同一种类、同一商标、同一剂型的商品，其商品规格或包装规格不同，均应编制不同的商品项目代码。如天坛牌清凉油棕色固体搽剂中，3.5g/盒与19g/盒、3.5g/盒与3.5g/袋，其商品项目代码各不相同。ROYAL BALM清凉油，18.4g/瓶的运动型棕色强力装与关节型原始白色装的商品项目代码也不相同。

（5）对于组合包装的项目，如龙虎牌家友组合，也应分配一个独立的商品项目代码。如果其包装内的风油精与清凉油鼻舒也有单卖的产品，则风油精、清凉油鼻舒以及二者组合包装后的产品应分别编制不同的商品项目代码。

4.3 二维条码技术

近年来，随着信息自动收集技术的发展，用条码符号表示更多信息的要求与日俱增，而一维条码最大数据长度通常不超过15个字符，多用以存放关键索引值（Key），仅可作为一种数据标识，不能对产品进行描述，因此需透过网络到数据库抓取更多的数据项目，在缺乏网络或数据库的状况下，一维条码便失去意义。此外一维条码有一个明显的缺点，即垂直方向不携带数据，因此数据的密度偏低。当初这样设计有两个目的：一是为了保证局部损坏的条码仍可正确辨识；二是使扫描容易完成。

要提高数据密度，又要在一个固定面积上印出所需数据，主要用两种方法来解决：一种是在一维条码的基础上向二维条码方向扩展；第二种是利用图像识别原理，采用新的几何形体和结构设计出二维条码。前者发展出堆叠式（Stacked）二维条码，后者则有矩阵式（Matrix）二维条码之发展，构成现今二维条码的两大类型。

堆叠式二维条码的编码原理是建立在一维条码的基础上，将一维条码的高度变窄，再依需要堆成多行，其在编码设计、检查原理、识读方式等方面都继承了一维条码的特点，但由于行数增加，对行的辨别、解码算法及软件则与一维条码有所不同。较具代表性的堆叠式二维条码有PDF417、Code16K、Supercode、Code49等。

矩阵式二维条码是以矩阵的形式组成，在矩阵相应元素位置上，用点（Dot）的出现表示二进制的“1”，不出现表示二进制的“0”，点的排列组合确定了矩阵码所代表的意义。其中点可以是方点、圆点或其他形状的点。矩阵码是建立在电脑图像处理技术、组合编码原理等基础上的图形符号自动辨识的码制，已较不适合用“条码”称之。具有代表性的矩阵式二维条码有Datamatrix、Maxicode、Vericode、Softstrip、Code1、

Philips Dot Code 等。

二维条码的新技术在20世纪80年代晚期逐渐被重视，在数据储存量大、信息随着产品走、可以传真影印、错误纠正能力高等特性下，二维条码在1990年代初期已逐渐被使用。

4.3.1　二维条码术语

1. 堆叠式二维条码（2D Stacked Code）

堆叠式二维条码是一种多层符号（Multi－Row Symbology），通常是将一维条码的高度截短再层叠起来表示信息。

2. 矩阵式二维条码（2D Matrix Code）

矩阵式二维条码（又称棋盘式二维条码），是在一个矩形空间通过黑、白像素在矩阵中的不同分布进行编码。在矩阵相应元素位置上，用点（方点、圆点或其他形状）的出现表示二进制“1”，点的不出现表示二进制的“0”，点的排列组合确定了矩阵式二维条码所代表的意义。

3. 数据字符（Data Character）

用于表示特定信息的ASCII字符集的一个字母、数字或特殊符号等字符。

4. 符号字符（Symbol Character）

依条码符号规则定义来表示信息的线条、空白组合形式。数据字符与符号字符间不一定是一对一的关系。一般情况下，每个符号字符分配一个唯一的值。

5. 代码集（Code Set）

代码集是指将数据字符转化为符号字符值的方法。

6. 字码（Code Word）

字码是指符号字符的值，为原始数据转换为符号字符过程的一个中间值，一种条码的字码数决定了该类条码所有符号字符的数量。

7. 字符自我检查（Character Self－Checking）

字符自我检查是指在一个符号字符中出现单一的印刷错误时，扫描器不会将该符号字符解码成其他符号字符。

8. 错误纠正字符（Error Correction Character）

用于错误侦测和错误纠正的符号字符，这些字符是由其他符号字符计算而得，二维条码一般有多个错误纠正字符用于错误侦测以及错误纠正。有些线性扫描器有一个错误纠正字符用于侦测错误。

9. E错误纠正（Erasure Correction）

E错误是指在已知位置上因图像对比度不够，或有大污点等原因造成该位置符号字符无法辨识，因此又称为拒读错误。通过错误纠正字符对 E 错误的恢复称为 E 错误纠正。对于每个 E 错误的纠正只需一个错误纠正字符。

10. T 错误纠正（Error Correction）

T 错误是指因某种原因将一个符号字符识读为其他符号字符的错误，因此又称为替代错误。T 错误的位置以及该位置的正确值都是未知的，因此对每个 T 错误的纠正需要两个错误纠正字符，一个用于找出位置，另一个用于纠正错误。

11. 错误侦测（Error Detection）

一般是保留一些错误纠正字符用于错误侦测，这些字符被称为侦测字符，用以侦测出符号中不超出错误纠正容量的错误数量，从而保证符号不被读错。此外，也可利用软件透过侦测无效错误纠正的计算结果提供错误侦测功能。若仅为 E 错误纠正则不提供错误侦测功能。

4.3.2　二维条码的识别

二维条码的识别有两种方法：一种是透过线型扫描器逐层扫描进行解码；第二种是透过照相和图像处理对二维条码进行解码。对于堆叠式二维条码，可以采用上述两种方法识读，但对绝大多数的矩阵式二维条码则必须用照相方法识读，例如使用面型 CCD 扫描器。

用线型扫描器如线型 CCD、镭射枪对二维条码进行辨识时，如何防止垂直方向的数据漏读是技术关键，因为在识别二维条码符号时，扫描线往往不会与水平方向平行。解决这个问题的方法之一是必须保证条码的每一层至少有一条扫描线完全穿过，否则解码程序不识读。这种方法简化了处理过程，但却降低了数据密度，因为每层必须要有足够的高度来确保扫描线完全穿过，如图 4－12 所示。我们所提到的二维条码中，如 Code 49、Code 16K 的识别就是如此。

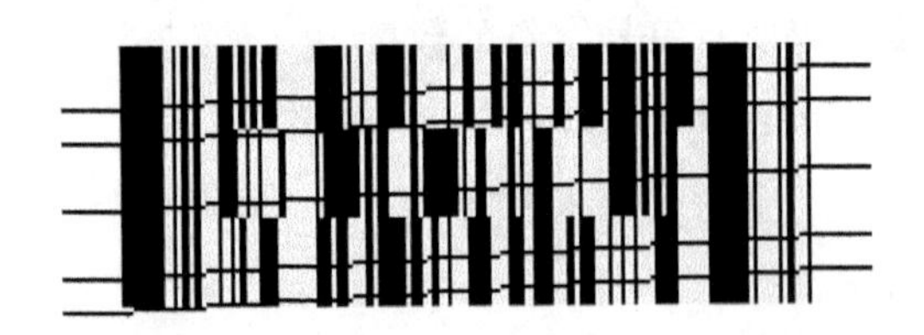

图 4－12　二维条码的识别（每层至少一条扫描线通过）

二维条码的识读设备根据识读原理的不同可分为：

（1）线性 CCD 和线性图像式识读器（Linear Imager）。可识读一维条码和行排式二维条码（如 PDF417），在阅读二维条码时需要沿条码的垂直方向扫过整个条码，又称为“扫动式阅读”，这类产品的价格比较便宜。

（2）带光栅的激光识读器。可识读一维条码和行排式二维条码。识读二维码时将扫描光线对准条码，由光栅部件完成垂直扫描，不需要手工扫动。

（3）图像式识读器（Image Reader）。采用面阵 CCD 摄像方式将条码图像摄取后进行分析和解码，可识读一维条码和二维条码。

另外，二维条码的识读设备根据工作方式的不同还可以分为手持式、固定式和平板扫描式。二维条码的识读设备对于二维条码的识读会有一些限制，但是均能识别一维条码。

4.3.3 PDF417 二维码

PDF417 是美国符号科技（Symbol Technologies，Inc）发明的二维条码，发明人是台湾赴美学人王寅君博士，目前 PDF417、Maxicode、Datamatrix 同被美国国家标准协会（American National Standards Institute，ANSI）MH10 SBC－8 委员会选为二维条码国际标准制定范围，其中 PDF417 主要是预备应用于运输包裹与商品数据标签。PDF417 不仅具有错误侦测能力，且可从受损的条码中读回完整的信息，其错误复原率最高可达 50%。

由于 PDF417 的容量较大，除了可将人的姓名、单位、地址、电话等基本信息进行编码外，还可将人体的特征如指纹、视网膜扫描及照片等个人记录储存在条码中，这样不但可以实现证件信息的自动输入，而且可以防止证件的伪造，减少犯罪。PDF417 已在美国、加拿大、新西兰的交通部门的执照年审、车辆违规登记、罚款及定期检验上开始应用。同时美国将 PDF417 应用在身份证、驾照、军人证上。此外墨西哥也将 PDF417 应用在报关单据与证件上，在防止仿造及犯罪方面有较好的效果。

PDF417 是一个公开码，任何人皆可用其算法而不必付费，因此是一个开放的条码系统。PDF417 的 PDF 为可携性数据档（Portable Data File）的缩写，因其条码类似一个数据档，可储存较多数据，且可随身携带或随产品走而得名（Paclidis，1992）。正如其名，每一个 PDF 码的储存量可高达 1108Bytes，若将数字压缩则可存放至 2729Bytes。

每一个 PDF417 码是由 3～90 横列堆叠而成，而为了扫描方便，其四周皆有静空区，静空区分为水平静空区与垂直静空区，至少应为 0.02 寸（约 0.67mm），如图 4－13 所示。

PDF417 的一个重要特性是其自动纠正错误的能力较强，不过 PDF417 的错误纠正能力与每个条码可存放的数据量有关，PDF417 码将错误复原分为 9 个等级，其值从 0 到 8，级数越高，错误纠正能力越强，但可存放数据量就越少，一般建议编入至少 10% 的检查字码。数据存放量与错误纠正等级的关系如表 4－14 所示。

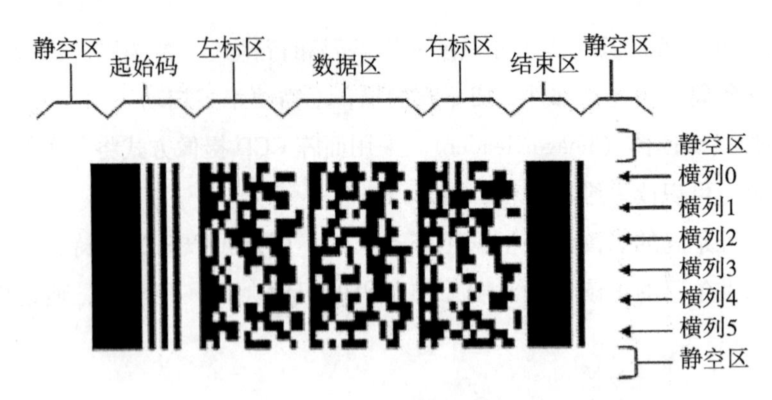

图 4－13 PDF417 码的结构

表 4－14 可存放数据量与错误纠正等级对照

错误纠正等级	纠正码数	可存数据量（位）
自动设定	64	1024
0	2	1108
1	4	1106
2	8	1101
3	16	1092
4	32	1072
5	64	1024
6	128	957
7	256	804
8	512	496

如前所述，错误纠正等级涉及拒读错误（E 错误）与替代错误（T 错误）两种错误类型。无论使用哪一种条码机都有一定的精密度极限，造成线条和空白的宽度与理想宽度间必有偏差存在，条码扫描设备能够读出解码算法所允许范围内的不精确条码符号，目前标准中规定 X 的值最小为 0.0075 英寸（约 0.191mm），此一限制同时反映出目前标准设备的技术现状。

综上所述，PDF417 的特性如表 4－15 所示。

表 4－15 PDF417 的特性

项目	特性
可编码字符集	8 位二进制数据，多达 811800 种不同的字符集或解释
类型	连续型，多层
字符自我检查	有

续 表

项目	特性
尺寸	可变，高3～90层，宽1～30栏
读码方式	双向可读
错误纠正字码数	2～512个
最大数据容量	安全等级为0，每个符号可表示1108个位

PDF417作为一种新的信息存储和传递技术，现已广泛地应用在国防、公共安全、交通运输、医疗保健、工业、商业、金融、海关及政府管理等领域。据不完全统计，在身份证或驾驶证上采用二维条码PDF417的国家已达40多个，中国对香港地区恢复行使主权后，香港居民新发放的特区护照上采用的就是二维条码PDF417技术。除了证件上，在工业生产、国防、金融、医药卫生、商业、交通运输等领域，二维条码同样得到了广泛的应用。由于二维条码具有成本低，信息可随载体移动，不依赖于数据库和计算机网络、保密防伪性能强等优点，结合中国人口多、底子薄、计算机网络投资资金难度较大，对证件的可机读及防伪等问题，因此可广泛地应用在护照、身份证、驾驶证、暂住证、行车证、军人证、健康证、保险卡等任何需要唯一识别个人身份的证件上。海关报关单、税务报表、保险登记表等任何需重复录入或禁止伪造、删改的表格，都可以将表中填写的信息编在PDF417条码中，以实现表格的自动录入，防止篡改表中内容。机电产品的生产和组配线，如汽车总装线、电子产品总装线，皆可采用二维条码并通过二维条码实现数据的自动交换。二维条码在中国有着广阔的应用前景。

4.3.4 QR码

QR码是由日本Denso（电装）公司于1994年9月研制的一种矩阵二维码符号，QR码除具有一维条码及其他二维条码所具有的信息容量大、可靠性高、可表示汉字及图像多种文字信息、保密防伪性强等优点外，QR码还具有以下主要特点。

普通的一维条码只能在横向位置表示大约20位的字母或数字信息，无纠错功能，使用时需要后台数据库的支持，而QR码二维条码是横向纵向都存有信息，可以放入字母、数字、汉字、照片、指纹等大量信息，相当于一个可移动的数据库。如果用一维条码与二维条码表示同样的信息，QR二维码占用的空间只是一维条码的1/11。

QR码与其他二维码相比，具有识读速度快、数据密度大、占用空间小的优势。QR码的三个角上有三个寻像图形，使用CCD识读设备来探测码的位置、大小、倾斜角度，并加以解码，实现360度高速识读。每秒可以识读30个含有100个字符的QR码。QR码容量密度大，可以放入1817个汉字、7089个数字、4200个英文字母。QR

码用数据压缩方式表示汉字，仅用13bit即可表示一个汉字，比其他二维条码表示汉字的效率提高了20%。QR具有4个等级的纠错功能，即使破损或磨损也能够正确识读。QR码抗弯曲的性能强，通过QR码中的每隔一定的间隔配置有校正图形，从码的外形来推测校正图形中心点与实际校正图形中心点的误差来修正各个模快的中心距离，即使将QR码贴在弯曲的物品上也能够快速识读。QR码可以分割成16个QR码，可以一次性识读数个分割码，适应于印刷面积有限及细长空间印刷的需要。此外微型QR码可以在1平方厘米的空间内放入35个数字或9个汉字或21个英文字母，适合对小型电路板ID号码进行采集的需要。

图4－14表示“智能物流系统实验室”的QR码结构。

图4－14　QR码的结构

4.3.5　二维条码与一维条码的比较

一维条码与二维条码应用处理的比较如图4－15所示。虽然一维和二维条码的原理都是用符号（Symbology）来携带数据，达成信息的自动辨识。但是从应用的观点来看，一维条码偏重于标识商品，而二维条码则偏重于描述商品。因此，相较于一维条码，二维条码（2D）不仅只存入关键值，还可将商品的基本数据编入二维条码中，达到数据库随着产品走的效果，进一步提供许多一维条码无法达成的应用。例如，一维条码必须搭配电脑数据库才能读取产品的详细信息，若为新产品则必须再重新登录，对产品多样少量的行业构成应用上的困扰。此外，一维条码稍有磨损即会影响条码阅读效果，故较不适用于工厂。除了这些数据重复登录与条码磨损等问题外，二维条码还可有效解决许多一维条码所面临的问题，让企业充分享受数据自动输入、无键输入的好处，对企业与整体产业带来相当的利益，也拓宽了条码的应用领域。

一维条码与二维条码的差异可以从数据密度与容量、错误侦测及自我纠正能力、

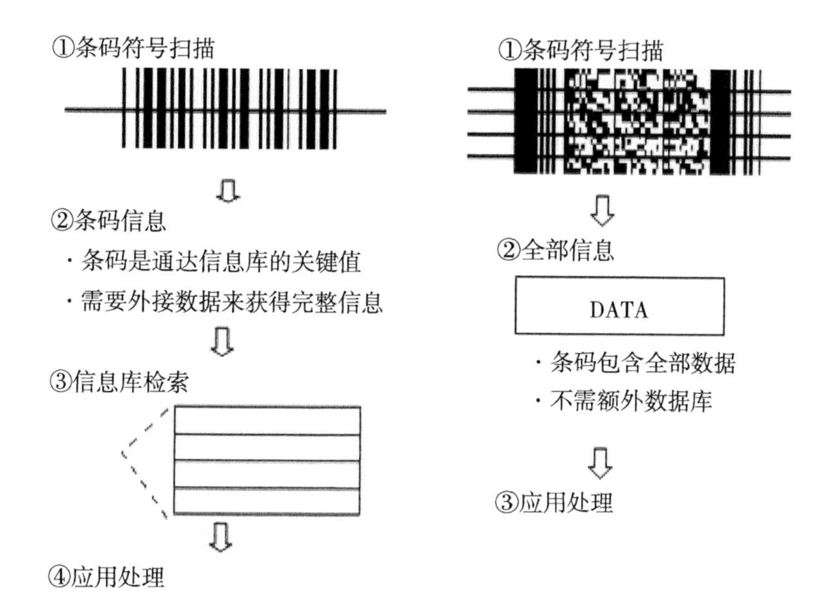

图 4 – 15　一维条码与二维条码应用处理的比较

主要用途、数据库依赖性、识读设备等项目看出，两者的比较如表 4 – 16 所示。

表 4 – 16　　一维条码与二维条码的比较

项目＼条码类型	一维条码	二维条码
数据密度与容量	密度低，容量小	密度高，容量大
错误侦测及自我纠正能力	可以检查码进行错误侦测，但没有错误纠正能力	有错误检验及错误纠正能力，并可根据实际应用设置不同的安全等级
垂直方向的数据	不储存数据，垂直方向的高度是为了识读方便，并弥补印刷缺陷或局部损坏	携带数据，对印刷缺陷或局部损坏等错误可以纠正，恢复数据
主要用途	主要用于对物品的标识	用于对物品的描述
数据库与网络依赖性	多数场合须依赖数据库及通信网络	可不依赖数据库及通信网络的存在而单独应用
识读设备	可用线型扫描器识读，如光笔、线型 CCD、镭射枪	对于堆叠式可用线型扫描器扫描，或可用图像扫描器识读。矩阵式则仅能用图像扫描器识读

4.3.6　二维条码的应用范围

二维条码（以下简称二维码）具有储存量大、保密性高、追踪性高、抗损性强、成本低等特性，这些特性可以广泛应用于各个行业。

（1）物流应用。二维码技术物流中的应用主要是生产制造业、销售业、物流配送业、仓储、邮电等领域。物流管理，其实是对物品在内部、外部两个环境中的管理和控制。二维码的应用不但可以有效避免人工输入可能出现的失误，大大提高入库、出库、制单、验货、盘点的效率，而且兼有配送识别、保修识别等功能，还可以在不便联机的情况下实现脱机管理。

（2）生产制造。二维码在制造业中是针对生产过程中的“物料”和“在制品”信息进行精确采集、整合、集成、分析和共享，为企业生产物资管理、工序管理和产品生命周期管理提供了基础信息解决方案，是车间制造管理系统的核心内容。系统的应用和 ERP（企业资源计划）、SAP（企业管理系列软件）、SCM（供应链管理）、MRP（物料需求计划）、MES（制造执行系统）、WMS（仓库管理系统）、CRM（客户关系管理）等管理系统形成良好的互补，尤其是在解决 ERP 软件无法与车间现场制造相连的问题上，为 ERP 提供基础数据支持。是实现工厂或生产型企业整体信息化的枢纽信息系统。

（3）质量追溯。二维码在客服追踪、维修记录追踪、危险物品追踪、后勤补给追踪、医疗体检追踪、农副产品质量追溯等应用上也已深受好评，利用二维码进行跟踪，及时发现问题，保障产品质量。

（4）电子票务。目前，我们常见的电影票、汽车票、景区门票、演唱会门票等在很多城市都已经实现了二维码电子票。减少了传统人工传递的费用，以及约定票毁约风险。

（5）精准营销。在优惠券、打折卡、会员卡、提货券等的应用上应该是二维码最好的体现。不但可以节约促销成本，还可以进行数据分析，以便达到精准营销效果。

（6）拍码上网。图书、新闻、广告使用二维码，用户只要用手机一拍即可快速地实现上网或者拨联系电话。打破了传统阅读的单一方式，实现了媒体和受众的互动。

（7）证照应用。护照、身份证、挂号证、驾照、借书证等资料登记、自动输入、随时读取。

（8）表单传输。公文表单、商业表单、进出口报单、舱单等资料之传送交换，减少人工重复输入表单资料，避免人为错误，降低人力成本。

（9）资料保密。商业情报、经济情报、政治情报、军事情报、私人情报等机密资料之加密及传递。

（10）备援存储。文件表单的资料若不便以磁盘等设备储存时，可利用二维条码来储存备援，携带方便，不怕损坏，保存时间长，又可打印或备份。

4.4　条码技术应用实训

4.4.1　一维条码编码与协议分析实验

1. 实验目的

（1）了解常用编码软件的使用。

（2）理解条码技术的理论知识和条码协议。

（3）熟悉条码的构成、生成和应用。

（4）掌握条码编码技巧。

（5）掌握利用条码识别设备进行条码识别。

2. 实验内容

（1）了解各种主要码制。

（2）学会使用条码模块读取条码。

（3）利用相关软件进行 39 码、UPC - A 码、UPC - E 码、交叉 25 码、128 码、EAN13 码、EAN8 码、HBIC 码（带校验符的 39 码）、库德巴码、工业/交叉 25 码、储运码、UPC2 码、UPC5 码、93 码、邮电 25 码（中国）、UCC/EAN 码、矩阵 25 码、POSI-NET 码等编码设计。

（4）通过实验了解与掌握条码标签的设计过程。

（5）了解条码扫描仪的简单使用方法。

3. 实验仪器

（1）一台带有 USB 接口的计算机。

（2）计算机软件环境为 Windows 7 或 Windows XP。

（3）编码设计软件。

（4）PC 机（USB 接口功能正常）。

4. 实验原理

（1）主要码制。

①UPC（统一产品代码）：主要使用于美国和加拿大地区，用于工业、医药、仓库等部门。当 UPC 作为十二位进行解码时，定义如下：第 1 位 = 数字标识［已经由 UCC（统一代码委员会）所建立］，第 2 ~ 6 位 = 生产厂家的标识号（包括第 1 位），第 7 ~ 11 位 = 唯一的厂家产品代码，第 12 位 = 校验位。

②Code 128：表示高密度数据，字符串可变长，符号内含校验码，有三种不同版本：A、B、C。可将 128 个字符分别用在 A、B、C 三个字符串集合中。Code128 多用

于工业、仓库、零售批发。

③Codabar（库德巴码）：可表示数字0～9，字符＄、＋、－，还有只能用作起始/终止符的a、b、c、d四个字符，可变长度，没有校验位，应用于物料管理、图书馆、血站和当前的机场包裹发送中，非连续性条码，每个字符表示为4条、3空。

（2）编码规则。

①唯一性：同种规格同种产品对应同一个产品代码，同种产品不同规格应对应不同的产品代码。根据产品的不同性质，如重量、包装、规格、气味、颜色、形状等，赋予不同的商品代码。

②永久性：产品代码一经分配，就不再更改，并且是终身的。当此种产品不再生产时，其对应的产品代码只能搁置起来，不得重复起用再分配给其他的商品。

③无含义：为了保证代码有足够的容量以适应产品频繁的更新换代的需要，最好采用无含义的顺序码。

（3）编码方法。

①模块组合法：指条码符号中，条与空是由标准宽度的模块组合而成。

②宽度调节法：指条码中，部分是条与空，条与空的宽窄设置不同，是以窄单元（条或空）表示逻辑值“0”，宽单元（条或空）表示逻辑值“1”。

（4）条码识别基本原理。

物体颜色的不同，决定其反射光的类型也不同，白色物体能反射各种波长的可见光，黑色物体则吸收各种波长的可见光，所以当条码扫描器光源发出的光在条码上反射后，反射光照射到条码扫描器内部的光电转换器上，光电转换器根据强弱不同的反射光信号，转换成相应的电信号。

电信号输出到条码扫描器的放大电路增强信号之后，再送到整形电路将模拟信号转换成数字信号。白条、黑条的宽度不同，相应的电信号持续时间长短也不同。然后译码器通过测量脉冲数字电信号0、1的数目来判别条和空的数目。通过测量0、1信号持续的时间来判别条和空的宽度。此时所得到的数据仍然是杂乱无章的，要知道条码所包含的信息，则需要根据不同的码制对应的编码规则（例如EAN－39码），将条码符号转换成相应的数字、字符信息。最后，由计算机系统进行数据处理与管理，物品的详细信息便被识别了。可见条码扫描枪的扫描原理是根据反射光的不同，将光信号转换成电信号的过程，其中包括光电转换和模拟数字转换。

5. 实验步骤

（1）打开条码实验的参数设置窗口，如图4－16所示。

（2）设置完之后，开始进行条码编码实验。单击“条码编码”选项，会出现相关条码的编码选项，单击“编码”按钮，会在窗口的左侧出现编码结果，如图4－17所示。

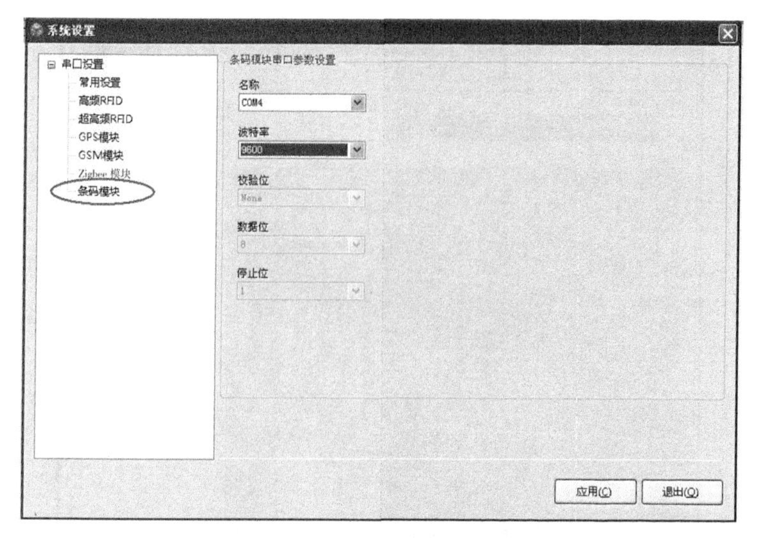

图 4 - 16　条码模块参数设置

图 4 - 17　编码结果示意

（3）若要将其存为图片或打印，可使用图 4 - 17 中“另存为”和“打印”两个功能。

（4）打开条码读取实验，可以读取已经打印出来的条码，读取的数据示意如图 4 - 18所示。

4.4.2　EAN/UCC 标准体系编码实验

1. 实验目的

（1）在综合运用物流分类编码技术和条码技术的基础上，结合立体仓库实际情况，

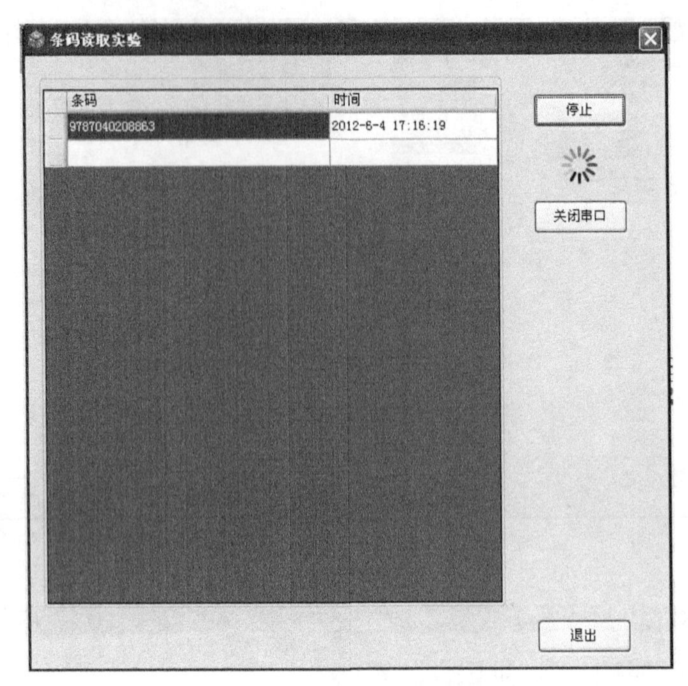

图 4－18 读取数据示意

为仓库中物品和储运单元（包括托盘和周转箱）设计相应的编码方案，并制作符合 EAN/UCC 标准的条码标签。

（2）通过本实验，进一步体会 EAN/UCC 标准体系结构。掌握条码的编码及制作方法，并学会使用条码识读设备扫描条码。

2. 实验内容

（1）制作商品条码 3 张、托盘条码 1 张、周转箱条码 1 张，编码设计。

（2）条码识别。

3. 实验仪器

（1）条码识别模块（手持）。

（2）PC 机（串口功能正常）。

（3）计算机软件环境为 Windows 7 或 Windows XP。

（4）标准 9 芯串口线。

（5）条码打印机。

4. 实验原理

EAN International 是一个国际性的非官方的非营利性组织，其宗旨是“开发和直接协调全球性的物品标识系统，促进国际贸易的发展”，目的是建立一套国际通行的全球跨行业的产品、运输单元、资产、位置和服务的标识标准体系和通信标准体系。EAN/UCC 系统应用领域如图 4－19 所示。

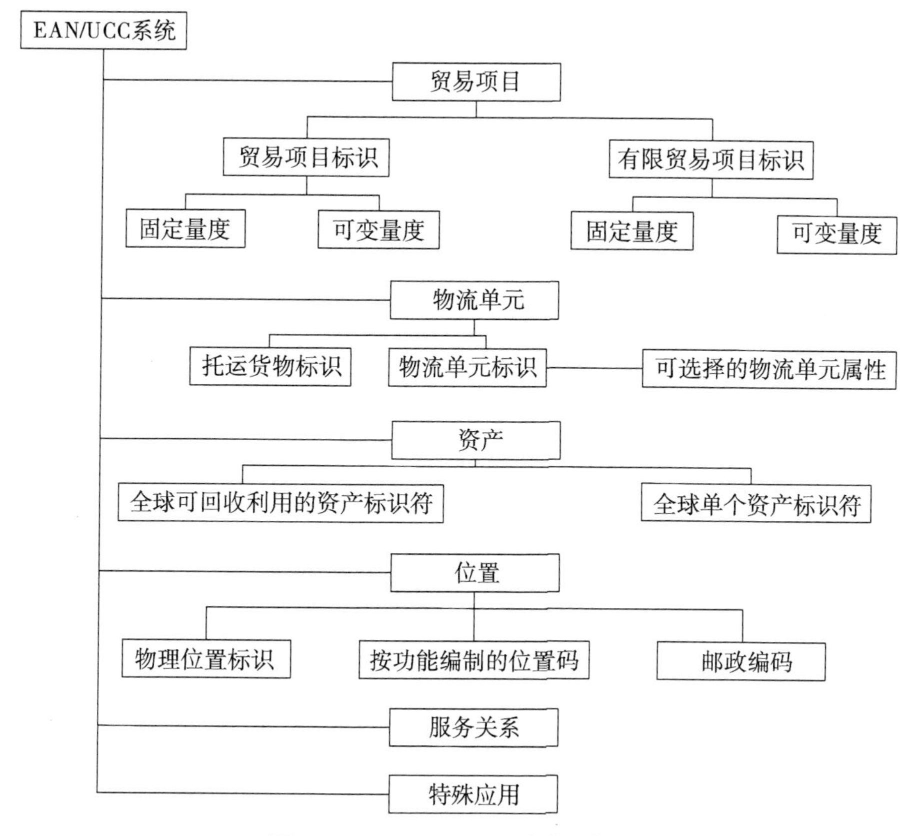

图4－19　EAN/UCC系统应用领域

目前，EAN/UCC系统的物品编码体系中，标识代码主要包括六个部分：全球贸易项目代码（GTIN）、系列货运包装箱代码（SSCC）、参与方位置代码（GLN）、全球可回收资产标识符（GRAI）、全球单个资产标识符（GIAI）、全球服务关系代码（GSRN），如图4－20所示。

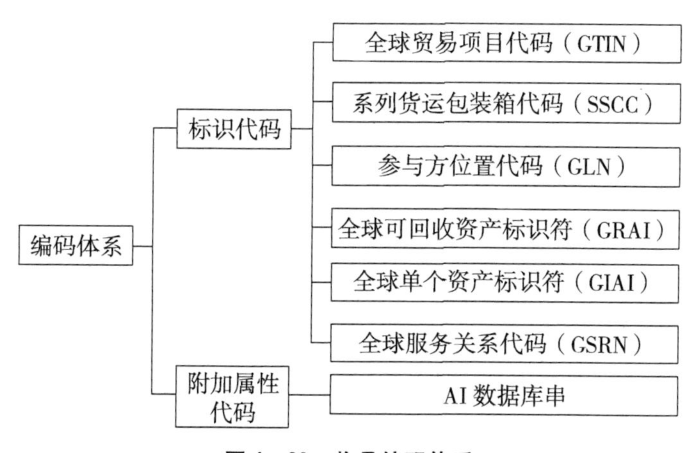

图4－20　物品编码体系

其中，贸易项目的编码结构较为复杂，共有四种编码结构的标准，分别是 EAN/UCC－13、EAN/UCC－8、UCC－12 和 EAN/UCC－14。选择何种编码结构取决于贸易项目的特征和用户的应用范围，如表 4－17 与表 4－18 所示。

表 4－17　GTIN 中的贸易类型与供选编码结构对照

<table>
<tr><td></td><td colspan="2">贸易类型</td><td>可选编码结构</td></tr>
<tr><td rowspan="3">GTIN</td><td rowspan="2">零售贸易项目</td><td>零售定量贸易项目</td><td>EAN/UCC－13
UCC－12
EAN/UCC－8</td></tr>
<tr><td>零售变量贸易项目</td><td></td></tr>
<tr><td colspan="2">非零售贸易项目</td><td>EAN/UCC－13
UCC－12
EAN/UCC－14</td></tr>
</table>

表 4－18　EAN/UCC 系统编码结构与条码码制的对应关系

编码结构	条码码制
EAN/UCC－8	EAN－8
UCC－12	UPC－A、UPC－E、ITF－14、EAN－128
EAN/UCC－13	UPA－A/UPC－E、EAN－13、ITF－14、EAN－128
EAN/UCC－14	UPC－A、UPC－E、ITF－14、EAN－128

其他的应用领域（如物流单元和资产等）都采用 EAN/UCC 系统 128 码，即 UCC/EAN－128 条码表示。如果需要表示贸易项目的附加信息，就应选择 UCC/EAN－128。应用标识符是标识编码应用含义与格式的字符，其作用是指明跟随其后的数字所表示的含义。常用应用领域标识符如表 4－19 所示。

表 4－19　应用标识符的含义

应用标识符	含义	格式
00	系列货运包装箱代码 SSCC－18	N2＋N20
01	货运包装箱代码 SCC－14GTIN	N2＋N18
10	批号或组号	N2＋N1＋…＋N20
11	生产日期（年、月、日）	N6＋N2
12	应付款日期（年、月、日）	N6＋N2
13	包装日期（年、月、日）	N6＋N2
15	保质期（年、月、日）	N6＋N2
21	系列号	N2＋N1＋…＋N20

5. 实验步骤

制作商品条码3张、托盘条码1张、周转箱条码1张，主要参数如表4－20、表4－21所示。

表4－20　实验参数一

颜色	数量	长（cm）	宽（cm）	高（cm）	重量（kg）
红	150	22	16	22	3
黄	150	22	16	22	3
灰	150	22	16	22	3

表4－21　实验参数二

参数	数量	长（cm）	宽（cm）	高（cm）	载重（kg）
托盘	200	120	80	16	100
周转箱	180	40	30	28	20

（1）条码编码。根据EAN/UCC标准的有关规定，分别为货物、托盘、周转箱和各种应用确定编码方案。编码中应当注意以下问题。

①区分贸易项目于储运单元，而这采用的是完全不同的编码标准。

②对于贸易项目需要考虑零售贸易项目或者非零售贸易项目的问题。

③零售贸易项目需要进一步确定是定量贸易项目还是变量贸易项目。

④如果是非零售中的定量贸易项目，还要区分单个包装或多个包装等级。

⑤对于储运单元，则需要考虑标签是否需要附加信息，如何选择附加信息的应用表示符（AI）。

（2）编码过程。

①确定是贸易项目单元、储运单元或其他。

②考虑贸易项目是属于零售还是非零售、变量还是定量，包装等级、储运单元是否需要附加信息，选择附加信息标识符。

③选择编码结构。

④按编码结构进行编码。

（3）实验步骤。

①3张商品条码。商品条码属于零售定量贸易项目，选择全球贸易项目代码（GTIN）的EAN/UCC－13代码。它由13位数字组成，由厂商识别代码（前缀码＋厂商代码）、商品项目代码和校验码组成。前缀码由2～3位数字组成，是EAN分配给国

家（或地区）编码组织的代码。厂商代码由 7 ~ 9 位数字组成，由物品编码中心负责分配和管理。商品项目代码由 3 ~ 5 位数字组成，由厂商负责编制，一般为流水号形式。校验码为 1 位数字，由一定的数学计算方法计算得到。厂商对商品项目编码时不必计算校验码的值，而由制作条码的原版胶片或打印条码符号的设备自动生成，如图 4 – 22 所示。

表 4 – 22　　EAN/UCC – 13 编码结构

厂商识别代码	项目代码	校验码
N_1，N_2，…，N_7	N_8，N_9，…，N_{12}	N_{13}

②托盘条码和周转箱条码。这类条码属于储运单元，选用系列货运包装箱代码（SSCC）的 UCC/EAN – 128 代码表示。SSCC 编码结构如表 4 – 23 所示，由 18 位数组成。AI 为应用标识符。扩展位由厂商分配。厂商识别代码由物品编码中心分配。系列代码是由厂商分配的一个系列号，一般为流水号。校验码由制作条码的原版胶片或者打印条码符号的设备自动生成。

表 4 – 23　　SSCC 编码结构

AI	扩展位	厂商识别代码	系列代码	校验码
00	N_1	N_2，N_3，…，N_6	N_9，N_{10}，…，N_{17}	N_{18}

（4）制作条码。根据上述参数和编码实现过程得到如下结果。

①3 张商品条码。EAN 分配给中国的前缀码为 690 ~ 695，现设厂商识别代码为 12345，商品有红、黄、灰三种，规格相同，设 0001 为红色、0002 为黄色、0003 为灰色。三张商品条码分别为 690123450001X、690123450002X 和 690123450003X。X 为校验码，1 表示红色、8 表示黄色、5 表示灰色。3 张商品条码如图 4 – 21 所示。

6 901234 500028

图 4 – 21　3 张不同的条码示意

②托盘条码和周转箱条码。系列货运包装箱代码应用表示符 AI 为“00”，设“0”为托盘条码扩展位，“1”为周转箱条码扩展位，厂商识别代码设为 1234567，系列代码为 000000001，所以托盘条码为（00）01234567000000001X，周转箱条码为

（00）112345670000000001X。X 为检验码，5 表示托盘，2 表示周转箱，如图 4－22 所示。

图 4－22 制作出的条码示意

（5）条码打印。对上述制作出的条码进行打印。

（6）条码识别。对制作的条码进行扫描，并查看识别结果。

4.4.3 二维条码实验

1. 实验目的

（1）掌握二维条码编码原理。

（2）掌握二维条码解码规则。

2. 实验内容

（1）会使用二维条码编码软件，生成不同种类的条码。

（2）能够导入二维条码图片，进行解码操作，从而理解二维条码编码规则。

3. 实验仪器

（1）1 台带有 USB 接口的计算机。

（2）计算机软件环境为 Windows 7 或 Windows XP。

（3）物流信息技术与信息管理实验软件平台。

4. 实验原理

（1）二维条码的起源。二维条码最早发明于日本。它是用某种特定的几何图形按一定规律在平面（二维方向上）分布的黑白相间的图形记录数据符号信息的。在代码编制上巧妙地利用构成计算机内部逻辑基础的“0”“1”比特流的概念，使用若干个与二进制相对应的几何形体来表示文字数值信息，通过图像输入设备或光电扫描设备自动识读以实现信息自动处理。它具有条码技术的一些共性：每种码制有其特定的字符集，每个字符占有一定的宽度，具有一定的校验功能等。同时还具有对不同行的信息自动识别功能及处理图形旋转变化等特点。

（2）二维条码的特点。

①高密度编码：信息容量大，可容纳多达1850个大写字母、2710个数字、1108个字节、500多个汉字，比普通条码信息容量约高几十倍。

②编码范围广：可以把图片、声音、文字、签字、指纹等可以数字化的信息进行编码，用条码表示出来；可以表示多种语言文字；可以表示图像数据。

③容错能力强：具有纠错功能，二维条码因穿孔、污损等引起局部损坏时，照样可以正确得到识读，损毁面积达50%仍可恢复信息。

④译码可靠性高：比普通条码译码错误率百万分之二要低得多，误码率不超过千万分之一。

⑤可引入加密措施：保密性、防伪性好。

⑥成本低，易制作，持久耐用。

⑦条码符号形状、尺寸大小比例可变。

⑧二维条码可以使用激光或CCD阅读器识读。

5. 实验步骤

（1）打开软件，选择二维码编码实验，首先选择选项中的各种设置，然后在编码内容中输入要编写的内容。单击“编码”选项，在软件左边出现要编写的图像，如图4－23所示。

图4－23　编码结果示意

（2）单击“保存图像”按钮，能够将生成的图像保存下来，以便解码使用。打开二维码解码实验，单击“导入”按钮，导入在编码实验中保存的图像，再点击“解码”按钮，出现编译结果，如图4－24所示。

图 4－24 解码结果示意

4.5 案例分析——天津丰田汽车有限公司

天津丰田汽车有限公司是丰田汽车公司在中国的第一个轿车生产基地。在这里，丰田汽车公司将不惜投入 TOYOTA 的最新技术，生产专为中国最新开发的、充分考虑到环保、安全等条件因素的新型小轿车。二维码应用管理解决方案使丰田汽车在生产过程控制管理系统中成功应用了 QR 二维条码数据采集技术，并与丰田汽车公司天津公司共同完成了生产过程控制管理系统的组建。

丰田汽车组装生产线数据采集管理汽车是在小批量、多品种混合生产线上生产的，将写有产品种类生产指示命令的卡片安在产品生产台，这些命令被各个作业操作人员读取并完成组装任务。使用这些卡片存在严重的问题和很大的隐患，包括速度、出错率、数据统计、协调管理、质量问题的管理等一系列问题。如果用二维码来取代手工卡片，初期投入费用并不高，但建立了高可靠性的系统。具体操作如下：

（1）生产线的前端，根据主控计算机发出的生产指示信息，条码打印机打印出 1 张条码标签，贴在产品的载具上。

（2）各作业工序中，操作人员用条码识读器读取载具上的条码符号，将作业的信息输入计算机，主系统对作业人员和检查装置发出指令。

（3）各个工序用扫描器读取贴在安装零件上的条码标签，然后再读取贴在载具上的二维条码，以确认零件安装是否正确。

（4）各工序中，二维条码的生产指示号码、生产线顺序号码、车身号数据和实装零部件的数据、检查数据等，均被反馈回主控计算机，用来对进展情况进行管理。

应用效果有：投资较低；二维条码可被识读器稳定读取（错误率低）；可省略大量的人力和时间；主系统对生产过程的指挥全面提升；使生产全过程和主系统连接成为一体，生产效益大大提高。

丰田汽车供应链采集系统的应用环境：汽车零件供货商按汽车厂商的订单生产零配件，长期供货，这样可以减少人为操作，缩减成本，提高效率。应用操作描述如下：

（1）汽车厂家将看板标签贴在自己的周转箱上，先定义箱号。

（2）汽车厂家读取看板标签上的一维条码，将所订购的零件编号、数量、箱数等信息制作成 QR 码，并制作带有该 QR 码的看板单据。

（3）将看板单据和看板标签一起交给零件生产厂。

（4）零件生产厂读取由车辆提供的看板单据上的 QR 码，处理接收的订货信息，并制作发货指示书。

（5）零件生产厂将看板标签附在发货产品上，看板单据作为交货书发给汽车生产厂。

（6）汽车生产厂读取看板单据上的 QR 码进行接货统计。

应用效果有：采用 QR Code 使得原来无法条码化的“品名”“规格”“批号”“数量”等可以自动对照，出库时的肉眼观察操作大幅减少，降低了操作人员人为识别验货的错误，避免了错误配送的发生；出库单系统打印二维条码加密、安全、不易出错；验货出库工作，可以完全脱离主系统和网络环境独立运行，对主系统的依赖性小，减少主系统网络通信和系统资源的压力，同时对安全性要求降低；真正做到了二维条码数据与出库单数据及实际出库的物品的属性特征的统一；加快了出库验收作业的时间，缩短了工作的过程，并且验收的信息量大大增加，从而提高了效率、降低了成本、保证了安全、防止了错误的发生。

5 RFID 技术及应用

5.1 案例引入——RFID 技术在仓储系统中的应用

美国零售商巨头沃尔玛商场在全球零售行业中享有的最大优势就是其配送系统效率最高。究其原因，无非是向科学技术积极要生产力，普遍采用射频识别技术标签（物联网 RFID）。同时，不断革新其持续快速补充货架的物流战略，不断引进和运用现代化供应链管理技术，货架持续保持足够商品数量、种类和质量，避免货物无故脱销和短缺，从而使沃尔玛在美国和世界各地的商场供应链的经济效益和服务效率大幅度提高，造就沃尔玛的今日辉煌。

1. 采用 RFID 技术成就最大优势

美国托运人研究中心 2005 年年底的一份研究报告指出，沃尔玛在其美国和世界各地的零售商场和配送中心普遍采用 RFID 标签技术以后，货物短缺和产品脱销发生率降低 16%，从而大幅度提高客户服务满意率。其实所谓 RFID 标签无非是在每一种甚至每一件货物上，贴上技术含量远远超过条码，并且信息独一无二的 RFID 标签。在货物进出通道口的时候，RFID 标签能够发出无线信号，把信息立即传递给无线射频机读器，传递到供应链经营管理部门的各个环节上。于是仓库、堆场、配送中心甚至商场货架上的有关商品的存货动态一目了然。

沃尔玛的这项 RFID 标签技术是在美国阿肯萨斯州立大学帮助下开发出来的，事实证明，在 RFID 标签技术和其他电子产品代码技术的大力支持下，避免了订货和货物发送的重复操作和遗漏，更不会出现产品或者商品供应链经营操作过程中的死角和黑箱。

2005 年，沃尔玛在原来的基础上又增加使用 5000 余万件 RFID 技术标签。RFID 技术标签的操作方式其实相当简便，只需要少数人管理，货物跟踪和存货搜索效率高得惊人，大幅度提高了存货管理水平，减少了库存，降低了物流成本。沃尔玛商场的工作人员手持射频识别标签技术机读器，定时走进商场销售大厅或者货物仓库，用发射天线对着所有的货物一扫，各种货物的数量、存量等动态信息全部自动出现在机读器的荧光屏幕上，已经缺货和即将发生短缺的货物栏目会发出提示警告声光信号，无一漏缺。

总而言之，确保沃尔玛零售商场货架上的各种产品该有的不得无故短缺，商场货架快充物流战略必须进一步实施，如果突发事件和意外事故不可避免，也必须提前向消费者发出告示，解释原因，表示道歉，并且预告货物补充的日期。令人佩服的是，分布在美国和世界各地的沃尔玛零售商场的 RFID 网络，可以通过卫星通信网络技术实施全球一体化经营管理。也就是说，沃尔玛集团的各个零售商场、各家供货商、制造商、运输服务商和中间商等的存货、销售和售后服务、金融管理等动态信息均被美国沃尔玛零售商总部全面掌握。

2. RFID 技术成本由供货商负担

据来自美国阿肯萨斯州立大学的一份报告，到 2005 年 10 月底，沃尔玛已经把射频识别技术标签（RFID）等现代化供应链经营管理技术，推广到美国和世界各地的 500 多家沃尔玛零售商场和连锁店。2006 年年底，RFID 技术的使用范围扩大到 1000 余家。也就是说，凡是沃尔玛零售商集团名下的店铺货架上的商品，供货商的产品包装箱和货物托盘等必须使用 RFID 标签，与其配套的扫描跟踪屏幕显示机读器也必须到位。其目标就是通过射频识别技术标签和电子信息网络，在第一时间和第一现场全面掌握有关沃尔玛商场货架上、托盘上、仓库中和运输途中的货物动态，其快充商场或者连锁店货架物流服务的操作精确度可以达到 99% 以上。

至于 RFID 标签技术成本基本上由供货商负担，因为供货商可以通过强化与沃尔玛零售商的密切关系，扩大商品的营销规模，降低物流成本和提高效益，从中获得相当高的技术革新投资回报率，而不是把 RFID 成本转嫁到积极倡导高科技供应链技术的沃尔玛零售商头上。RFID 确实能够提高零售行业的生产率，尤其是在提高供应链经济效益方面的作用相当明显。过去要花上几个小时，商场工作人员几乎全体出动才能查对商场货架上的货物，现在仅仅需要若干人在 30 分钟内就可以全部搞定。于是加入沃尔玛的 RFID 技术队伍，力图改善零售行业存货和货架物流效率的全球供货商越来越普遍。

3. 快充货架策略令成本大减

按照美国沃尔玛零售商的要求，配送中心必须通过快速调度，提高货架补充操作的准确性和实时性，进一步降低配送中心存货成本。这就是说，为沃尔玛零售商场和连锁店货架补充货物的供货商，要提高快速供货操作频率，但是每次送货大多是小批量，沃尔玛不再要求供货商每次提供半个月、1 个月甚至更长时间的产品，也不再把大量待售的商品长期积压在商场或者连锁店的仓库内。现在的沃尔玛要求供货商提供不超过 5 天销售量的商品，这也使沃尔玛和其供货商的工作面临严峻的挑战，供销双方承受的市场压力更大，但是只要操作得当，快充商场货架物流战略就可获得成功。

例如，现在的供货商可以直接操作使用沃尔玛零售公司的配送中心进货物流规程，容许供货商使用沃尔玛零售商场和连锁店存货信息技术网络，不仅信息共享，而且共同策划商品零售供应链管理，大幅度提高其供货效率、速度和精确率，促使供销双方都能够获得巨大的经济利益，而客户服务质量也得到保证。

商场货架快速补充物流战略的最大优势就是通过缩短供货周期，增加小批量、多品种和大范围产品的供货频率，进一步大幅度降低存货成本，提高货架供应的经济效益。这项货架补充货物物流服务革新措施仅仅在 2004 年就为沃尔玛零售集团增加收益 2.85 亿美元。目前，沃尔玛零售商集团正在把快充商场货架物流战略全面推广到合伙人经营的日用品和食品零售连锁店、零售商场、供货商、生产商和制造商，扩大快充货架物流战略的覆盖面和受益面。

毫无疑问，按照沃尔玛零售商的要求实施快充货架物流战略，必然会造成卡车货运成本增加，但是这些成本可以通过 RFID 等零售市场供应链技术功能效益和投资回报率的提高来降低。再加上供货商和制造商等合伙人的紧密合作，在物联网 RFID 标签技术普遍运用的背景下，扩大电子信息技术在供应链管理中的作用，从供货源头开始就致力于物流成本的降低，只要持之以恒，最终会达到零售行业整体利益平衡。美国国内 3600 家沃尔玛超市、零售商场和连锁店，通过快充货架物流战略仅在配送物流方面，每年平均节约 5200 万美元；而其远期节约指标是年均 3.1 亿美元。美国沃尔玛零售商的快充货架物流战略还有节约能源、减少污染、保护环境等作用。快充货架物流战略正在进一步促进供应商紧密配合世界零售商巨头沃尔玛的全球零售物流方针，即持续性减少成本、引进技术和革新供应链操作规程，将其全球经营年总收益目标提高到 2850 亿美元。

5.2 RFID 技术概述

RFID 是射频识别技术的英文“Radio Frequency Identification”的缩写。射频识别技术是 20 世纪 90 年代开始兴起的一种自动识别技术，它利用无线射频方式在阅读器和射频卡之间进行非接触双向数据传输，以达到目标识别和数据交换的目的。

射频识别技术的基本原理是电磁理论，硬件由标签专用芯片和标签天线组成。其核心部件是一个直径不到 2mm 的电子标签，通过相距几厘米到几十米距离内传感器发射的无线电波，可以读取电子标签内储存的信息，识别电子标签代表的物品、人和器具的身份。RFID 的存储容量是 2 的 96 次方以上。从理论上看，世界上每一件商品都可以用唯一的代码表示。以往使用条码，由于长度的限制，人们只能给每一类产品定义一个类码，从而无法通过代码获得每一件具体产品的信息。而智能标签则彻底摆脱了这种限制，使每一件商品都可以享受独一无二的ID。而且，贴上这种电子标签之后的商品，从它在工厂的流水线上开始，到被摆上商场的货架，再到消费者购买后结账，甚至到标签最后被回收的整个过程都能够被追踪管理。

与目前广泛使用的自动识别技术，如摄像、条码、磁卡、IC卡等相比，射频识别技术具有很多突出的优点：第一，非接触操作，长距离识别（几厘米至几十米），因此完成识别工作时无须人工干预，应用便利；第二，无机械磨损，寿命长，并可工作于各种油渍、灰尘污染等恶劣的环境；第三，可识别高速运动物体并可同时识别多个电子标签；第四，读写器具有不直接对最终用户开放的物理接口，保证其自身的安全性；第五，数据安全方面除电子标签的密码保护外，数据部分可用一些算法实现安全管理；第六，读写器与标签之间存在相互认证的过程，实现安全通信和存储。

目前，RFID技术在国民经济的各个领域具有广泛的用途。在安全防护领域，RFID技术可以用于门禁保安、汽车防盗、电子物品监控；在商品生产销售领域，RFID技术可以用于生产线自动化、仓储管理、产品防伪、收费；在管理与数据统计领域，RFID技术可以用于畜牧管理、运动计时；在交通运输领域，RFID技术可以用于高速公路自动收费及交通管理、火车和货运集装箱的识别等。

总之，射频识别技术在未来的发展中结合其他高新技术，如GPS、生物识别等技术，由单一识别向多功能识别方向发展的同时，还可结合现代通信及计算机技术，实现跨地区、跨行业应用。

5.2.1 RFID技术发展历史

最早探讨RFID技术的一篇论文是由哈克·斯托克曼在1948年发表的《利用能量反射进行通信》，从而奠定了RFID技术的理论基础。RFID技术的应用最早出现在1935年，第二次世界大战期间盟军用来判断识别己方飞机，但由于昂贵的价格抑制了其广泛应用。近年来，随着科技的飞速发展，芯片价格随之下降，电子标签逐渐成为IT业新的热点，IBM、微软、SAP等巨头纷纷斥巨资投入此项技术和解决方案的开发，试图抢占先机。新加坡、韩国等国家都明确指出要重点发展电子标签技术和应用，而中国是世界生产中心之一和最具潜力的消费市场，对RFID的应用需求也将越来越强烈。

射频识别技术的发展可按十年期划分如下：

1940—1950年：雷达的改进和应用催生了射频识别技术，1948年奠定了射频识别技术的理论基础。

1950—1960年：早期射频识别技术的探索阶段，主要处于实验室实验研究。

1960—1970年：射频识别技术的理论得到了发展，开始了一些应用尝试。

1970—1980年：射频识别技术与产品研发处于一个大发展时期，各种射频识别技术测试得到加速，出现了一些最早的射频识别应用。

1980—1990年：射频识别技术及产品进入商业应用阶段，各种规模应用开始出现。

1990—2000年：射频识别技术标准化问题日趋得到重视，射频识别产品得到广泛采用，射频识别产品逐渐成为人们生活中的一部分。

2000年以后：标准化问题日趋为人们所重视，射频识别产品种类更加丰富，有源电子标签、无源电子标签及半无源电子标签均得到发展，电子标签成本不断降低，规模应用行业扩大。

至今，射频识别技术的理论得到丰富和完善。单芯片电子标签、多电子标签识读、无线可读可写、无源电子标签的远距离识别、适应高速移动物体的射频识别技术与产品正在成为现实并走向应用。

特别值得一提的是，在1998年美国麻省理工学院的David Brock（戴维·布罗克）博士和Sanjay Sarma（山杰·萨尔玛）教授在喝咖啡聊天时，谈及物品自动识别技术手段问题时产生的从系统的角度来解决物品自动识别问题的灵感，由此导致了供应链中物品自动识别概念的一次革命，并最终在1999年10月1日正式创建Auto-ID Center非营利性的开发组织。Auto-ID Center诞生后，迅速提出了产品电子代码EPC（Electronic Product Code）的概念以及物联网的概念与构架，并积极推进有关概念的基础研究与实验工作。可以说，EPC与物联网的概念将射频识别技术的应用推到了极致，对射频识别技术的发展与应用的推广起到了极大的推动作用。

5.2.2 RFID系统工作原理

RFID系统的基本工作流程是：阅读器通过发射天线发送一定频率的射频信号，当射频卡进入发射天线工作区域时产生感应电流，射频卡获得能量被激活；射频卡将自身编码等信息通过卡内置发送天线发送出去；系统接收天线接收到从射频卡发送来的载波信号，经天线调节器传送到阅读器，阅读器对接收的信号进行解调和解码后送到后台主系统进行相关处理；主系统根据逻辑运算判断该卡的合法性，针对不同的设定做出相应的处理和控制，发出指令信号控制执行机构动作。

RFID系统的工作原理如下：阅读器将要发送的信息，经编码后加载在某一频率的载波信号上经天线向外发送，进入阅读器工作区域的电子标签接收此脉冲信号，卡内芯片中的有关电路对此信号进行调制、解码、解密，然后对命令请求、密码、权限等进行判断；若为读命令，控制逻辑电路则从存储器中读取有关信息，经加密、编码、调制后通过卡内天线再发送给阅读器，阅读器对接收到的信号进行解调、解码、解密后送至中央信息系统进行有关数据处理；若为修改信息的写命令，有关控制逻辑引起的内部电荷泵提升工作电压，提供擦写 EEPROM 中的内容进行改写，若经判断其对应的密码和权限不符，则返回出错信息。RFID 基本原理如图 5-1 所示。

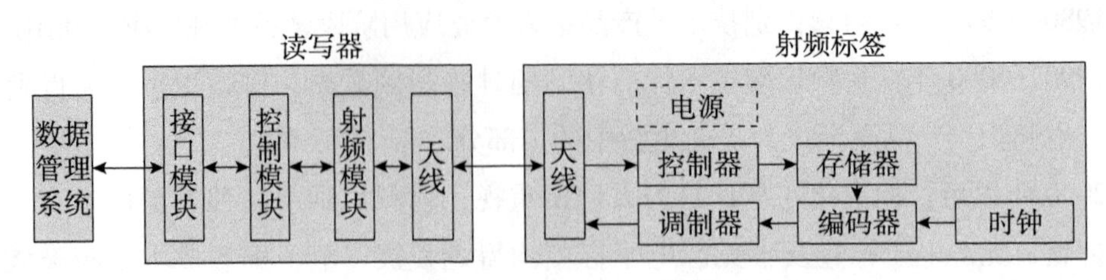

图 5-1　RFID 基本原理

在 RFID 系统中，阅读器必须在可阅读的距离内产生一个合适的能量场以激活电子标签。在当前有关的射频约束下，欧洲的大部分地区各向同性辐射有效功率限制在 500MW，这样的辐射频率在 870MHz，可近似达到 0.7m。在美国、加拿大以及其他一些国家，无须授权的辐射约束为各向同性辐射功率小于 4W，这样的功率将达到 2m 的阅读距离，在获得授权的情况下，在美国发射 30W 的功率将使阅读区增大到 5.5m 左右。

5.2.3　RFID 应用领域

随着大规模集成电路技术的进步以及生产规模的不断扩大，RFID 产品的成本也不断降低，更由于射频识别技术的自身优势及特点，其应用越来越广泛。目前，射频识别主要有以下几方面应用。

1. 车辆的自动识别

北美铁道协会 1992 年年初批准了采用 RFID 技术的车号自动识别标准，首次在北美大范围内成功地建立了自动车号识别系统，成为车辆射频识别应用的标志，到 1995 年 12 月为止的 3 年时间里，在北美 150 万辆货车、1400 个地点安装了射频识别装置。

欧洲一些国家也先后利用射频识别技术建立了区域性的自动车号识别系统。瑞士国家铁路局在瑞士的全部旅客列车上安装 RFID 自动识别系统，调度员可以实时掌握火车运行情况，不仅利于管理，还大大降低了发生事故的可能性。我国铁路系统也建立了车号射频识别系统，实现了全国铁路车辆的自动跟踪管理。澳大利亚近年来开发了自动识别系统，用于矿山车辆的识别和管理。

在国内，20 世纪 90 年代由于射频识别设备主要依靠国外进口，价格昂贵，虽然偶有试点，但都不能大量推广。而目前随着加入 WTO（世界贸易组织）及承诺的逐步履行，国际资本和技术进入国内市场，射频技术整体应用更加成熟，同时随着国内公司自主开发的产品日益增多，国内市场也逐渐丰富，为射频技术在中国大面积推广提供了基础。现在射频技术已经成功地应用在路桥不停车收费系统、海关进出口转关车辆监管系统等。

2. 高速公路收费及智能交通系统（ITS)

高速公路自动收费系统是RFID技术最成功的应用之一，它充分体现了非接触识别优势。在车辆高速通过收费站的同时自动完成缴费，解决交通瓶颈问题，避免拥堵，提高收费结算效率。如1996年，广东省佛山市将RFID系统用于自动收取路桥费，装有电子标签的车辆通过装有射频扫描器的专用隧道、停车场或高速公路路口时，无须停车缴费，大大提高了车辆通过率，有效缓解了交通拥堵。车辆可以在250km的时速下用少于0.5毫秒的时间被识别，并且正确率达100%。而在城市交通控制方面，交通日趋拥挤，加强交通的指挥、控制、疏导，提高道路的利用率已显得尤为重要，而基于RFID技术的实时交通督导和最佳线路电子地图很快将成为现实。用RFID技术使交通的指挥自动化、法治化，将有助于改善交通状况。

3. 门禁控制

RFID技术应用于方便、安全的门禁控制，可同时用于出入口安全检查、考勤管理及公司财产监控等方面。由于系统可以同时识别多个电子标签，避免了上班前排队打卡的现象。在安全级别要求较高的场合，还可以使RFID技术与其他识别技术相结合，将指纹、掌纹或面容等特征存入电子标签。这种安全系统已成功应用在1996年的亚特兰大奥运会的安保工作中。

4. 电子钱包、电子票证

射频识别卡替代各种“卡”，如电话卡、会员收费卡、储蓄卡、地铁及汽车月票等，实现所谓非现金结算，解决了以往的各种磁卡、IC卡受机械磨损及外界强电、磁场干扰等问题，成为射频识别的一种主要应用。日本从1999年开始着手用射频卡换掉原有的电话磁卡，日本经营地铁、游戏机等的公司也都投入大量资金，取消原有磁卡设备，代之以非接触识别卡。1996年1月，韩国在汉城（现首尔）的600辆公共汽车上安装RFID系统用于电子月票，还计划将这套系统推广到铁路和其他城市。德国汉莎航空公司试用非接触的射频卡作为飞机票，改变了传统的机票购销方式，简化了机场入关的手续。我国的上海、深圳、北京等城市的部分公交路线也采用了射频识别卡方式的电子月票。

根据估测，约占所售出的非接触IC卡数量的50%是使用在公共交通领域。应用地区主要是亚洲的一些人口密集区（如首尔、中国香港、新加坡、上海），在1994年和1995年，全世界范围内每年为公共交通应用领域生产的非接触IC卡约有100万张。1996—1997年，这个数字已经上升到了每年超过400万张。而仅在1998年一年，全世界公共交通业所需要的非接触IC卡的数量就已经达到了约1000万张。

在亚洲-太平洋地区可能会出现非接触IC卡在公共交通领域应用最高的增长率，

因为这里正在使用现代化技术建设新的基础设施。

5. 货物的跟踪、管理及监控

射频识别为货物的跟踪、管理及监控提供了快捷、准确、自动化的技术手段。如澳大利亚将它的RFID产品用于机场旅客行李管理中并发挥了出色的作用；英国的希思罗机场采用射频识别技术完成机场行李的分拣，大大提高了效率，降低差错率。欧洲共同体宣布1997年开始生产的新车型必须具有基于RFID技术的防盗系统。

射频识别目前在仓储、配送等物流环节也有许多成功的应用。对于大型仓储中心来说，管理中心实时了解货物位置、货物存储情况，对提高仓储效率、反馈产品信息、指导生产都有极其重要的意义。另外，货物集装箱运输过程中，利用射频标签结合GPS系统，可实现对货物进行有效跟踪，成为全球范围最大的货物跟踪管理应用。因此，随着射频识别在开放的物流环节统一标准的研究开发，物流业将成为射频识别最大的受益行业之一。

6. 生产线的自动化及过程控制

射频识别因其抗恶劣环境能力强、可非接触识别等特点，在生产过程控制中有许多应用。如德国宝马公司，在汽车装配流水线上应用RFID技术实现了用户定制的生产方式。在流水线上安装RFID系统，采用可重复使用的RFID标签，标签上带有详细的汽车定制要求，在流水线每一个工作点设有读写器，以保证在流水线各位置毫不出错地完成汽车装配任务。MOTOROLA（摩托罗拉）、SGS－THOMSON等集成电路制造商均采用加入了RFID技术的自动识别工序控制系统，无人工介入，满足了半导体生产对于超净环境的特殊要求，同时提高了效率。

7. 动物的跟踪及管理

电子标识系统在牛的饲养业中已经应用了将近20年，在欧洲已成了技术的展示。除了企业内部在饲料的自动配给和产量统计方面的应用之外，还产生了另外一个应用领域，即跨企业的动物标识、瘟疫及质量控制以及追踪动物的品种。例如，新加坡利用RFID技术研究鱼的洄游特性等。近年来，食品安全问题受到全球普遍关注，许多发达国家利用RFID技术高效、自动化管理牲畜，通过对牲畜个体识别，保证疾病爆发期间对感染者的有效跟踪及对未感染者的隔离控制。还有部分国家或地区将RFID技术用于信鸽比赛、赛马识别等，以准确测定到达时间。

8. 容器识别

煤气和化学药剂都是在租用容器中进行运输的。如果这些容器的选用出现错误，那么无论是在重新灌注使用还是在使用时都会产生灾难性的后果。除了产品专用的密封系统外，明确的标志在避免混乱方面有很大的帮助。而采用机器可识别的标志更增加了进一步的保护。在粗糙的工业应用环境中，射频标签的优势再一次得到显现。在德国目前就有总计800万储气瓶装有电子标签，存储除了简单的储气瓶号码之外的其他数据，如货主、内容、容量、最大灌注压力和分析数据等。同样原理，射频系统也被应用在城市垃圾的清运、管理流程中。

随着射频技术的发展及相应技术设备成本的降低，射频识别系统正在应用于生产、活动的各个领域当中，如大型体育运动会应用射频识别系统实现对运动员的单独计时；在工业加工领域，应用射频识别系统对从加工工具、原材料，到半成品、成品进行生产全过程的监控管理。

5.3 RFID技术特点及分类

5.3.1 RFID技术的特点

RFID是一项易于操控、简单实用且特别适用于自动化控制的灵活性应用技术，识别工作无须人工干预，既可支持只读工作模式，也可支持读写工作模式，且无须接触或瞄准；可自由工作在各种恶劣环境下：短距离射频产品不怕油渍、灰尘污染等恶劣的环境，可以替代条码，例如用在工厂的流水线上跟踪物体；长距离射频产品多用于交通上，识别距离可达几十米，如自动收费或识别车辆身份等。其所具备的独特优越性是其他识别技术无法企及的。

RFID主要有以下几个方面特点：

（1）读取方便快捷。数据的读取无须光源，甚至可以透过外包装来进行。有效识别距离更大，采用自带电池的主动标签时，有效识别距离可达到30m以上。

（2）识别速度快。标签一进入磁场，解读器就可以即时读取其中的信息，而且能够同时处理多个标签，实现批量识别。

（3）数据容量大。数据容量最大的二维条码（PDF417），最多也只能存储2725个数字；若包含字母，存储量则会更少；RFID标签则可以根据用户的需要扩充到数10kb。

（4）使用寿命长、应用范围广。RFID标签的无线电通信方式，使其可以应用于粉尘、油污等高污染环境和放射性环境，而且其封闭式包装使得其寿命大大超过印刷的条码。

（5）标签数据可动态更改。利用编程器可以写入数据，从而赋予RFID标签交互式便携数据文件的功能，而且写入时间相比打印条码更少。

（6）更好的安全性。RFID标签不仅可以嵌入或附着在不同形状、类型的产品上，而且可以为标签数据的读写设置密码保护，从而具有更高的安全性。

（7）动态实时通信。RFID标签以每秒50～100次的频率与解读器进行通信，因此只要 RFID 标签所附着的物体出现在解读器的有效识别范围内，就可以对其位置进行动态的追踪和监控。

表 5－1 是几种常见的自动识别技术的比较。

表 5－1　　常见的自动识别技术的比较

系统参数	条码	光学字符识别（OCR）	生物识别	智能卡	RFID
典型的数据量	1～1000 字符	—	—	16k～64k	16k～64k
数据密度	低	低	高	很高	很高
机器可读性	好	好	好	好	好
人可读性	有限	简单	简单	不可	不可
污渍和潮湿的影响	很高	很高	（根据具体技术）	可能（接触式）	不影响
遮盖的影响	完全失效	完全失效	（根据具体技术）	—	不影响
方向和位置的影响	低	低	—	双向	不影响
退化和磨损	影响大	影响大	—	有（接触式）	不影响
购买成本	很低	中	很高	低	中
运行成本	低	低	无	中（接触式）	无
安全性	偏低	偏低	较高	高	高
阅读速度	低，≤4s	低，≤3s	较低	较低，≤4s	很快，≤0.5s
阅读器和载体之间的最大距离	0～50cm	<1cm	0～50cm	直接接触	0～30m

5.3.2　RFID 技术的分类

根据电子标签工作频率的不同通常可分为低频（30kHz～300kHz）、中频（3MHz～30MHz）和高频系统（300MHz～3GHz）。RFID 系统的常见工作频率有低频 125kHz、134.2kHz，中频 13.56MHz，高频 860MHz～930MHz、2.45GHz、5.8GHz 等。低频系统的特点是电子标签内保存的数据量较少，阅读距离较短，电子标签外形多样，阅读天线方向性不强等。主要用于短距离、低成本的应用系统，如多数的门禁控制、校园卡、煤气表、水表等；中频系统则用于需传送大量数据的应用系统；高频系统的特点是电子标签及阅读器成本均较高，标签内保存的数据量较大，阅读距离较远（可达十几米），适应物体高速运动，性能好。阅读天线及电子标签天线均有较强的方向性，但其天线宽波束方向较窄且价格较高，主要用于需要较长的读写距离和高读写速度的场合，多用于火车监控、高速公路收费等系统中。

根据电子标签的不同可分为可读写卡（RW）、一次写入多次读出卡（WORM）和只读卡（RO）。RW 卡一般比 WORM 卡和 RO 卡贵得多，如电话卡、信用卡等；WORM 卡是用户可以一次性写入的卡，写入后数据不能改变，比 RW 卡要便宜；RO 卡存有一个唯一的号码，不能修改，保证了安全性。

根据电子标签的有源和无源又可分为有源的和无源的。有源电子标签使用卡内电流的能量，识别距离较长，可达十几米，但是它的寿命有限（3～10 年），且价格较高；无源电子标签不含电池，它接收到阅读器（读出装置）发出的微波信号后，利用阅读器发射的电磁波提供能量，一般免维护、重量轻、体积小、寿命长、较便宜，但它的发射距离受限制，一般是几十厘米，且需要发射功率大的阅读器。

根据电子标签调制方式的不同还可分为主动式（Active Tag）和被动式（Passive Tag）。主动式的电子标签用自身的射频能量主动地发送数据给读写器，主要用于有障碍物的应用系统，距离较远（可达 30m）；被动式的电子标签，使用调制散射方式发射数据，它必须利用阅读器、读写器的载波调制自己的信号，适宜在门禁或交通的应用中使用。

5.4 读写器与标签技术

5.4.1 读写器技术

由于标签的非接触性质，必须借助位于应用系统与标签之间的读写器来实现数据读写功能。读写器主要完成以下功能：

（1）读写器与标签之间的通信功能。

（2）读写器与计算机之间可以通过标准接口如 RS232 等进行通信。

（3）能够在读写区内实现多标签的同时识读，具备防冲突功能。

（4）适用于固定标签和移动标签的识读。

（5）能够校验读写过程中的错误信息。

（6）对于有源电子标签，能够标识电池相关信息，如电量等。

读写器的基本功能是触发作为数据载体的电子标签，与电子标签建立通信联系，并在应用软件和电子标签之间传输数据。这种通信的一系列任务包括通信的建立、防冲撞和身份验证，均由读写器进行处理。

根据应用系统的功能需求，读写器具有不同形式的结构与外观。根据天线和读写器是否分离，可以分为分离式读写器（如图 5－2 所示）和集成式读写器（如图 5－3 所示）；根据读写器的应用场合，可以分为固定式读写器、OEM（原始设备生产商）模块、工业读写器以及手持机（如图 5－4 所示）和发卡机（如图 5－5 所示）。

图 5-2　分离式读写器

图 5-3　集成式读写器

图 5-4　手持机

射频系统的读写器必须通过天线来发射能量，形成电磁场，通过电磁场对电子标签进行识别，可以说，天线所形成的电磁场范围就是射频系统的可读范围。任一 RFID 系统至少包含一根天线以发射和接收 RF 信号，有些 RFID 系统是由一根天线同时完成发射和接收的；另一些 RFID 系统则由一根天线来完成发射而另一根天线来接收，所采

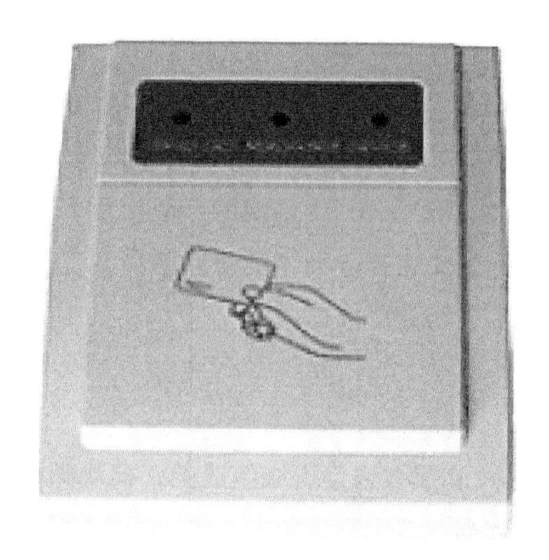

图 5-5 发卡机

用的天线的形式及数量应由具体应用而定。

在目前的超高频与微波系统中，广泛采用平面型天线，包括全向平板天线、水平平板天线和垂直平板天线。

随着 RFID 技术的发展，应用行业的增加，读写器的结构和性能也随着应用的需求不断发展。其发展趋势为：

（1）多功能。为适应市场对 RFID 系统的多样性和多功能的要求，读写器将集成更多和更加方便的功能，如与条码系统的集成；如为无线传输数据，读写器可能集成 GSM、CDMA、Wi-Fi 模块。

（2）智能多天线端口。根据行业应用降低成本的需要，读写器将具有智能的多天线接口，读写器可按照一定的处理顺序，“智能”打开和关闭不同的天线，使系统可以感知不同天线覆盖区域的标签，增大系统覆盖范围。同时可结合智能天线相位控制技术，使射频系统具有空间感应能力。

（3）多种数据接口。由于 RFID 系统应用的不断扩展和应用领域的增加，需要系统提供不同形式的接口，如 RS232、RS422/485、USB、以太网口等。

（4）多制式兼容。由于没有统一的 RFID 系统标准，各个厂家的系统不相兼容，但随着 RFID 系统标准的逐渐统一及市场竞争的需要，一些厂家读写器将兼容不同制式的电子标签，以提高产品的适应能力和市场竞争力。

（5）小型化、便携式、嵌入式、模块化。这是读写器发展的一个必然趋势，一些读写器模块提供了 CF（Compact Flash）标准接口，可与 PDA 连接后成为一个方便的 RFID 读写器。

（6）多频段兼容。由于缺乏全球统一的 RFID 频率标准，不同国家和地区的 RFID 产品具有不同的频率，如欧洲为 869MHz、美国为 922MHz～968MHz。为适应不同国家和地区的需要，读写器将朝兼容多个频段、输出功率数字可控方向发展。

（7）成本更低。相对而言，目前 RFID 系统的应用成本较高。随着市场的普及和相关技术的发展，读写器及整个 RFID 系统的应用成本将会越来越低。

（8）更多新技术的应用。随着 RFID 系统的广泛应用，必然带来新技术的不断集成，使系统性能更高，功能更加完善。如为适应频谱资源紧张的局面，将更多采用智能信道分配技术、扩频技术、码分多址技术。

5.4.2 电子标签技术

电子标签是指由 IC 芯片和无线通信天线组成的，模块超微型的小标签。标签中一般保存有约定格式的电子数据，在实际应用中，电子标签贴附于待识别的物体。

RFID 技术之所以被重视，关键在于它让物品实现真正的自动化管理，不像条码那样需要扫描。在 RFID 的标签中存储着规范可用的信息，通过无线数据通信网络采集到中央信息系统。RFID 不需要人工去识别标签，读写器可自动从标签中读出数据。

系统工作时，读写器发出能量信号，电子标签（无源）收到能量信号后，将其一部分整流为直流电源供电子标签内的电路工作，另一部分能量信号被电子标签内保存的数据信息调制后返回读写器，读写器接收反射回的幅度调制信号，从中提取出电子标签中保存的数据信息。

在 RFID 应用系统中，标签是易损件，对于大型的应用系统而言，标签的成本决定系统的建设成本。根据标签的技术特征，可将标签进行分类，如表 5－2 所示。

表 5－2　　标签分类

分类方式	分类
供电方式	有源/无源
工作方式	主动式/被动式
读写方式	只读型/读写型
工作频率	低频/高频/超高频与微波
作用距离	密耦合/近耦合/疏耦合/远距离

根据 RFID 系统的不同应用场合以及不同的技术性能参数，并考虑应用系统的标签成本、环境要求，可将标签封装成不同厚度、不同大小、不同形状的标签，有圆形、线形、信用卡型等。根据标签封装材质的不同，可以将标签封装成纸、PP（聚丙烯）、PET（聚对苯二甲酸乙二醇酯）、PVC（聚氯乙烯）等材料作为封装材质的标签，如图 5－6 所示。

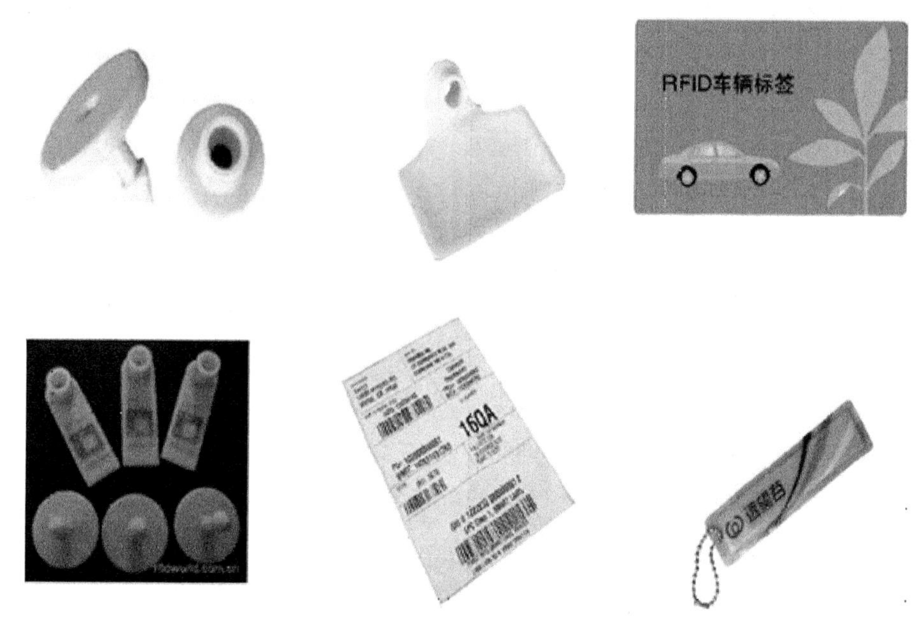

图 5－6 各种类型的 RFID 标签

电子标签的制作主要包括芯片技术、模块和天线封装与标签加工三个方面。目前，国内已经形成了比较成熟的 IC 卡封装。国内部分企业在电子标签的封装形式上进行了新的尝试。

随着行业应用的需要，电子标签技术的发展趋势为：

（1）作用距离更远。由于无源电子标签系统的作用距离主要取决于电磁波束给标签能量供电，随着低功耗 IC 设计技术的发展，电子标签的工作电压进一步降低。这使得无源系统的作用距离进一步加大，在某些应用场合可以达到几十米以上。

（2）无线可读写性能更强。不同的应用系统对电子标签的读写性能和作用距离有不同的要求，为适应需要多次改写标签数据的场合，需要进一步完善电子标签的读写性能，使误码率和抗干扰性能达到可以接受的程度。

（3）适合高速可移动物品的识别。针对高速移动的物体，如火车、地铁列车、高速公路上行驶的汽车的准确快速识别的需要，电子标签与读写器之间的通信速率提高，以满足高速移动物体的识别。

（4）快速多标签读/写功能。在物流领域，由于涉及大量的物品需要同时识别，必须采用适合物流应用的通信协议，实现快速的多标签读写功能。

（5）一致性更好。由于电子标签加工工艺限制，电子标签制造的成品率和一致性并不太好，随着加工工艺的提高，电子标签的一致性得到提高。

（6）强能量场下的自保护功能更加完善。电子标签处于读写器发射的电磁辐射场中，有可能距离读写器很远，也可能距离读写器发射天线很近，这时电子标签处在非常强的能量场中，会产生较高的电压，因此必须加强电子标签的强能量场下的自保护功能。

（7）智能性更强，更加完善的加密特性。对某些安全性要求较高的应用领域，需要对标签的数据进行严格的加密，并对通信过程进行加密。这样就需要智能性更强、加密特性更好的电子标签。

（8）带有传感器功能的标签。将电子标签与传感器相连，将大大扩展电子标签的功能和应用领域。

（9）带有其他功能的电子标签。在某些领域，需要寻找某一个标签时，标签需要具有附属功能，如蜂鸣器或指示灯，向特定标签发送指令时，电子标签会发出声光指示，这样就可以在大量目标中找到特定功能的标签。

（10）具有杀死功能的标签。为了保护隐私，在标签的设计寿命到期或需要中止标签的使用时，读写器发送杀死命令或标签自行销毁。

（11）新的生产工艺。为降低天线的生产成本，有些公司开始研制新的天线印刷技术，其中导电墨水的研制是一个新的发展方向。通过导电墨水，可以将标签天线以接近零成本的方式印刷到产品包装上。

（12）体积更小。由于实际应用的需要，一般要求电子标签的体积比被标记的商品小，这样在一些特殊应用场合对标签体积提出了新的要求。如日立公司制造出了带有内置天线的最小 RFID 芯片，其最小厚度仅有 0.1mm 左右，可以嵌入到纸币中。

5.5 RFID 中间件技术

5.5.1 RFID 中间件技术概述

看到目前各式各样 RFID 的应用，企业最想问的第一个问题是：“如何将我现有的系统与这些新的 RFID Reader 连接?”这个问题的本质是企业应用系统与硬件接口的问题。因此，通透性是整个应用的关键，正确抓取数据、确保数据读取的可靠性以及有效地将数据传送到后端系统都是必须考虑的问题。传统应用程序与应用程序之间（Application to Application）数据通透是通过中间件架构解决，并发展出各种 Application Server 应用软件；同理，中间件的架构设计解决方案便成为 RFID 应用的一项极为重要的核心技术。

RFID 中间件扮演 RFID 标签和应用程序之间的中介角色，从应用程序端使用中间件所提供的一组通用的应用程序接口（Application Program Interface，API），即能连到

RFID 读写器，读取 RFID 标签数据。这样一来，即使存储 RFID 标签情报的数据库软件或后端应用程序增加或改由其他软件取代，或者 RFID 读写器种类增加等情况发生时，应用端不需修改也能处理，省去多对多连接的维护复杂性问题。

RFID 中间件是一种面向消息的中间件（Message - Oriented Middleware，MOM），信息是以消息的形式，从一个程序传送到另一个或多个程序。信息可以以异步（Asynchronous）的方式传送，所以传送者不必等待回应。面向消息的中间件包含的功能不仅是传递信息，还必须包括解译数据、安全性、数据广播、错误恢复、定位网络资源、找出符合成本的路径、消息与要求的优先次序以及延伸的除错工具等服务。

5.5.2 RFID 中间件的分类及常用的中间件

RFID 中间件可以从架构上分为以应用程序为中心和以架构为中心两类。

（1）以应用程序为中心（Application Centric）。设计概念是通过 RFID Reader（读写器）厂商提供的 API，以 HotCode 方式直接编写特定 Reader 读取数据的 Adapter（适配器），并传送至后端系统的应用程序或数据库，从而达成与后端系统或服务串接的目的。

（2）以架构为中心（Infrastructure Centric）。随着企业应用系统的复杂度增高，企业无法负荷以 HotCode 方式为每个应用程序编写 Adapter，同时面对对象标准化等问题，企业可以考虑采用厂商所提供标准规格的 RFID 中间件。这样一来，即使存储 RFID 标签数据的数据库软件改由其他软件代替，或读写 RFID 标签的 RFID Reader 种类增加等情况发生时，应用端不做修改也能应付。

以下是一些主要 RFID 中间件产品：

（1）微软公司的 BizTalk RFID。微软的 BizTalk RFID 为 RFID 应用的推广提供了一个功能强大的平台。提供基于 XML 标准和 Web Services 的开放式接口，方便软硬件合作伙伴在本平台上进行开发、应用、集成。它含有 RFID 器件设备的标准接入协议及管理工具，DSPI（设备提供程序应用接口）是微软和全球四十家 RFID 硬件合作伙伴制定的一套标准接口。所有支持 DSPI 的各种设备（RFID、条码、IC 卡等）在 Microsoft Windows 可即插即用。作为微软的一个平台级软件，微软 RFID 开发服务平台不仅能和微软的其他产品进行良好的集成，而且能和其他公司的产品进行良好的集成。其作为 BizTalk Server R2 的一个组件已于 2007 年 9 月正式发布。

（2）Sybase 公司的 RFID Anywhere 2. 1。RFID Anywhere 2. 1 可以支持新一代固定式或者手持式 RFID 器件。软件可以为开发商提供全套 RFID 读写器的性能，外加动态支持新一代标签，如 Gen2、简化的通用输入输出管理（GPIO），以及在读取器密布场合对读取器进行同步管理。RFID Anywhere 是一种软件平台，特点是可以提供可扩充的应用环境，用户可以自行开发和管理各种分散的 RFID 解决方案。对于使用掌上 RFID 器件的用户，RFID Anywhere 2.1 可以为器件提供移动通信服务，可以把器件与 RFID Anywhere 的开发架构与管理工具紧密结合。Sybase 公司的 RFID Anywhere 安全中间件是专门针对安全问题的 RFID 中间件，但它的推广和应用目前还主要集中在国外市场。

（3）IBM 公司的 IBM WebSphere。IBM 的 RFID 中间件分为 IBM WebSphere RFID Device Infrastructure 和 IBM WebSphere RFID Premises Sever 两个部分。Device Infrastructure 主要适配各种 RFID 读写器，处理来自 RFID 读写器的数据，因为读写器厂家很多，支持的协议也不尽相同。Filter Agent 负责过滤不需要的数据，并且定制过滤规则；可发送数据到 Premises Server，通过 Micro Broker 的消息传送功能将数据进行后续处理。

IBM WebSphere RFID Premises Server 将 RFID 事件与企业的商业模型，以及应用程序进行映像，提取应用程序关心的 RFID 事件和数据。由于 IBM WebSphere RFID Premises Server 运行在标准 J2EE 环境下，该产品可动态配置网络拓扑结构，管理工具可以动态配置网络中 RFID 读写器，并且可以重新启动 Edge Controller。

IBM 最新发布了一款名为"WebSphere RFID 信息中心"的中间件产品。该产品的关键是为 RFID 数据提供了符合 EPC 标准的数据库，它符合 EPCglobal 即将颁布的"EPC 信息服务"（EPC Information Services，EPCIS）标准。预计"RFID 信息中心"将在医药品、零售业和物流三大产业中率先得到应用。

（4）同方的 ezRFID。ezRFID 是同方 ezONE（易众）业务基础平台的重要组成部分，而 ezONE 业务基础平台是同方打造的具有自主知识产权的统一应用平台。基于 J2EE/XML/Portlet/WFMC 等开放技术，ezONE 提供的整合框架和丰富的构件及开发工具，使行业信息化只需专注于业务目标，缩短了项目周期，降低了系统开发的复杂度。

除了上面提到的中间件产品，还有 Oracle 公司的 Oracle Sensor Edge Server、BEA 公司的 WebLogic RFID 产品系列等，以及国内的青岛海尔、上海科识、深圳立格等公司的产品。其中，青岛海尔正在基于江苏瑞福 RFS2300 系列的产品，升级开发 RFID 中间件，而之前基于 Alien 的中间件已完成。

5.5.3 RFID 中间件特点与发展趋势

一般来说，RFID 中间件具有以下特点：

（1）独立于架构（Insulation Infrastructure）。RFID 中间件独立并介于 RFID 读写器与后端应用程序之间，并且能够与多个 RFID 读写器以及多个后端应用程序连接，以减轻架构与维护的复杂性。

（2）数据流（Data Flow）。RFID 的主要目的在于将实体对象转换为信息环境下的虚拟对象，因此数据处理是 RFID 最重要的功能。RFID 中间件具有数据的收集、过滤、整合与传递等特性，以便将正确的对象信息传到企业后端的应用系统。

（3）处理流（Process Flow）。RFID 中间件采用程序逻辑及存储再转送（Store - and - Forward）的功能来提供顺序的消息流，具有数据流设计与管理的能力。

（4）标准（Standard）。RFID 为自动数据采样技术与辨识实体对象的应用。EPC-global 目前正在研究为各种产品的全球唯一识别号码提出通用标准，即 EPC。EPC 是在供应链系统中以一串数字来识别一项特定的商品，通过无线射频辨识标签由 RFID 读写器读入后，传送到计算机或是应用系统中的过程称为对象名称解析服务（Object Name Service，ONS）。对象名称解析服务系统会锁定计算机网络中的固定点，抓取有关商品的消息。EPC 存放在 RFID 标签中，被 RFID 读写器读出后，即可提供追踪 EPC 所代表的物品名称及相关信息，并立即识别及分享供应链中的物品数据，有效率地提高信息透明度。

RFID 中间件的发展可分为 3 个阶段：

（1）应用程序中间件（Application Middleware）发展阶段。RFID 初期的发展多以整合、串接 RFID 读写器为目的，本阶段多为 RFID 读写器厂商主动提供简单 API，以供企业将后端系统与 RFID 读写器串接。从整体发展架构来看，此时企业的导入须自行花费许多成本去处理前后端系统连接的问题，通常企业在本阶段会通过 Pilot Project（试验计划）方式来评估成本效益与导入的关键议题。

（2）架构中间件（Infrastructure Middleware）发展阶段。本阶段是 RFID 中间件成长的关键阶段。由于 RFID 的强大应用，沃尔玛与美国国防部等关键使用者相继进行 RFID 技术的规划并进行导入的 Pilot Project，促使各国际大厂持续关注 RFID 相关市场的发展。本阶段 RFID 中间件的发展不但已经具备基本数据收集、过滤等功能，同时也满足企业多对多（Devices - to - Applications）的连接需求，并具备平台的管理与维护功能。

（3）解决方案中间件（Solution Middleware）发展阶段。未来在 RFID 标签、读写器与中间件发展成熟过程中，各厂商针对不同领域提出各项创新应用解决方案，例如 Manhattan Associates（曼哈顿联合软件公司）提出“RFID in a Box”，企业不需再为前端 RFID 硬件与后端应用系统的连接而烦恼，该公司与 Alien Technology Corp（艾伦科技公司）在 RFID 硬件端合作，发展 Microsoft. Net 平台为基础的中间件，针对该公司 900 家的已有供应链客户群发展 Supply Chain Execution（SCE）Solution，原本使用 Manhattan Associates SCE Solution 的企业只需通过“RFID in a Box”，就可以在原有应用系统上快速利用 RFID 来增强供应链管理的透明度。

随着硬件技术逐渐成熟，庞大的软件市场商机促使国内外信息服务厂商无不持续注意与提早投入，RFID 中间件在各项 RFID 产业应用中居于神经中枢，特别受到国际大厂的关注，未来在应用上可朝下列方向发展：

（1）基于 RFID 的面向服务的架构（Service Oriented Architecture Based RFID）。面向服务的架构（Service Oriented Architecture，SOA）的目标就是建立沟通标准，突破应用程序对应用程序沟通的障碍，实现商业流程自动化，支持商业模式的创新，让 IT 变得更灵活，从而更快地响应需求。因此，RFID 中间件在未来发展上，将会以面向服务的架构为基础，为企业提供更有弹性灵活的服务。

（2）安全机制（Security Infrastructure）。RFID 应用最让外界质疑的是 RFID 后端系统所连接的大量厂商数据库可能引发的商业信息安全问题，尤其是消费者的信息隐私权。通过大量 RFID 读写器的布置，人类的生活与行为将因 RFID 而容易被追踪，沃尔玛、Tesco（乐购）初期 RFID Pilot Project 都因为用户隐私权问题而遭受过抵制与抗议。为此，飞利浦半导体等厂商已经开始在批量生产的 RFID 芯片上加入“屏蔽”功能。RSA Security 也发布了能成功干扰 RFID 信号的技术“RSA Blocker 标签”，通过发射无线射频扰乱 RFID 读写器，让 RFID 读写器误以为收集到的是垃圾信息而错失数据，达到保护消费者隐私权的目的。目前，Auto - ID Center 也正在研究安全机制以配合 RFID 中间件的工作。相信安全将是 RFID 未来发展的重点之一，也是成功的关键因素。

5.6 EPC 系统与 RFID

针对 RFID 技术的优势及其可能给供应链管理带来的效益，国际物品编码协会 EAN 和美国统一代码委员会（UCC）早在 1996 年就开始与国际标准组织 ISO 协同合作，陆续开发了无线接口通信等相关标准，自此，RFID 的开发、生产及产品销售乃至系统应用有了可遵循的标准，对于 RFID 制造者及系统方案提供商而言也是一个重要的技术标准。

1999 年麻省理工大学成立 Auto - ID Center，致力于自动识别技术的开发和研究。Auto - ID Center 在 UCC 的支持下，将 RFID 技术与 Internet 网结合，提出了产品电子代码（EPC）概念。国际物品编码协会与美国统一代码委员会将全球统一标识编码体系植入 EPC 概念当中，从而使 EPC 纳入全球统一标识系统。世界著名研究性大学——英国剑桥大学、澳大利亚的阿德雷德大学、日本 Keio（庆应）大学、瑞士的圣加仑大学、上海复旦大学相继加入并参与 EPC 的研发工作。该项工作还得到了可口可乐、吉利、强生、辉瑞、宝洁、联合利华、UPS、沃尔玛等 100 多家国际大公司的支持，其研究成果已在一些公司中试用，如宝洁公司、TESCO 等。

2003年11月1日，国际物品编码协会正式接管了EPC在全球的推广应用工作，成立了EPCglobal，负责管理和实施全球的EPC工作。EPCglobal授权EAN/UCC在各国的编码组织成员负责本国的EPC工作，各国编码组织的主要职责是管理EPC注册和标准化工作，在当地推广EPC系统和提供技术支持以及培训EPC系统用户。在我国，EPC-global授权中国物品编码中心作为唯一代表负责我国EPC系统的注册管理、维护及推广应用工作的机构。同时，EPCglobal于2003年11月1日将Auto－IDCenter更名为Auto－ID Lab，为EPCglobal提供技术支持。

EPCglobal的成立为EPC系统在全球的推广应用提供了有力的组织保障。EPCglobal旨在改变整个世界，搭建一个可以自动识别任何地方、任何事物的开放性的全球网络，即EPC系统，可以形象地称为“物联网”。在物联网的构想中，RFID标签中存储的EPC代码，通过无线数据通信网络把它们自动采集到中央信息系统，实现对物品的识别。进而通过开放的计算机网络实现信息交换和共享，实现对物品的透明化管理。EPC系统是一个非常先进的、综合性的和复杂的系统。其最终目标是为每一单品建立全球的、开放的标识标准。它由全球产品电子代码（EPC）的编码体系、射频识别（RFID）系统及信息网络系统三部分组成，主要包括六个方面，如表5－3所示。

表5－3 **EPC系统的构成**

系统构成	名称	注释
EPC编码体系	EPC代码	用来标识目标的特定代码
射频识别（RFID）系统内嵌在物品之中	EPC标签	贴在物品之上
	读写器	识读EPC标签
信息网络系统	EPC中间件	EPC的软件支持系统
	对象名称解析服务（Object Name Service，ONS）	
	EPC信息服务（EPC IS）	

EPC的特点如下：

（1）开放的结构体系。EPC系统采用全球最大的公用Internet网络系统。这就避免了系统的复杂性，同时也大大降低了系统的成本，并且还有利于系统的增值。

（2）独立的平台与高度的互动性。EPC系统识别的对象是一个十分广泛的实体对象，因此，不可能有哪一种技术适用所有的识别对象。同时，不同地区、不同国家的射频识别技术标准也不相同。因此开放的结构体系必须具有独立的平台和高度的交互操作性。EPC系统网络建立在Internet上，并且可以与Internet网络所有可能的组成部分协同工作。

（3）灵活的可持续发展的体系。EPC系统是一个灵活的开放的可持续发展的体系，可在不替换原有体系的情况下就做到系统升级。

EPC 系统是一个全球的大系统，供应链的各个环节、各个节点、各个方面都可受益，但对低价值的识别对象（如食品、消费品等）来说，它们对 EPC 系统引起的附加价格十分敏感。EPC 系统正在考虑通过本身技术的进步，进一步降低成本，同时通过系统的整体改进在供应链管理中得到更好的应用，提高效益，以便抵销和降低附加价格。

5.6.1 EPC 编码体系

EPC 编码体系是新一代与 GTIN 兼容的编码标准，它是全球统一标识系统的延伸和拓展，是全球统一标识系统的重要组成部分，是 EPC 系统的核心与关键。

EPC 编码标准与目前广泛应用的 EAN/UCC 编码标准是兼容的。GTIN 是 EPC 编码结构中的重要组成部分，目前被广泛使用的 GTIN、SSCC、GLN 等都可以顺利转换成 EPC 编码。在物流领域，许多国家都将 EPC 技术成功地应用在货品跟踪、采购管理、订单管理和库存管理等各个方面。

它是由 EPCglobal、各国的 EPC 管理机构（中国的管理机构称为 EPCglobal China）以及被标识物品的管理者实行分段管理、共同维护和统一应用，具有较强的合理性。

当前，出于成本等因素的考虑，参与 EPC 测试所使用的编码标准采用的是 64 位数据结构，未来将采用 96 位的编码结构。它对每个单品都赋予一个全球唯一编码，96 位的 EPC 码，可以为 2.68 亿公司赋码，每个公司可以拥有 1600 万的产品分类，每类产品有 680 亿的独立产品编码，形象地说，它可以为地球上的每一粒大米赋上唯一的编码。

EPC 编码体系有效地应用于 5 个需要特殊识别类型的领域，分别是贸易项目、物流单元、资产、位置和服务关系，如图 5-7 所示。

EPC 代码是由一个版本号加上域名管理者、对象分类、序列号三段数据组成的一组数字。它是由 EPCglobal 组织、各应用方协调一致的编码标准，具有以下特性：

（1）科学性：结构明确，易于使用、维护。

（2）兼容性：兼容了其他贸易流通过程的标识代码。

（3）全面性：可在贸易结算、单品跟踪等各环节全面应用。

（4）合理性：由 EPCglobal、各国 EPC 管理机构、标识物品的管理者分段管理、共同维护、统一应用，具有合理性。

（5）国际性：不以具体国家、企业为核心，编码标准全球协商一致，具有国际性。

（6）无歧视性：编码采用全数字形式，不受地方色彩、语言、经济水平、政治观点的限制，是无歧视性的编码。

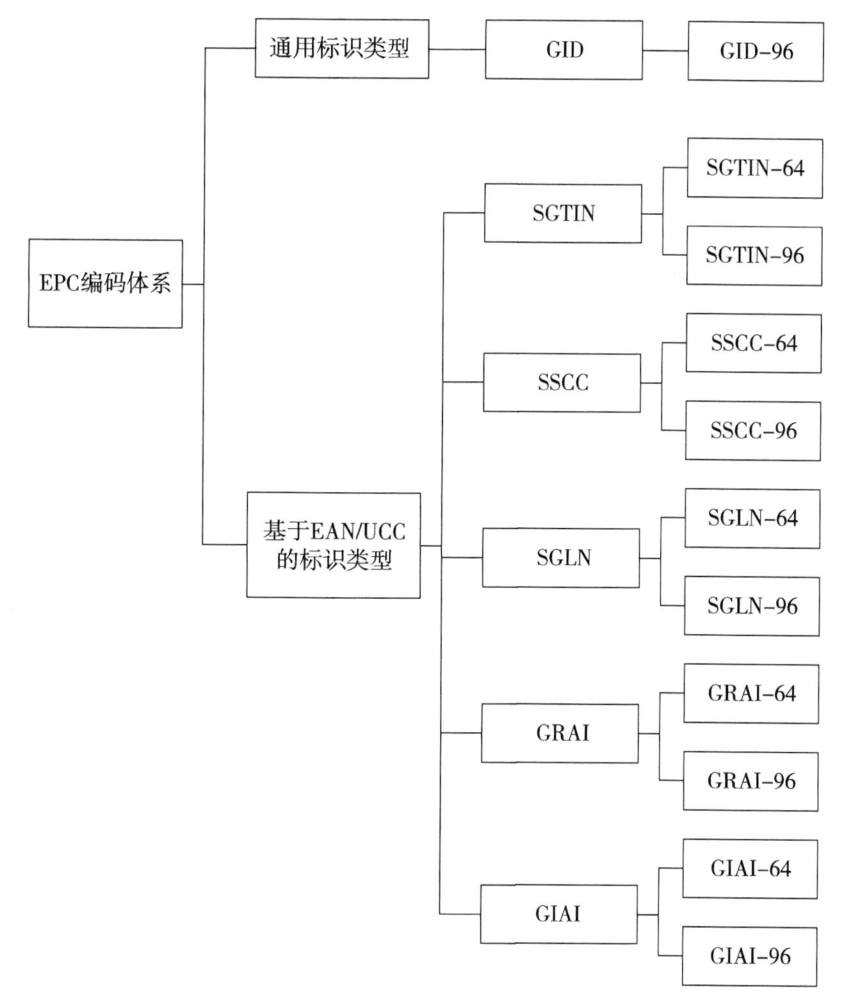

图 5－7 EPC 编码体系

EPC 代码是新一代的与 EAN/UCC 码兼容的新的编码标准，在 EPC 系统中 EPC 编码与现行 GTIN 相结合，因而 EPC 并不是取代现行的条码标准，而是由现行的条码标准逐渐过渡到 EPC 标准或者是在未来的供应链中 EPC 和 EAN/UCC 系统共存。

EPC 中码段的分配是由 EAN/UCC 来管理的。在我国，EAN/UCC 系统中 GTIN 编码是由中国物品编码中心（ANCC）负责分配和管理。同样，ANCC 也已启动 EPC 服务来满足国内企业使用 EPC 的需求。

EPC 代码是由一个版本号加上另外三段数据（依次为域名管理者、对象分类、序列号）组成的一组数字。其中版本号标识 EPC 的版本号，它使得 EPC 随后的码段可以有不同的长度；域名管理者是描述与此 EPC 相关的生产厂商的信息，例如可口可乐公司；对象分类记录产品精确类型的信息，例如美国生产的 330mL 罐装减肥可乐（可口可乐的一种新产品）；序列号唯一标识货品，它会精确地告诉我们所说的究竟是哪一罐

330mL 罐装减肥可乐。EPC 具体结构如表 5－4 所示。

表 5－4　　EPC 代码具体结构

		版本号	域名管理者	对象分类	序列号
EPC－64	TYPE Ⅰ	2	21	17	24
	TYPE Ⅱ	2	15	13	34
	TYPE Ⅲ	2	26	13	23
EPC－96	TYPE Ⅰ	8	28	24	36
EPC－256	TYPE Ⅰ	8	32	56	160
	TYPE Ⅱ	8	64	56	128
	TYPE Ⅲ	8	128	56	64

目前，EPC 代码有 64 位、96 位和 256 位 3 种。为了保证所有物品都有一个 EPC 代码并使其载体——标签成本尽可能降低，建议采用 96 位，这样其数目可以为 2.68 亿个公司提供唯一标识，每个生产厂商可以有 1600 万个对象种类并且每个对象种类可以有 680 亿个序列号，这对未来世界所有产品已经非常够用了。

鉴于当前不用那么多序列号，所以只采用 64 位 EPC，这样会进一步降低标签成本。但是随着 EPC－64 和 EPC－96 版本的不断发展使得 EPC 代码作为一种世界通用的标识方案已经不足以长期使用，所以出现了 256 位编码。至今已经推出 EPC－96 Ⅰ型，EPC－64 Ⅰ型、Ⅱ型、Ⅲ型，EPC－256 Ⅰ型、Ⅱ型、Ⅲ型等编码方案。

1. EPC－64 码

目前，有三种类型的 64 位 EPC 代码。

（1）EPC－64 Ⅰ型。如图 5－8 所示，Ⅰ型 EPC－64 编码提供 2 位版本号编码、21 位域名管理者编码、17 位对象分类编码和 24 位序列号编码。这种 64 位 EPC 代码包含最小的标识码，21 位的域名管理者分区就能允许 200 万个组使用该 EPC－64 码。对象分类分区可以容纳 131072 个库存单元，这远远超过 UPC 所能提供的，可以满足绝大多数公司的需求。24 位序列号可以为 1600 万单品提供空间。

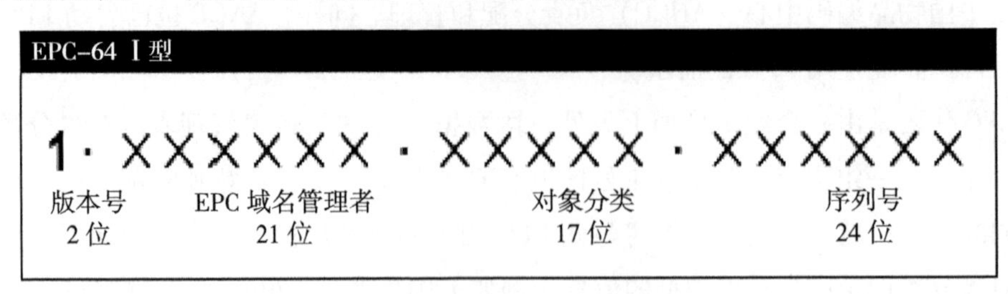

图 5－8　EPC－64 Ⅰ型编码

(2) EPC－64Ⅱ型。除了Ⅰ型EPC－64，还可采用其他方案来适合更大范围的公司、产品和序列号的要求。建议采用EPC－64Ⅱ（如图5－9所示）来满足众多产品以及价格反应敏感的消费品生产者。

那些产品数量超过两万亿并且想要申请唯一产品标识的企业，可以采用方案EPC－64Ⅱ。采用34位的序列号，最多可以标识17179869184件不同产品。与13位对象分类区结合（允许多达8192库存单元），每一个工厂可以为140737488355328或者超过140万亿不同的单品编号。这远远超过了世界上最大的消费品生产商的生产能力。

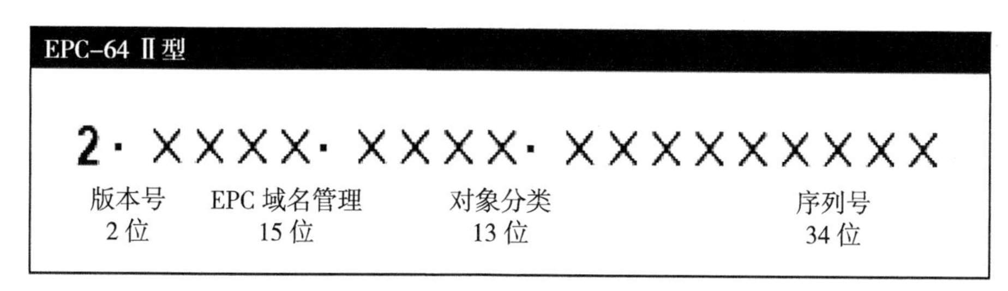

图5－9 EPC－64Ⅱ型编码

(3) EPC－64Ⅲ型。除了一些大公司和正在应用UCC/EAN编码标准的公司外，为了推动EPC应用过程，打算将EPC扩展到更加广泛的组织和行业。希望通过扩展分区模式来满足小公司，服务行业和组织的应用。因此，除了扩展单品编码的数量，就像第二种EPC－64那样，也会增加可以应用的公司数量来满足要求。

EPC－64Ⅲ型把域名管理者分区增加到26位，如图5－10所示，可以为多达67108864个公司提供64位的EPC编码。6700万个号码已经超出世界公司的总数，因此现在已经足够用了。

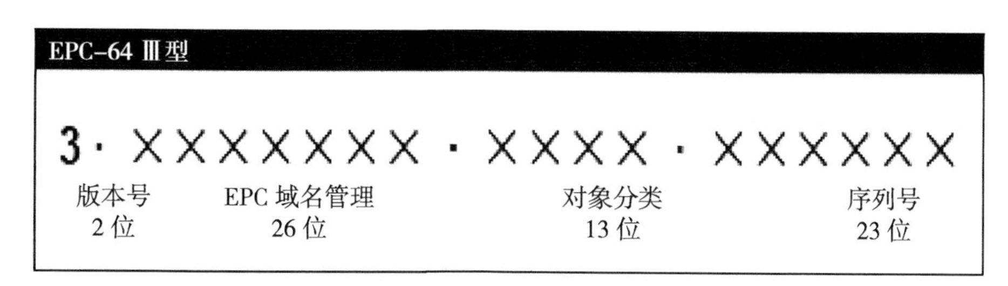

图5－10 EPC－64Ⅲ型编码

采用13位对象分类分区，可以为8192种不同种类的物品提供空间。序列号分区采用23位编码，可以为超过800万（$2^{23}=8388608$）的商品提供空间。因此，对于这6700万个公司，每个公司允许超过680亿（$2^{36}=68719476736$）的不同产品采用此方案进行编码。

2. EPC－96 码

EPC－96 I 型的设计目的是成为一个公开的物品标识代码。它的应用类似于目前的统一产品代码（UPC），或者 UCC/EAN 的运输集装箱代码，如图 5－11 所示。

图 5－11　EPC－96 I 型

域名管理者负责在其范围内维护对象分类代码和序列号。域名管理者必须保证 ONS（对象名称解析服务）操作可靠，并负责维护和公布相关的产品信息。域名管理者的区域占据 28 个数据位，允许大约 2.68 亿家制造商。这超出了 UPC－12 的 10 万个和EAN－13的 100 万个的制造商容量。

对象分类字段在 EPC－96 代码中占 24 位。这个字段能容纳当前所有的 UPC 库存单元的编码。序列号字段则是单一货品识别的编码。EPC－96 序列号对所有的同类对象提供 36 位的唯一辨识号，其容量为 $2^{36}=68719476736$。与产品代码相结合，该字段将为每个制造商提供 1.1×1028 个唯一的项目编号——超出了当前所有已标识产品的总容量。

3. EPC－256 码

EPC－96 和 EPC－64 是作为物理实体标识符的短期使用而设计的。在原有表示方式的限制下，EPC－64 和 EPC－96 版本的不断发展使得 EPC 代码作为一种世界通用的标识方案已经不足以长期使用。更长的 EPC 代码表示方式一直以来就广受期待并酝酿已久。EPC－256 就是在这种情况下应运而生的。

256 位 EPC 是为满足未来使用 EPC 代码的应用需求而设计的。因为未来应用的具体要求目前还无法准确的知道，所以 256 位 EPC 版本必须可以扩展以便其不限制未来的实际应用。多个版本就提供了这种可扩展性。EPC－256 类型Ⅰ、类型Ⅱ和类型Ⅲ的位分配情况如图 5－12 所示。

5.6.2　EPC 信息网络系

EPC 系统的信息网络系统是在本地网络和全球互联网的基础上，通过 EPC 中间件、对象名称解析服务（ONS）和 EPC 信息服务（EPC IS）来实现信息的管理和流通，从而实现全球的“物物相连”。

EPC-256 Ⅰ型			
1 · ××××××××·		×××× ·	×××××××
版本号 8 位	EPC 域名管理 32 位	对象分类 56 位	序列号 160 位

EPC-256 Ⅰ型

EPC-256 Ⅱ型			
2 · ××××××××·		×××× ·	×××××××
版本号 8 位	EPC 域名管理 64 位	对象分类 56 位	序列号 128 位

EPC-256 Ⅱ型

EPC-256 Ⅲ型			
3 · ××××××××·		×××× ·	×××××××
版本号 8 位	EPC 域名管理 128 位	对象分类 56 位	序列号 64 位

EPC-256 Ⅲ型

图 5－12　EPC－256 码的三种编码体系

1. EPC 中间件（Savant）

EPC 中间件以前被称为 Savant，它具有一系列特定属性的“程序模块”或“服务”，被用户集成满足他们的特定需求。

应用事件管理协议和 RFID 通信协议构成了 EPC 中间件的主要协议。前者是 EPC-global 的中间件标准，它是一个接口协议，主要用于阅读器和应用程序之间。对于各种目的的程序，此协议定义了两者之间统一的接口，以告知客户怎么收集和处理来自读写器的 EPC 标签。

图 5－13 描述了 EPC 中间件组件与其他应用程序通信。

2. 对象名称解析服务（ONS）

这是一种连接 EPC 编码和标签上附带项目数据或信息的“直接服务”。这些附加的、项目相关的数据或信息可能储存在局域网或互联网的服务器上，ONS 类似于用来定位互联网信息的域名解析服务（DNS）。

对象名称解析服务是联系 EPC 中间件和 EPC 信息服务的网络枢纽，并且 ONS 设计与架构都以 Internet 域名解析服务 DNS 为基础。因此，可以利用整个 EPC 网络以 Internet 为依托，迅速架构并顺利延伸到世界各地。

当阅读器获得 EPC 标签的数据时，就会将 EPC 码发送给 Savant 系统，借助 ONS 查出对象数据的存储位置。

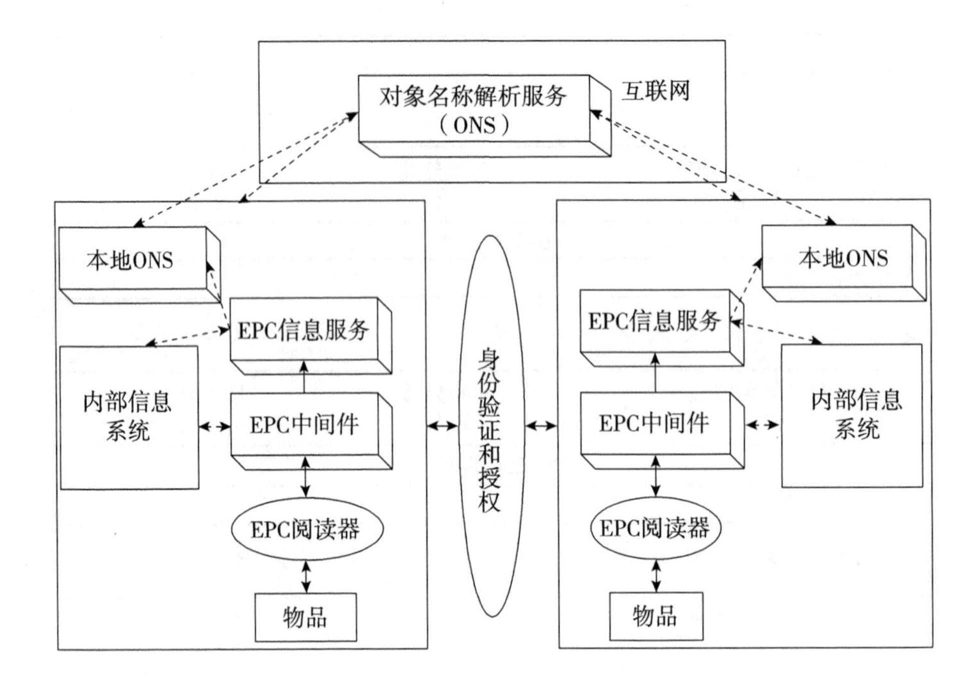

图 5-13　EPC 网络体系结构

3. EPC 信息服务

EPC 的信息服务提供了一个模块化、可扩展的数据和服务的接口，使得 EPC 的相关数据可以在企业内部或者企业之间实现共享。

在物联网中，有关产品信息的文件存储在 EPC 信息服务器中。这些服务器往往由生产厂家来维护。所有产品信息将用一种新型的标准计算机语言——物理标记语言（PML）书写，PML 文件将被存储在 EPC 信息服务器上，为其他计算机提供他们需要的文件。

4. EPC 的物理标记语言（PML）

PML 是基于人们广为接受的可扩展标识语言发展而来的，是用信息对某个产品或对象进行适当的说明，其句法和语义是由 EPCglobal 与用户协会管理和发展的。

5.6.3　EPC 系统的工作流程

在由 EPC 标签、读写器、EPC 中间件、Internet、ONS 服务器、EPC 信息服务（EPC IS）以及众多数据库组成的实物互联网中，读写器读出的 EPC 只是一个信息参考（指针），由这个信息参考从 Internet 找到 IP 地址并获取该地址中存放的相关的物品信息，并采用分布式的 EPC 中间件处理，由读写器读取的一连串 EPC 信息。由于在标签上只有一个 EPC 代码，计算机需要知道与该 EPC 匹配的其他信息，这就需要 ONS 来提供一种自动化的网络数据库服务，EPC 中间件将 EPC 代码传给 ONS，ONS 指示 EPC 中间件到一个保存着产品文件的服务器（EPC IS）查找，该文件可由 EPC 中间件复制，因而文件中的产品信息就能传到供应链上。EPC 系统的工作流程如图 5－14 所示。

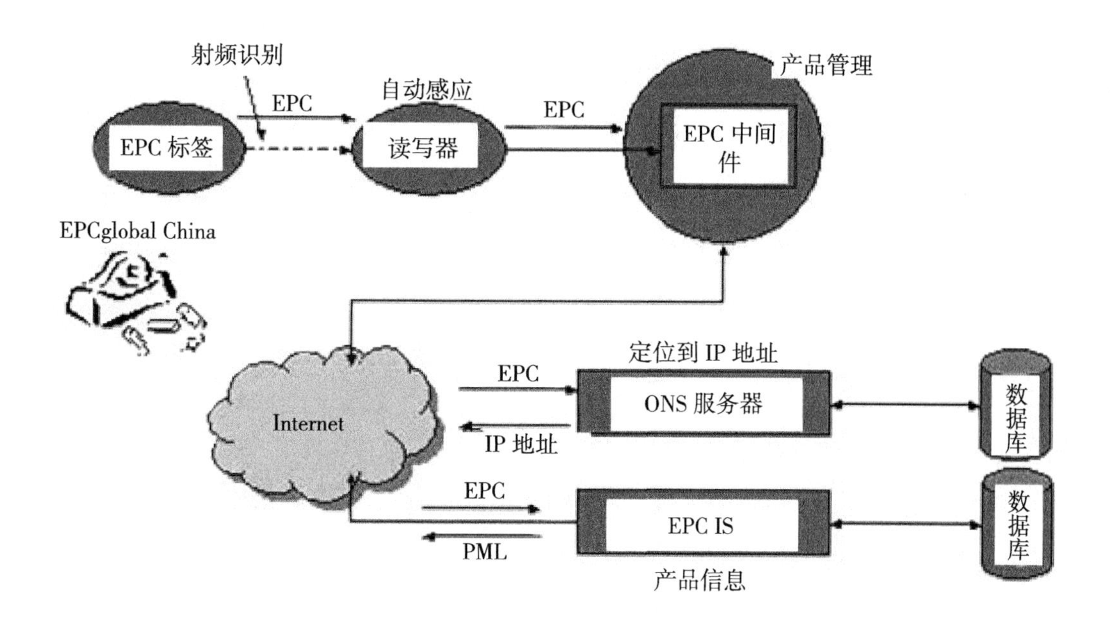

图 5－14 EPC 系统工作流程示意

5.6.4 RFID 与 EPC 的关系

采用 RFID 最大的好处是可以对企业的供应链进行高效管理，以有效地降低成本。因此对于供应链管理应用而言，射频技术是一项非常适合的技术。但由于标准不统一等原因，该技术在市场中并未得到大规模的应用。EPC 产品电子代码及 EPC 系统的出现，使 RFID 技术向跨地区、跨国界物品识别与跟踪领域的应用迈出了划时代的一步。

EPC 与 RFID 之间有共同点，也有不同之处。从技术上来讲，EPC 系统包括物品编码技术、RFID 技术、无线通信技术、软件技术、互联网技术等多个学科技术，而 RFID 技术只是 EPC 系统的一部分，主要用于 EPC 系统数据存储与数据读写，是实现系统其他技术的必要条件；而对于 RFID 技术来说，EPC 系统应用只是 RFID 技术的应用领域之一，EPC 的应用特点决定了射频标签的价格必须降低到市场可以接受的程度，而且某些标签必须具备一些特殊的功能（如保密功能等）。换句话说，并不是所有的 RFID 射频标签都适合做 EPC 射频标签，只是符合特定频段的低成本射频标签才能应用到

EPC 系统。

成熟的 RFID 技术应用于新生的 EPC 系统，将极大拓展 RFID 技术的应用领域，促进 RFID 技术特别是 RFID 标签市场迅猛增长，随着零售巨擘沃尔玛要求其供应商使用 EPC 射频标签的期限迫近，EPC 给 RFID 世界带来的商机已逐渐显现，同时，随着 2004 年第二代射频标签全球标准的出台，RFID 技术与市场的发展将更加规范有序，EPC 系统的推广与应用将真正步入快车道。

5.7 RFID 技术应用实训

5.7.1 高频 RFID 标签读取实验

1. 实验目的

（1）了解不同协议类型标签的读取以及它们的区别。

（2）掌握使用硬件平台读取高频标签的方法。

2. 实验内容

（1）会使用高频 RFID 模块，对不同类型的高频 RFID 卡进行识别。

（2）能够通过高频 RFID 卡，识别卡的种类。

（3）通过上位机软件，识别卡中信息。

3. 实验仪器

（1）1 台带有 USB 接口的计算机。

（2）计算机软件环境为 Windows7 或 Windows XP。

（3）物流信息技术与信息管理实验软件平台。

（4）物流信息技术与信息管理实验硬件平台。

4. 实验原理

（1）RFID 技术是 20 世纪 90 年代开始兴起的一种自动识别技术，是一项利用射频信号通过空间耦合（交变磁场或电磁场）实现无接触信息传递并通过所传递的信息达到识别目的的技术。

（2）RFID 系统由三部分组成：

①标签（Tag）：由耦合元件及芯片组成，每个标签具有唯一的电子编码，附着在物体上标识目标对象。

②阅读器（Reader）：读取（有时还可以写入）标签信息的设备，可设计为手持式或固定式。

③天线（Antenna）：在标签和读取器间传递射频信号。

（3）高频 RFID 原理及特点。高频 RFID 的工作频率为 13.56MHz，又称 HF RFID。其特点有：

①工作频率为 13.56MHz，该频率的波长大概为 22m。

②除了金属材料外，该频率的波长可以穿过大多数的材料，但是往往会降低读取距离。感应器需要离开金属一段距离。

③该频段在全球都得到认可并没有特殊的限制。

④感应器一般以电子标签的形式。

⑤虽然该频率的磁场区域下降很快，但是能够产生相对均匀的读写区域。

⑥该系统具有防冲撞特性，可以同时读取多个电子标签。

⑦可以把某些数据信息写入标签中。

⑧数据传输速率比低频要快，价格不是很贵。

⑨通常，高频 RFID 应用于图书管理系统、学生一卡通及公交卡、服装生产线和物流系统的管理、酒店门锁的管理等。

5. 实验步骤

（1）打开高频 RFID 实验的标签读取软件，如图 5－15 所示，再分别单击“打开串口”和“开始读取”按钮。

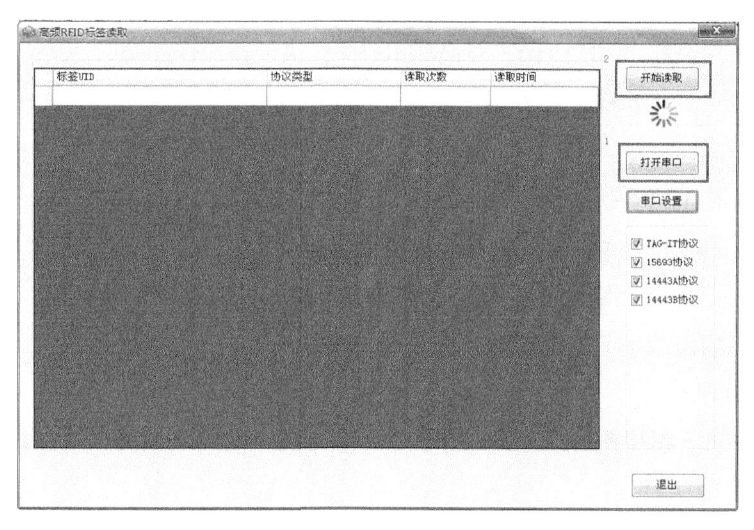

图 5－15 高频标签读取界面示意

（2）将高频 RFID 卡放置在天线周围（注意距离大致在 1cm～2cm），软件将出现读取后的界面，如图 5－16 所示。

图中分别代表了标签 UID（用户身份证明）、使用协议类型和读取次数。

（3）实验结束后单击“停止”并关闭串口。

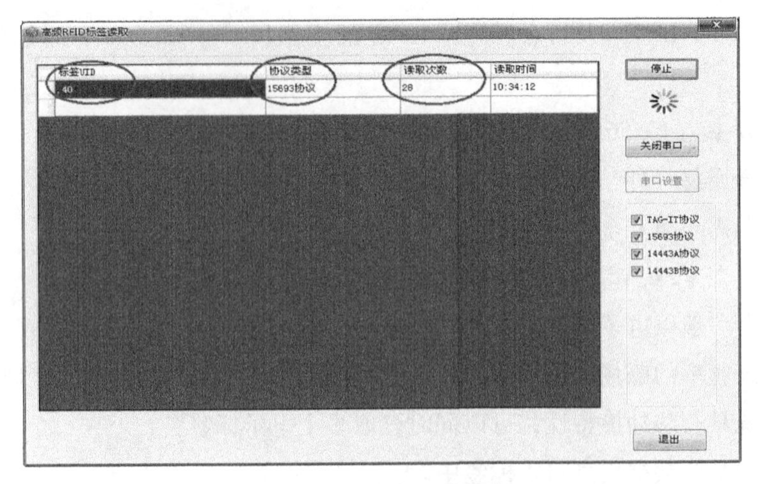

图 5－16　读取结果示意

5.7.2　高频 RFID 通信协议分析实验

1. 实验目的

(1) 了解不同高频 RFID 协议类型原理。

(2) 掌握高频 RFID 底层通信协议操作。

2. 实验内容

(1) 会使用高频 RFID 协议，对高频 RFID 模块进行操作。

(2) 通过上位机软件，得到信息反馈。

3. 实验仪器

(1) 1 台带有 USB 接口的计算机。

(2) 计算机软件环境为 Windows 7 或 Windows XP。

(3) 物流信息技术与信息管理实验软件平台。

(4) 物流信息技术与信息管理实验硬件平台。

4. 实验原理

在实验中，了解高频 RFID 模块的常用通信协议，主要分析高频通信协议的原理。

5. 实验步骤

(1) 打开高频 RFID 实验的通信协议分析，点击打开串口，此时可在预定义指令中选择所要发送的指令。也可在预定义指令下方区域，手动输入指令。

(2) 单击“发送”按钮后，可在数据记录栏中查看返回值，如图 5－17 所示。

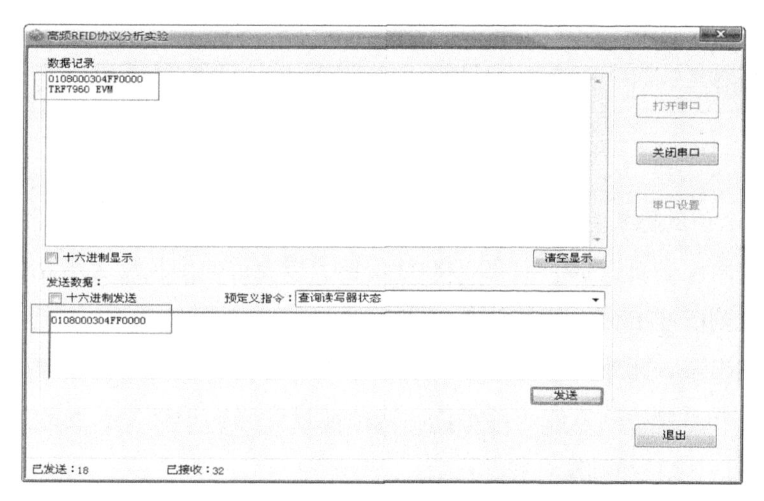

图 5－17 状态查询示意

5.7.3 EPC 编码实验

1. 实验目的

（1）理解 EPC 编码体系。

（2）体会 EPC 编码体系相对 EAN 编码的优势。

2. 实验内容

（1）设计一个 EPC 编码。

（2）EPC 编码体系中的 SGTIN－96 码与 EAN13 码的相互转换。

（3）运用编码软件实现 EPC 编码与 EAN 编码的相互转换。

3. 实验仪器

（1）PC 机（串口功能正常）。

（2）编码软件。

4. 实验原理

（1）EPC 编码体系。

EPC（产品电子代码）是一种标识方案，通过 RFID 标签和其他方式普遍地识别物理对象。标准化 EPC 数据包括独特地标识个别对象的 EPC（或 EPC 识别符）以及为能有效地解读 EPC 标签认为有必要的可选过滤值。

EPC 编码的通用结构由一个分层次、可变长度的标头以及一系列数字字段组成，代码的总长、结构和功能完全由标头的值决定，如图 5－18 所示。

标头定义了总长，识别类型（功能）和 EPC 编码结构，包括它的滤值。标头具有可变长度，使用分层的方法，其中每一层 0 值指示标头是从下一层抽出的。对规范（V1.1）中制定的编码来说，标头是 2 位或者 8 位。假定 0 值保留来指示一个标头在下

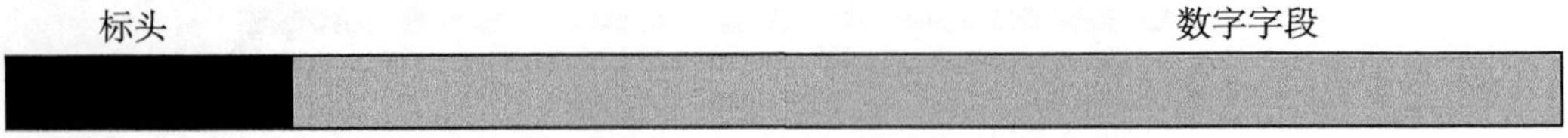

标头	数字字段

图 5-18 EPC 结构示意

面较长层中，2 位的标头有 3 个可能的值，即 01、10 和 11。8 位标头可能有 63 个可能的值，标头前两位必须是 00，而 00000000 保留，以允许使用长度大于 8 位的标头。标头值的分配规则已经出台，使标签长度可以通过检查标头的最左（或称为“序码”）几个比特识别出来。此外，设计目标在于对每一个标签长度尽可能有较少的序码，理想为 1 位，最好不要超过 2 位或者 3 位。这种通过序码标识标签长度的方法是为了让 RFID 识读器可以很容易确定标签长度。

EPC 编码中厂商识别代码和剩下的位之间有清楚的划分，每一个单独编码成二进制。因此，从一个传统的 EAN、UCC 系统代码的十进制表现形式进行转换并对 EPC 编码，需要了解厂商识别代码长度方面的知识。

EPC 编码不包括校验位。因此，从 EPC 编码到传统的十进制表示的代码的转换需要根据其他的位重新计算校验位。

下面以 EPC 编码中的 SGTIN（序列化全球贸易标识代码）为例进行说明。

SGTIN 是一种新的标识类型，它基于在 EAN. UCC 通用规范中的 EAN. UCC 全球贸易项目代码（GTIN）。一个单独的 GTIN 不符合 EPC 纯标识中的定义，因为它不能唯一标识一个具体的物理对象。GTIN 标识一个特定的对象类，如特定产品类或库存量单位。

为了给单个对象创建一个唯一的标志符，GTIN 增加了一个序列号，管理实体负责分配唯一的序列号给单个对象分类。GTIN 和唯一序列号的结合，称为一个序列化 GTIN（SGTIN）。

SGTIN 由以下信息元素组成：

①厂商识别代码，由 EAN 或 UCC 分配给管理实体。厂商识别代码在一个 EAN/UCC GTIN 十进制编码内同厂商识别代码位相同。

②项目代码，由管理实体分配给一个特定对象分类。EPC 编码中的项目代码是从 GTIN 中获得，通过连接 GTIN 的指示位和项目代码位，看作一个单一整数而得到。

③序列号，由管理实体分配给一个单个对象。序列号不是 GTIN 的一部分，但是正式成为 SGTIN 的组成部分，如图 5-19 所示。

SGTIN 的 EPC 编码方案允许 EAN/UCC 系统标准 GTIN 和序列号直接嵌入 EPC 标签。所有情况下，校验位不进行编码。

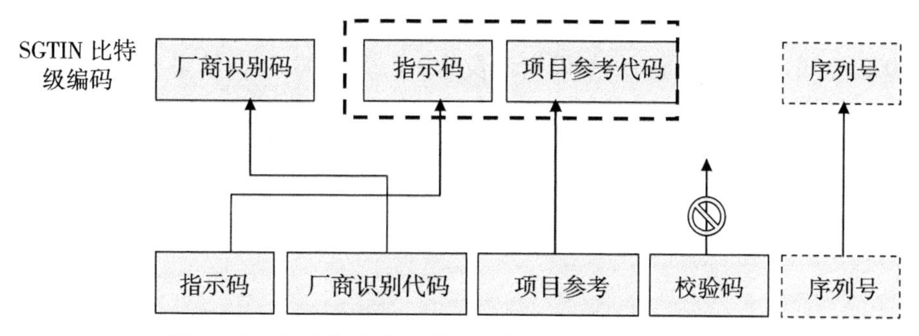

图 5－19　序列化全球贸易标示代码（SGTIN）转化示意

除了标头之外，SGTIN－96 由滤值、分区、厂商识别代码、贸易项代码和序列号 5 个字段组成，如表 5－5 所示，SGTIN 滤值转化如表 5－6 所示。

表 5－5　SGTIN—96 的结构

	标头	滤值	分区	厂商识别代码	贸易项代码	序列号
SGTIN－96	8 位	3 位	3 位	20～40 位	4～24 位	38 位
	0011 0000（二进制值）			999 999 ～ 999 999 999 999（最大十进制范围）	9 999 999～9（最大十进制范围）	274 877 906 943（最大十进制值）

表 5－6　SGTIN 滤值（非规范）转化

类型	二进制值
所有其他	000
零售消费者贸易项目	001
标准贸易项目组合	010
单一货运/消费者贸易项目	011
保留	100
保留	101
保留	110
保留	111

分区指示随后的厂商识别代码和贸易项代码的分开位置。这个结构与 EAN/UCC GTIN 中的结构相匹配，在 EAN/UCC GTIN 中，贸易项代码加上厂商识别代码（加唯一的指示位）共 13 位。厂商识别代码在 6～12 位，贸易项代码（包括单一指示位）在 7～1 位。

厂商识别代码包含 EAN/UCC 厂商识别代码的一个逐位编码。

贸易项代码包含 GTIN 贸易项代码的一个逐位编码。指示位同贸易项代码字段以以下方式结合：贸易项代码中以零开头是非常重要的。把指示位放在域中最左的位置。例如，00235 同 235 是不同的。如果指示位为 1，结合 00235，结果为 100235。结果组合看作一个整数，编码成二进制作为贸易项代码字段。

序列号包含一组连续的数字。这组连续的数字的容量小于 EAN/UCC 系统规范序列号的最大值，而且在这组连续的数字中只包含数字，SGTIN－96 分区如表 5－7所示。

表 5－7　SGTIN－96 分区示意

分区值	厂商识别代码		项目参考代码和指示位数字	
	二进制	十进制	二进制	十进制
0	40	12	4	1
1	37	11	7	2
2	34	10	10	3
3	30	9	14	4
4	27	8	17	5
5	24	7	20	6
6	20	6	24	7

（2）EAN/UCC 编码与 EPC 编码之间的转换。

在条码和 RFID 的拣选作业过程中，要完成条码到 EPC 码的转换及 EPC 码到条码的转换。由前面的分析可知，EAN 码主要由扩展位、国家代码、厂商代码、产品代码、校验位等几部分组成；而 EPC 码主要由标头、滤值、分区值、国家代码、厂商代码、产品代码及序列号等部分组成。各个代码之间只是组织形式的不同。因此，它们之间的相互转换就是将源码地各部分代码分离开，再按照目标的码的规则变换、组合得到。

在此，以 GTIN 与 SGTIN 的相互转换为例进行说明。

①GTIN 到 SGTIN 的转换。转换主要分为分类、分段转换和组合。以 EAN13 码“6901010101098”转换为 96 位 EPC 码为例说明。

步骤一：分类。首先“6901010101098”是一个 EAN13 码，因此其转换的 EPC 目标码为 SGTIN－96。同时可以知道 SGTIN 的标头为“00110000”。

步骤二：根据 EAN13 码的编码规则，将扩展位、国家代码、厂商代码、产品代码、校验位等几部分分离。其中，EAN 码中的国家代码和厂商代码合起来就是 SGTIN－96 中的厂商识别码。而 SGTIN－96 中的序列号在 EAN 中没有体现，因此要根据拣选中心作业需要，进行编码生成。以“6901010101098”为例可知，“690”为国家代码（中国)，厂商代码为“1010”，因此转换为对应的 SGTIN - 96 的厂商识别码就是“6901010”。而 EPC 中选择厂商识别码为 24 位。因此分区值为 5，二进制为“101”，厂商识别码为“0110 1001 0100 1101 0001 0010”。而 SGTIN - 96 中的滤值假定为“011”(包装箱)。而贸易项目代码由“6901010101098”中的“10109”，即 SGTIN 中的贸易项目代码二进制为“0000 0010 0111 0111 1101”(20 位)。最后给出 SGTIN 中的序列号“123456789”，转换为二进制为“00 0000 0000 0111 0101 1011 1100 1101 0001 0101”(38 位)。

步骤三：组合。经过转换的二进制进行组合就是 SGTIN 的 96 位编码了，因此“6901010101098”加上序列号“123456789”转换为 SGTIN 的二进制编码为“0011 0000 0111 0101 1010 0101 0011 0100 0100 1000 0000 1001 1101 1111 0100 0000 0000 0111 0101 1011 1100 1101 0001 0101”(96 位)。转换为 16 进制数值为“3075A5344809DF40075BCD13”。

其他 EAN/UCC 编码与 EPC 编码的转换与此类似。

②SGTIN 码到 GTIN 码的转换。SGTIN 码到 GTIN 码的转换为上述过程的逆过程，在此不再描述。这里需要说明的是，GTIN 码中的校验码需要计算得到。

步骤一：包括校验码在内，由右至左编制代码位置序号（校验码的代码位置序号为 1)。

步骤二：从代码位置序号 2 开始，所有偶数位的数字代码求和。

步骤三：将步骤二的和乘以 3。

步骤四：从代码位置序号 3 开始，所有奇数位的数字代码求和。

步骤五：将步骤三与步骤四的结果相加。

步骤六：用大于或等于步骤五所得结果且为 10 的最小整数倍的数减去步骤五所得结果，其差即为所求校验码。

5. 实验步骤

(1) 编码设计。本处将 6901010101098 转换为 SGTIN 码的过程参照上文内容。

(2) 编码转换。可以用软件直接转换，界面如图 5 - 20 所示。

5.7.4 超高频 RFID 读写实验

1. 实验目的

(1) 掌握超高频（UHF）RFID 读写器的使用方法。

(2) 掌握读写器的连接和断开过程。

(3) 掌握超高频 RFID 标签识别以及功率设置过程。

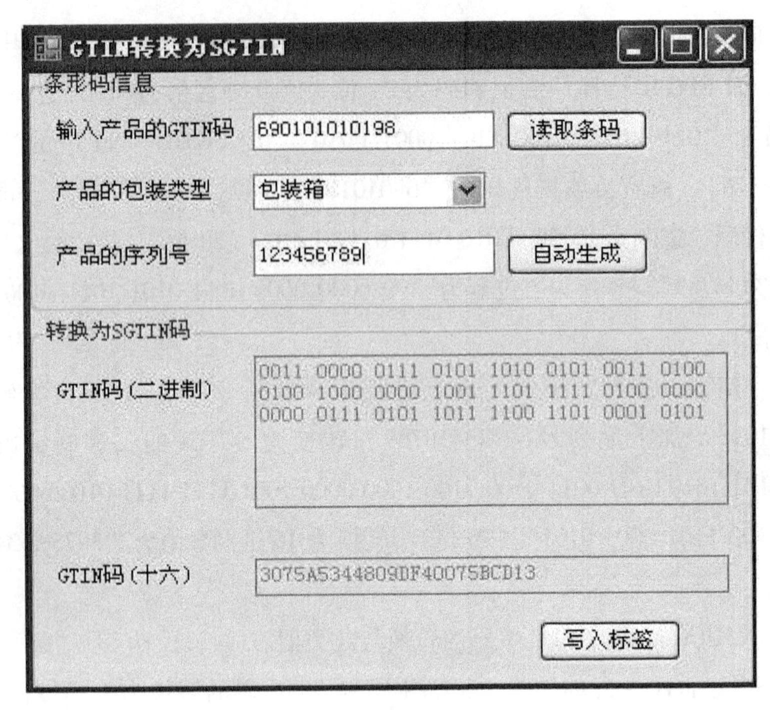

图 5-20　编码转换示意

2. 实验内容

（1）使用物流信息技术与信息管理实验平台软件中的超高频 RFID 模块控制实验箱 RFID 模块。

（2）连接和断开读写器。

（3）识别超高频 RFID 标签，设置超高频 RFID 输出功率。

3. 实验仪器

（1）PC 机（串口功能正常）。

（2）超高频读写器模块。

（3）相关软件。

4. 实验原理

（1）超高频 RFID 频率编码，如表 5-8 所示。

表 5-8　　全球 RFID 频率规划情况

国家或地区	RFID 使用频段/MHz
美国及加拿大	902～928
欧洲	865～868
澳大利亚	918～926
日本	952～954
韩国	908.5～914

续 表

国家或地区	RFID 使用频段/MHz
新加坡	866 ~ 869
	923 ~ 925
中国香港	865 ~ 868
	920 ~ 925

（2）读写器模块。用于电子标签读写操作的高频桌面读写器。RM900 + 的主要性能参数如下：

①工作频率：840 ~ 960MHz（按需要频段定制）。

②支持协议：EPC C1 GEN2/ISO 18000 - 6C。低电压工作为 +3. 3V；模块化两种封装；表贴（28mm × 25mm × 2. 5mm ± 0. 1mm）和直插（4mm × 19mm × 4mm）；最大输出功率为 27dBm。

③接口为 UART、WIEGAND（暂不开放）。

5. 实验步骤

（1）开启软件物流信息技术与信息管理实验平台中的超高频 RFID 实验，查看上位机串口号。首先右键单击“我的电脑”并选择设备管理器，找到端口选项，如图5 - 21 中端口为 COM3。查看本机端口号，并在软件中选择相应端口。

图 5 - 21　端口号示意

（2）单击“连接”按钮连接设备，成功后听见超高频 RFID 模块有“滴”声，按钮变成“断开连接”，再次点击则断开连接。点击“识别标签”按钮，将超高频标签靠近天线，听见“滴”声后读出结果，如图 5 - 22 所示。

图 5－22　识别结果示意

(3) 单击“输出功率”旁边的下拉列表，设置功率，完成后点击“设置功率”按钮，如图 5－23 所示。

图 5－23　设置功率示意

设置功率为 10，点击“识别标签”选项，并将标签由远到近靠近天线，感受识别距离。单击“停止”按钮，并设置功率为 20，将标签由远到近靠近天线，感受识别距离。

5.7.5　上位机与超高频 RFID 读写器通信协议分析实验

1. 实验目的

(1) 了解使用通信协议控制读写器。

（2）理解程序编写原理。

2. 实验内容

（1）使用软件串口通信工具控制超高频 RFID 模块进行连接操作。

（2）使用软件串口通信工具控制超高频 RFID 模块进行识别操作。

（3）使用软件串口通信工具控制超高频 RFID 模块进行读取操作。

（4）使用软件串口通信工具控制超高频 RFID 模块进行销毁操作。

3. 实验仪器

（1）PC 机（串口功能正常）。

（2）物流信息技术与信息管理实验硬件与软件平台。

4. 实验原理

每个功能对应一个控制命令，使用软件即可实现底层控制 RFID 读写模块，功能如表 5 -9 所示。

表 5 -9　通信协议控制命令与功能对照

功能	控制命令
询问状态	AA 02 00 55
读取功率设置	AA 02 01 55
设置功率	AA 04 02 01 1A 55
读取频率设置	AA 02 05 55
设置频率	AA 09 06 00 01 73 05 0F 02 00 55
读取 RMU 信息	AA 02 07 55
识别标签（单标签识别）	AA 02 10 55
识别标签（防碰撞识别）	AA 03 11 03 55
停止操作	AA 02 12 55
读取标签数据	AA 0C 13 00 00 00 00 01 01 01 08 00 00 01 55
写入标签数据	AA 0F 14 00 00 00 00 01 01 01 10 00 08 00 00 01 55
擦除标签数据	AA 0D 15 00 00 00 00 11 01 01 08 00 00 01 55
锁定标签	AA 0D 16 00 00 00 00 00 10 04 08 00 00 01 55
销毁标签	AA 0A 17 00 00 00 00 08 00 00 01 55
识别标签（单步识别）	AA 02 18 55
韦根识别	AA 02 19 55
读取标签数据（不指定 UII）	AA 09 20 00 00 00 00 01 01 01 55
写入标签数据（不指定 UII）	AA 0B 21 00 00 00 00 01 01 01 10 00 55

5. 实验步骤

（1）打开软件物流信息技术与信息管理实验硬件平台中RFID标签模块通信分析实验，根据以前实验中的方法选择COM3，并设置波特率为57600。单击“打开串口”按钮，选择十六进制发送和显示。

输入命令“aa 02 00 55”（该命令为询问读写器状态），输入与反馈结果如图5－24所示。

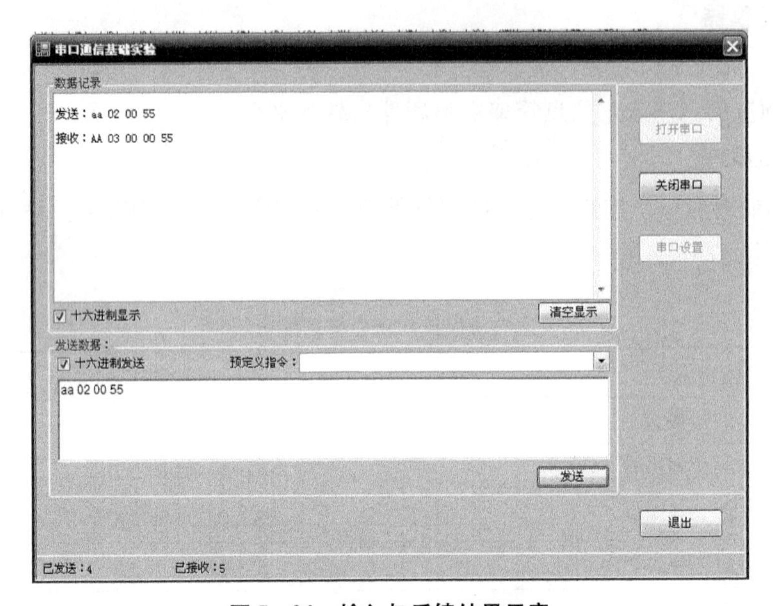

图5－24　输入与反馈结果示意

成功返回“AA 03 00 00 55”（表明读写器状态正常），表明连接成功。

（2）使用多标签识别命令，控制RFID模块对多标签进行防碰撞识别。发送“aa 03 11 03 55”（识别多标签命令，命令是11，最多同时识别为03），然后将标签放置在天线附近，读出结果如图5－25所示。

图5－25中反复读取了两个标签分别为10次和2次，如圆圈中的数据所示，标签响应格式如表5－10所示。

表5－10　相应数据包格式

数据段	SOF	LEN	CMD	STATUS	UII	CRC	EOF
长度	1	1	1	1		2	1

例如，“AA 11 11 00 30 00……8D 55”，其含义为“数据包开头为AA、长度11、命令11、状态00、UII为3000……8D、结尾为55”。

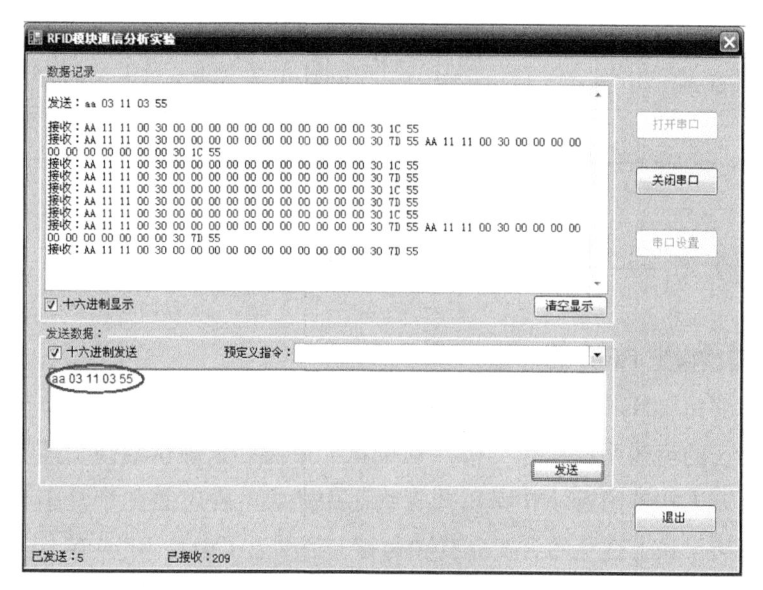

图 5－25　结果识别示意

（3）设置 RMU 的输出功率。用户使用 RMU 对标签进行操作前需要用该命令设置 RMU 的输出功率，如图 5－26 所示。

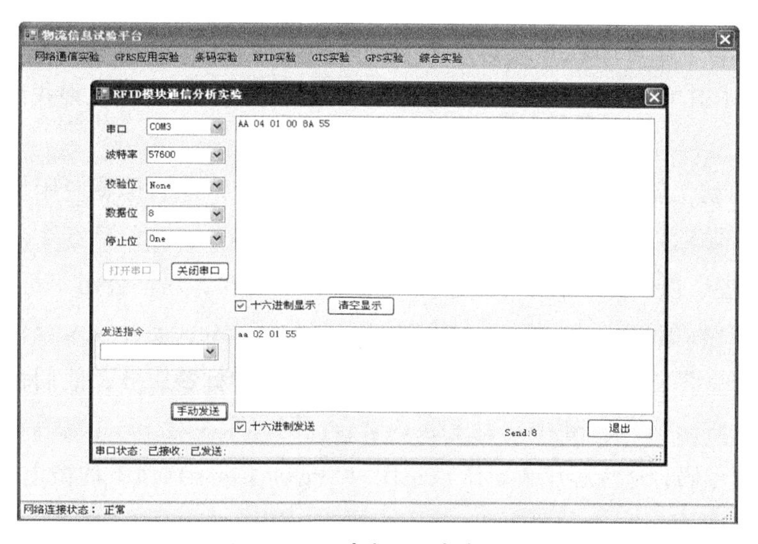

图 5－26　功率设置命令示意

使用命令“aa 02 01 55”，返回“AA 04 01 00 8A 55”。其含义为“数据包开头为 AA、长度 04、命令 01、状态 00、功率值 8A、结尾 55”。

（4）销毁标签。销毁标签数据格式如表 5－11 所示。

首先读取要销毁标签，按照标签识别步骤进行。例如读取 UII“30 00……8D”，编辑命令“AA XX 17 00 00 00 00 30 00……8D 55”。然后，将标签放置在天线附近，点击“发送”按钮，销毁标签。

表5－11 销毁标签数据格式

数据段	SOF	LEN	CMD	KILLPWD	UII	CRC	EOF
长度	1	1	1	4		2	1

5.8 案例分析——RFID在欧洲零售业中的应用

1. 玛莎拓展微型RFID芯片

玛莎百货公司（Marks & Spencer Group PLC）自1884年创业以来，走过了一段漫长的道路。当初的玛莎百货只是英格兰利兹露天市场一家廉价的杂货摊，但如今，每星期都有数百万人在英国近400家玛莎百货店中购物。在过去几个月中，玛莎百货公司在其9家商店供顾客试穿的男式套装和衬衫上都贴上了微型RFID芯片。在不久的将来，这家零售商还将在53家商店内给女式内衣和服装贴上RFID芯片。

玛莎百货公司负责RFID技术的詹姆斯·斯坦福表示："公司2004年的总收入为159亿美元。如果不能对不同等级的产品进行跟踪，公司就无法做到准确地掌握尺码多样的商品信息。比如，女士的文胸就有68种不同的尺寸，一旦顾客在货架上找不到自己的尺码，或员工想帮助顾客找到合适的产品却无能为力，大家都会感到非常沮丧。采用RFID技术对单件商品贴标签并加以识别，就能迅速、明显地改善我们商店的客户服务质量。"

2005年年初，玛莎百货公司公布了一项计划，将把产品级标签应用扩展到尺码更为复杂繁多的服装上面，比如文胸。一年后，公司还将在53家门店6个部门的衣服上贴上RFID标签，以便更好地追踪这些服装的信息。这次，玛莎公司不再像从前那样，分别使用RFID标签和条码标签，而是与柏盛公司（Paxar）展开技术合作，生产一种新型标签。派克萨公司专门为服装行业提供销售系统和标签服务，他们将共同开发一种5英寸的纸质标签，把RFID芯片和条码整合在同一标签内。每个芯片将存储每件产品独有的系列号码，这些芯片由斯沃琪集团（Swatch Group）旗下的微电子制造商EM Microelectronics－Marin SA公司生产。每天工作结束时，员工只需要用868MHz手持读卡器对剩余商品进行RFID芯片扫描，就能完成库存管理。

玛莎百货公司表示，顾客也许会担心RFID标签是否会包含个人信息。为了消除这种顾虑，员工在收银时会只扫描条码，而非RFID信息。斯坦福表示，标签和商店的手册都写明，RFID芯片是用于库存管理的智能标签。公司将继续让顾客在购买商品时自主选择是否要去掉商店所加的标签。

2. Tesco为小件商品添加RFID

Tesco最近正与至少10家供应商合作，在小件商品（如化妆品和DVD）上添加

RFID 标签，这些商品的价格都在 20~30 美元。Tesco 的 IT 总监科林·科本在年初的一次会议上表示，对 DVD 追踪的试验将长达一年，并将从一家商店扩展到 10 家。虽然他没有透露更多细节，但我们也看到了 Tesco 为小件商品添加 RFID 标签的决心。Tesco 与发行商英国娱乐有限公司（Entertainment U. K. Ltd.）合作进行在 DVD 上添加 RFID 标签的项目，并将读取器嵌入货架，以此对产品进行追踪，这项技术是由美德维实伟克公司（MeadWestvaco）智能系统部门提供的。RFID 标签使 Tesco 能够准确地掌握存货水平，而且还能迅速查找出放错货架的 DVD。初期报告表明，RFID 的试验已初步取得成效。IDTechEx 公司的海若普估计，Tesco 在试验 RFID 期间，DVD 的销量可能增加 4%。

以前在商品分拣、包装以及从发行中心运往商店的过程中，Tesco 都没有做具体的统计，即便对贴有 RFID 标签的 DVD 也是如此，公司对存货的统计是基于假设的。不过，自 Tesco 将 RFID 技术应用扩展到一个发行中心后，这种情况发生了明显的改变。

商品经过分拣后被放入指定的塑料包中，塑料包贴上 RFID 标签后运往各发行中心。在运输系统的特定地点，安装好的读卡器将扫描标签并识别塑料包的数据和电子产品代码，来证实商品正在运往发行中心的途中。之后，这些信息将被传回中央仓库管理系统。当塑料包离开发行中心时，再次进行扫描以更新存货状态。当货物运抵时，接收商店的读卡器也将重新更新系统。

3. 麦德龙让 RFID 全程“跟踪”

麦德龙集团 CIO 齐格蒙特·米尔道夫认为：“从长远来看，RFID 技术不会局限于物流和存货管理方面的应用。麦德龙是一家年收入 743 亿美元的零售企业，在 30 个国家拥有 2500 多家门店。集团还要将这项技术深入到顾客当中，甚至延伸到售后服务，直到质量保证阶段。它能追踪投资回报、商品是否遵守有关规定，并有助于做好产品召回和安全等工作。”欧洲人对高科技热情很高的文化氛围，使得麦德龙及其他零售商在推进 RFID 部署时相对容易一些。

麦德龙也在明斯特和韦塞尔的两家考夫霍夫商店以及诺伊斯的配送中心试用产品级 RFID 技术。产品级的存货补给系统，把麦德龙集团的 POS 机平台与订单处理软件连接在一起进行工作。当贴有 RFID 标签的服装在出口处扫描时，信号传到订单处理系统，然后提醒员工对货架重新整理。订单处理软件还能报告仓库是否还有足够的存货，或者商店是否该从配送中心再次进货。如果配送中心的存货量太少，该系统就会自动向供应商传送补货的信号。

这项试验为期 5 个月，麦德龙在存货层面对自动补给流程进行了测试。这项试验目前还没有在麦德龙大规模铺开，因为公司在部署和实施 RFID 技术上，态度比较谨慎。为此，公司还将进行扩展性的研究，以实现利益最大化。

4. RFID 在欧洲零售业的前景

和美国的沃尔玛一样，这些欧洲企业都让供应商在包装箱和集装箱贴上了被动型RFID标签。这样，从货物离开制造工厂到商店的接货码头，零售商能随时掌握货物的位置。从自己和供应商装备的RFID设备数量上来看，沃尔玛与欧洲零售商相比处于领先地位，但在贴标签的产品数量以及对从超市、服装商店和其他零售系统收集来的RFID数据进行利用等方面，欧洲的零售商就显得比较超前了。

费雷斯特市场调研公司（Forrester）的消费市场首席分析师克里斯廷·欧佛比表示："在RFID问题上，沃尔玛相对大多数欧洲企业而言，更追求低成本，在应用方式上，欧洲企业比美国企业更为积极主动。"例如，沃尔玛就没有类似的机构能与麦德龙的创新中心相媲美。在这个中心，麦德龙集团对诸如RFID服装分类设备等一些先进技术的应用进行了测试。

6　空间信息技术及应用

6.1　案例引入——GPS、GIS 在运输监控中的应用

2011 年 2 月，京东商城上线了一套包裹跟踪 GIS 系统，用户可以在京东页面上看到自己订单的适时移动轨迹。这个 GIS 系统来自于京东商城 CEO（首席执行官）刘强东的创意。他在一次阅读客服简报时发现，有 32% 的用户咨询电话是货物配送以后打来的。用户打电话来，大多数询问订单配送了没有，目前到哪了，什么时候能到等。刘强东认为，实际上，客服人员根本无法知道每一张订单到达的具体位置，也不可能准确地告诉用户到达时间。因此，用户这样的咨询电话往往是无效的，与其让用户打电话来问，还不如让用户适时地看，这样就减少了用户的麻烦，提升了用户体验。

以下为京东商城宣布包裹跟踪（GIS）系统上线公告原文。

各位尊敬的京东网友们，为了给大家提供一个更好的购物体验，自今日起，京东配送员已经全部配备了 PDA 设备。京东商城包裹可视化跟踪系统（GIS）正式上线，以后大家可以在地图上实时看到自己包裹在道路上移动等投递情况，该功能在订单详情里面，和订单跟踪、付款信息并行，点击“订单轨迹”即可实现，如图 6 - 1 所示。

本系统功能还在继续优化中，未来可以准确（误差 10min 内）在地图上标明您的包裹到货时间等信息，另外，配送员即时服务系统也同步上线，可以实现：

（1）现场价格保护返还，以后无须和呼叫中心确认，京东配送员可以现场实现价格保护服务。

（2）在送货过程中，客户无须任何页面操作即可实现退换货服务。

（3）现场实现订单完成状态，客户可以更快进行产品评价、晒单等。

友情提醒：本系统刚刚上线，受天气、信号等影响，包裹的确切位置可能会有所偏差。请大家谅解！祝大家购物愉快！

京东商城在电子商务企业中第一个使用了 GIS 系统，这使用户感到很新奇。京东商城副总裁张某介绍，这个 GIS 系统是物联网的典型应用，是一种可视化物流的实现。传统的线下店，用户可以看到、摸到商品，眼见为实的体验是电子商务无法代替的。

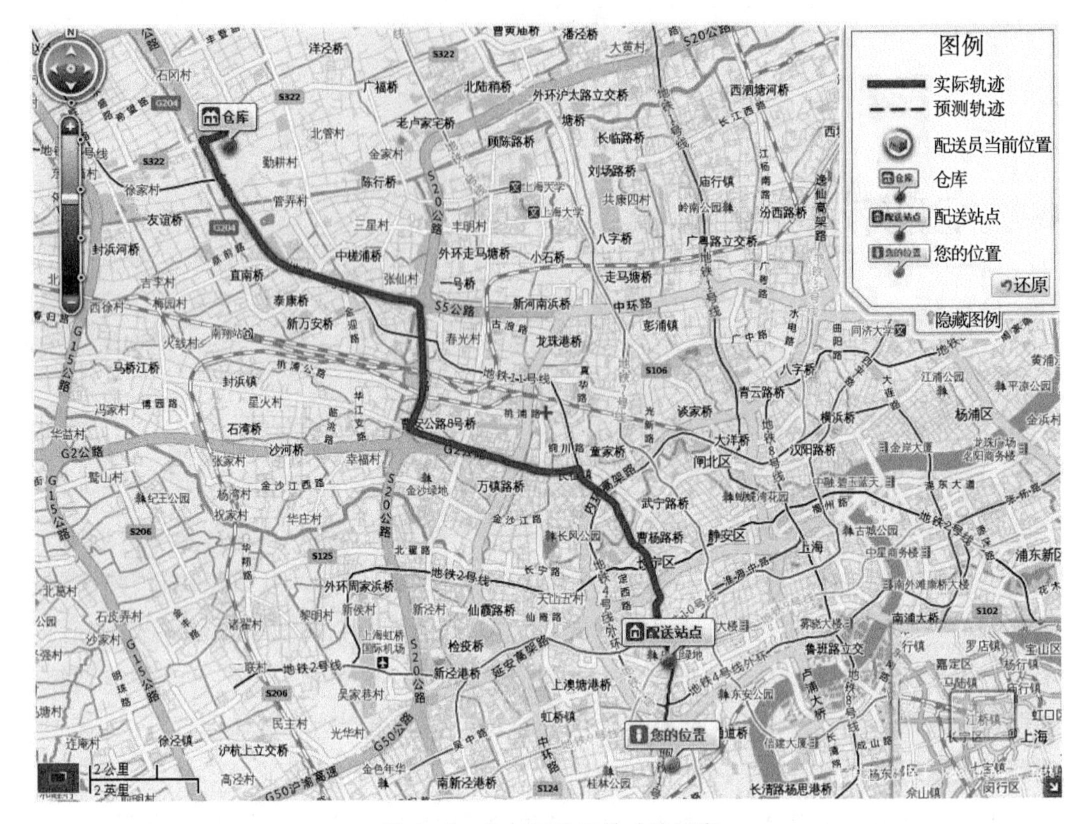

图 6-1　京东 GIS 系统功能示意

而这种可视化物流可以消除用户线上线下的心理差距，用户可以适时感知到自己的订单，是一种提升了的用户体验。

6.2　GIS 与 GPS 技术概述

空间信息技术主要由遥感（RS）、地理信息系统（GIS）和全球定位系统（GPS）三大技术构成。其中，RS 技术在物流领域应用较少，本章不做详细介绍，重点介绍 GIS 技术和 GPS 技术。

6.2.1　GIS 技术概述

地理信息系统（Geographic Information System，GIS）有时又称为“地学信息系统”或“资源与环境信息系统”。它是一种特定的十分重要的空间信息系统。它是在计算机硬、软件系统支持下，对整个或部分地球表层（包括大气层）空间中的有关地理分布数据进行采集、储存、管理、运算、分析、显示和描述的技术系统。

GIS 是一门综合性学科，结合地理学与地图学以及遥感和计算机科学，已经广泛地应用在不同的领域，是用于输入、存储、查询、分析和显示地理数据的计算机系统，随着GIS的发展，也有称GIS为“地理信息科学”（Geographic Information Science），近年来，也有称GIS为“地理信息服务”（Geographic Information Service）。GIS是一种基于计算机的工具，它可以对空间信息进行分析和处理（简而言之，是对地球上存在的现象和发生的事件进行成图和分析）。GIS技术把地图这种独特的视觉化效果和地理分析功能与一般的数据库操作（例如查询和统计分析等）集成在一起。GIS与其他信息系统最大的区别是对空间信息的存储管理分析，从而使其在广泛的公众和个人企事业单位中解释事件、预测结果、规划战略等方面具有实用价值。

GIS具有以下特征：

（1）公共的地理定位基础。所有的地理要素，要按地理坐标或者特定的坐标系统进行严格的空间定位，才能使具有时序性、多维性、区域性特征的空间要素进行复合和分解，将隐含其中的信息进行显示表达，形成空间和时间上连续分布的综合信息基础，支持空间问题的处理与决策。

（2）具有采集、管理、分析和输出多种地理空间信息的能力。

（3）系统以分析模型驱动，具有极强的空间综合分析和动态预测能力，并能产生高层次的地理信息。

（4）以提供地理信息服务为目的，是一个人机交互式的空间决策支持系统。GIS的外观表现为计算机软硬件系统，其内涵是由计算机程序和地理数据组成的地理空间信息模型，一个逻辑缩小的、高度信息化的地理系统，从视觉、计量和逻辑上对地理系统进行模拟，信息的流动及信息流动的结果，完全由计算机程序的运行和数据的变换来仿真，也可以快速地模拟自然过程的演变和思维过程，取得地理预测和实验的结果，选择优化方案，避免错误的决策。

6.2.2 GPS技术概述

广义的GPS，包括美国GPS、欧洲伽利略、俄罗斯GLONASS、中国北斗等全球卫星定位系统（也称GNSS）。狭义的GPS，即指美国的全球定位系统（Global Positioning System，GPS）。简单地说，这是一个由覆盖全球的24颗卫星组成的卫星系统。这个系统可以保证在任意时刻，地球上任意一点都可以同时观测到4颗卫星，以保证卫星可以采集到该观测点的经纬度和高度，以便实现导航、定位、授时等功能。这项技术可以用来引导飞机、船舶、车辆以及个人，安全、准确地沿着选定的路线，准时到达目的地。

美国在GPS设计时提供两种服务。一种为精密定位服务（PPS），利用精码（军码）定位，提供给军方和得到特许的用户使用，定位精度可达10m。另一种为标准定位服务（SPS），利用粗码（民码）定位，提供给民间及商业用户使用。目前 GPS 民码单点定位精度可以达到 25m，测速精度 0.1m/s，授时精度 200ns。

作为军民两用的系统，其应用范围极广。在军事上，GPS 已成为自动化指挥系统、先进武器系统的一项基本保障技术，应用于各兵种。在民用上，其应用领域包括陆地运输、海洋运输、民用航空、通信、测绘、建筑、采矿、农业、电力系统、医疗应用、科研、家电、娱乐等。

GPS 系统的特点：高精度、全天候、高效率、多功能、操作简便、应用广泛等。

1. 定位精度高

GPS 定位精度高，应用实践已经证明，GPS 相对定位精度在 50km 以内可达 10^{-6}，100 ~ 500km 可达 10^{-7}，1000km 可达 10^{-9}。在 300 ~ 1500m 工程精密定位中，1h 以上的平面位置误差小于 1mm，与 ME - 5000 电磁波测距仪测定得边长比较，其边长较差最大误差为 0.5mm，较差中误差为 0.3mm。

2. 定位快速、高效

随着 GPS 系统软件的不断更新，实时定位所需时间越来越短。目前，20km 以内相对静态定位，仅需 15 ~ 20min；快速静态相对定位测量时，当每个流动站与基准站相距在 15km 以内时，流动站观测时间只需 1 ~ 2min，然后可随时定位，每站观测只需几秒钟。目前，GPS 接收机的一次定位和测速工作在 1s 甚至更短的时间内便可完成。

3. 功能多样、应用广泛

GPS 系统不仅具有定位导航的功能，还具有跟踪、监控、测绘等功能。作为军民两用的系统，尤其是在民用领域应用广泛。GPS 系统还可用于测速、测时，测速的精度可达 0.1m/s，测时的精度可达几十毫微秒。

4. 可测算三维坐标

通常所用的大地测量方式是将平面与高程采用不同方法分别施测。GPS 可同时精确测定测站点的三维坐标。目前，GPS 水准可满足四等水准测量的精度。

5. 操作简单

随着 GPS 接收机不断改进，自动化程度越来越高，简化了操作步骤，使用起来更方便；接收机的体积越来越小，重量越来越轻，在很大程度上减轻了使用者劳动强度和工作压力，使工作变得更加轻松。

6. 全天候，不受天气影响

由于 GPS 卫星数目较多且分布合理，所以在地球上任何地点均可连续同时观测到至少 4 颗卫星，从而保障了全球、全天候连续实时导航与定位的需要。目前，GPS 观测可在一天 24h 内的任何时间进行，不受阴天黑夜、起雾刮风、下雨下雪等气候的影响。

6.3 GIS与GPS的构成与功能

6.3.1 GIS的构成

GIS主要由五部分构成，即系统硬件、系统软件、空间数据、应用人员和应用模型。

1. 系统硬件

（1）GIS主机。大、中、小型机，工作站/服务器和微型计算机。主流是各种工作站/服务器。

（2）GIS外部设备。

输入设备：图形数字化仪、图形扫描仪、解析和数字摄影测量设备等。

输出设备：各种绘图仪、图形显示终端和打印机等。

（3）GIS网络设备。包括布线系统、网桥、路由器和交换机等。

2. 系统软件

（1）GIS专业软件。指具有丰富功能的通用GIS软件，它包含了处理地理信息的各种功能，可作为其他应用系统建设的平台。

主要核心模块：①数据输入和编辑；②空间数据管理；③数据处理和分析；④数据输出；⑤用户界面；⑥系统二次开发能力。

（2）数据库软件。数据库软件除了在GIS专业软件中用于支持复杂空间数据的管理软件外，还包括服务于以非空间属性数据为主的数据库系统：Oracle、SQL Server等。

（3）系统管理软件。主要指计算机操作系统：MS－DOS、Unix、Windows98、Windows NT等。

3. 空间数据

地理信息系统的操作对象是空间数据，具体描述空间实体的空间特征、属性特征和时间特征。

空间特征数据：地理实体的空间位置及其相互关系。

属性特征数据：地理实体的名称、类型和数量等。

时间特征：地理实体随时间发生的变化。

4. 应用人员

GIS应用人员包括系统开发人员和GIS技术的最终用户，他们的业务素质和专业知识是GIS工程及其应用成败的关键。

5. 应用模型

GIS应用模型的构建和选择也是系统应用成败至关重要的因素，虽然GIS为解决各种现实问题提供了有效的基本工具，但对于某一专门应用目的的解决，必须通过构建专门的应用模型，例如土地利用适宜性模型、公园选址模型、洪水预测模型、人口扩散模型、水土流失模型等。应用模型是 GIS 与相关专业连接的纽带，它的建立绝非是纯数学技术性问题，而必须以坚实而广泛的专业知识和经验为基础。

6.3.2 GIS 的功能

就 GIS 本身来说，大多数功能较全的 GIS 一般均具备以下基本功能。

1. 数据采集与编辑

GIS 的核心是一个地理数据库，所以建立 GIS 的第一步是将地面的实体图形数据和描述它的属性数据输入到数据中，即数据采集。为了消除数据采集的错误，需要对图形及文本数据进行编辑和修改。

2. 属性数据编辑与分析

属性数据比较规范，适用于表格表示，所以许多 GIS 都采用关系数据库管理系统管理。通常的关系数据库管理系统（RDBMS）都为用户提供了一套功能很强的数据编辑和数据库查询语言，即 SQL，系统设计人员可据此建立友好的用户界面，以方便用户对属性数据的输入、编辑与查询。除文件管理功能外，属性数据库管理模块的主要功能之一是用户定义各类地物的属性数据结构。由于 GIS 中各类地物的属性不同，描述它们的属性项及值域亦不同，所以系统应提供用户自定义数据结构的功能，还应提供修改结构的功能，以及提供拷贝结构、删除结构、合并结构等功能。

3. 制图功能

GIS 的核心是一个地理数据库。建立 GIS 首先是将地面上的实体图形数据和描述它的属性数据输出到数据库中并能编制用户所需要的各种图件。因为大多数用户目前最关心的是制图。从测绘角度来看，GIS 是一个功能极强的数字化制图系统。然而计算机制图需要涉及计算机的外围设备，各种绘图仪的接口软件和绘图指令不尽相同，所以 GIS 中计算机绘图的功能软件并不简单，ARC/INFO 的制图软件包具有上百条命令，它需要设置绘图仪的种类，绘图比例尺，确定绘图原点和绘图大小等。一个功能强大的制图软件包还具有地图综合、分色排版的功能。根据 GIS 的数据结构及绘图仪的类型，用户可获得矢量地图或栅格地图。GIS 不仅可以为用户输出全要素地图，而且可以根据用户需要分层输出各种专题地图，如行政区划图、土壤利用图、道路交通图、等高线图等。还可以通过空间分析得到一些特殊的地学分析用图，如坡度图、坡向图、剖面图等。

4. 空间数据库管理

地理对象通过数据采集与编辑后，形成庞大的地理数据集。对此需要利用数据库管理系统来进行管理。GIS 一般都装配有地理数据库，其功效类似对图书馆的图书进行编目，分类存放，以便于管理人员或读者快速查找所需的图书。

5. 空间分析

通过空间查询与空间分析得出决策结论，是 GIS 的出发点和归宿。在 GIS 中这属于专业性，高层次的功能。与制图和数据库组织不同，空间分析很少能够规范化，这是一个复杂的处理过程，需要懂得如何应用 GIS 目标之间的内在空间联系并结合各自的数学模型和理论来制定规划和决策。由于它的复杂性，目前的 GIS 在这方面的功能总的来说是比较低下的。典型的空间分析有：

（1）拓扑空间查询。空间目标之间的拓扑关系有两类，一种是几何元素的节点、弧段和面块之间的关联关系，用以描述和表达几何要素间的拓扑数据结构；另一种是 GIS 中地物之间的空间拓扑关系，这种关系可以通过关联关系和位置关系隐含表达，用户需通过特殊的方法进行查询。

（2）缓冲区分析。缓冲区分析是根据数据库的点、线、面实体，自动建立其周围一定宽度范围的缓冲区多边形，它是 GIS 重要的和基本的空间分析功能之一。

（3）叠置分析。将同一地区、同一比例尺的两组或更多的多边形要素的数据文件进行叠置，根据两组多边形边界的交点来建立具有多重属性的多边形或进行多边形范围的属性特征的统计分析。

（4）空间集合分析。空间集合分析是按照两个逻辑子集给定的条件进行逻辑交运算、逻辑并运算、逻辑差运算。

GIS 除有以上基本功能外，还提供一些专业性较强的应用分析模块，如网络分析模块，它能够用来进行最佳路径分析，以及追踪某一污染源流经的排水管道等。土地适应性分析可以用来评价和分析各种开发活动，包括农业应用、城市建设、农作物布局、道路选线等用地，优选出最佳方案，为土地规划提供参考意见。发展预测分析可以根据 GIS 中存储的丰富信息，运用科学的分析方法，预测某一事物如人口、资源、环境、粮食产量等，以及今后的可能发展趋势，并给出评价和估计，以调节控制计划或行动。另外，利用 GIS 还可以进行最佳位址的选择，新修公路的最佳路线选择，辅助决策分析和地学模拟分析等。

6.3.3　GPS 的构成

GPS 系统由三大部分构成：空间部分——GPS 卫星星座；地面控制部分——地面监控系统；用户设备部分——GPS 信号接收机。GPS 系统构成如图 6－2 所示。

空间部分由卫星星座构成；地面控制部分由地面卫星控制中心（主控站）进行管理；用户设备部分则由军用和民用研发厂商负责开发、销售、服务。空间部分和控制部分目前均由美国国防部掌握。GPS 典型应用系统如图 6－3 所示。

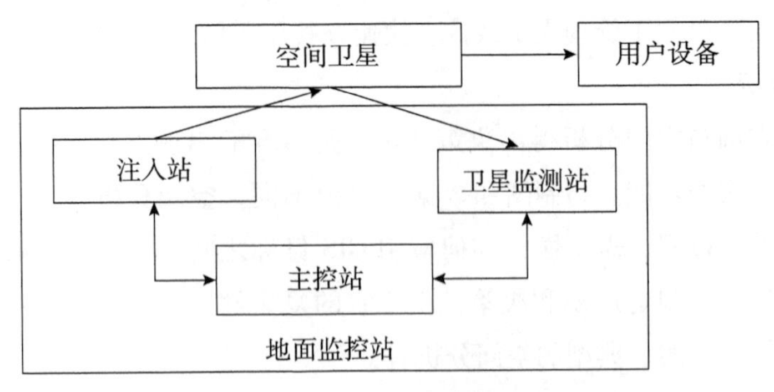

图 6-2　GPS 系统构成

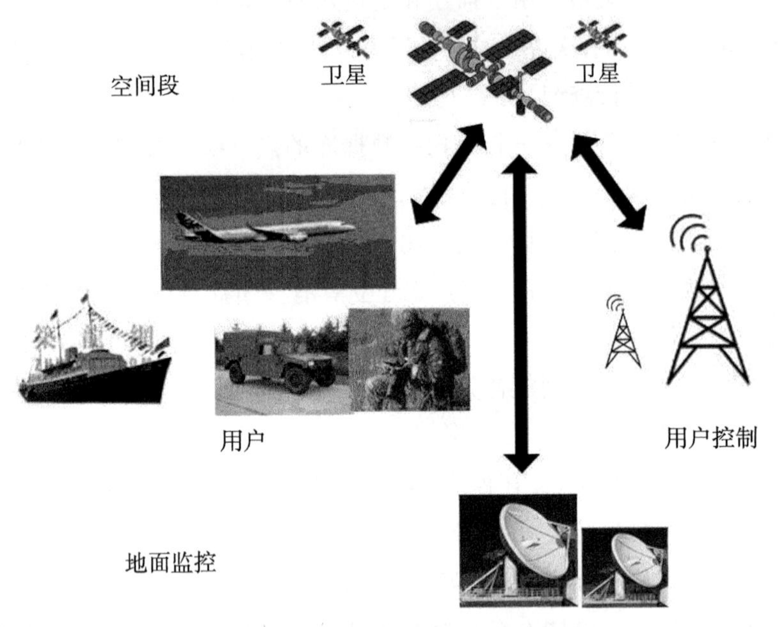

图 6-3　GPS 典型应用系统构成

1. GPS 卫星星座

GPS 卫星空间布局如图 6-4 所示。GPS 空间部分目前共有 30 颗、4 种型号的导航卫星，其中 6 颗为技术试验卫星。24 颗导航卫星位于距地表 20200km 的上空，分布在 6 个轨道平面内，每个近似圆形的轨道平面内各有 4 颗卫星均匀分布，可以保证在全球任何地点、任何瞬间至少有 4 颗卫星同时出现在用户视野中。即每台 GPS 接收机无论在任何时刻，在地球上任何位置都可以同时接收到最少 4 颗 GPS 卫星发送的空间轨道信息。接收机通过对接收到的每颗卫星的定位信息的解算，便可确定该接收机的位置，从而提供高精度的三维（经度、纬度、高度）定位导航及信息，具有在时间上连续的全球导航能力。

图 6-4 GPS 卫星空间布局

如图 6-5 所示，GPS 卫星是由洛克菲尔国际公司空间部研制的，重 774kg，使用寿命为 7 年。卫星采用蜂窝结构，主体呈柱形，直径为 1.5m。卫星两侧装有两块双叶对日定向太阳能电池帆板，全长 5.33m，接受日光面积为 7.2m²。对日定向系统控制两翼电池帆板旋转，使板面始终对准太阳，为卫星不断提供电力，并给三组 15Ah 镉镍电池充电，以保证卫星在地球阴影部分仍能正常工作。在星体底部装有 12 个单元的多波束定向天线，能发射张角大约为 30 度的两个 L 波段（19cm 和 24cm 波）的信号。在星体的两端面上装有全向遥测遥控天线，用于与地面监控网的通信。此外，卫星还装有姿态控制系统和轨道控制系统，以便使卫星保持在适当的高度和角度，准确对准卫星的可见地面。

图 6-5 GPS 卫星

GPS 卫星产生两组电码，一组称为 C/A 码（Coarse/Acquisition Code11023MHz），另一组称为 P 码（Precise Code 10123MHz），P 码因频率较高，不易受干扰，定位精度高，因此受美国军方管制，并设有密码，一般民间无法解读，主要为美国军方服务，每 7 天重复一次（位率 10.3MHz），卫星发射功率约 35W，因此到达地面的信号强度可达 -105 ~ -125dbm。C/A 码人为采取措施而刻意降低精度后，主要开放给民间使用，C/A 代码每 1ms 重复一次（位率 1.023MHz，L2 上不用）。

2. 地面监控系统

地面监控系统是整个系统的中枢，由美国国防部 JPO 管理。GPS 卫星是一动态已知点，每个卫星的位置是依据卫星发射的星历——描述卫星运动及其轨道的参数算得的，如图 6-6 所示。每颗 GPS 卫星所播发的星历，是由地面监控系统提供的。卫星上的各种设备是否正常工作，以及卫星是否一直沿着预定轨道运行，都要由地面设备进行监测和控制。

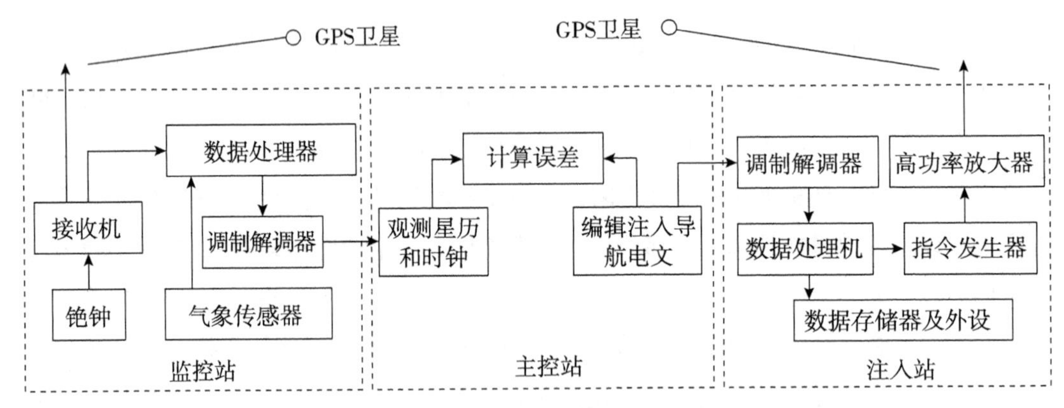

图 6-6　GPS 地面监控系统作业原理

地面监控系统的另一重要作用是保持各颗卫星处于同一时间标准——GPS 时间系统。这就需要地面站监测各颗卫星的时间，求出钟差。然后由地面注入站发给卫星，卫星再由导航电文发给用户设备。

GPS 工作卫星的地面监控系统包括 1 个主控站、5 个卫星监测站和 3 个信息注入站。主控站 1 个，设在美国本土科罗拉多斯普林斯（Colorado Springs）的联合空间执行中心。主控站拥有大型电子计算机，收集各监测站测得的伪距、卫星时钟和工作状态等综合数据，计算各卫星的星历、时钟改正、卫星状态、大气传播改正等，然后将这些数据按一定的格式编写成导航电文，并传送到注入站。卫星监测站是在主控站直接控制下的数据自动采集中心，分别位于夏威夷、亚森欣岛、迪亚哥加西亚、瓜加林岛、科罗拉多泉。这些卫星监测站监控 GPS 卫星的运作状态及它们在太空中的精确位置，并负责传送卫星瞬时常数（Ephemera's Constant）、时脉偏差（Clock Offsets）的修正量，再由卫星将这些修正量提供给 GPS 接收器便于定位。信息注入站现有 3 个，分别设在印度洋、南大西洋和南太平洋。注入站的主要设备包括 1 台直径为 3.6m 的天线，1 台 C 波段发射机和 1 台计算机。主要任务是在主控站的控制下将主控站推算和编制的卫星星历、钟差、导航电文和其他控制指令等注入相应卫星的存储系统，并检测正确性。

整个 GPS 的地面监控部分，除主控站外均无人值守。各站间用现代化的通信网络联系起来，在原子钟和计算机的精确控制下，各项工作实现了高度的自动化和标准化。

3. GPS 用户设备

GPS 用户设备由接收机硬件和机内软件以及 GPS 数据的后处理软件包组成。GPS 接收机硬件一般包括 GPS 接收机、天线和电源，接收机的主要功能是捕获到按一定卫星截止角所选择的待测卫星，并跟踪这些卫星的运行。当接收机捕获到跟踪的卫星信号后，即可测量出接收天线至卫星的伪距离和距离的变化率，解调出卫星轨道参数等数据。根据这些数据，接收机中的微处理计算机就可按定位解算方法进行定位计算，实时地计算出运动（或静态）载体的位置、速度、高度、运动方向、时间等三维参数。GPS 数据处理软件是指各种后处理软件包，其主要作用是对观测数据进行精加工，以便获得精密定位结果。

GPS 接收机的结构分为天线单元和接收单元两大部分。对于测地型接收机来说，两个单元一般分成两个独立的部件，观测时将天线单元安置在测站上，接收单元安置于测站附近的适当地方，用电缆线将两者连接成一个整机。也有的将天线单元和接收单元制作成一个整体，观测时将其安置在测站点上。GPS 接收机一般用蓄电池做电源，同时采用机内机外两种直流电源。设置机内电池的目的在于更换外电池时不中断连续观测。在用机外电池的过程中，机内电池自动充电。关机后，机内电池为 RAM 存储器供电，以防止丢失数据。近几年，国内引进了许多种类型的 GPS 测地型接收机。各种类型的 GPS 测地型接收机用于精密相对定位时，其双频接收机精度可达 5mm + 1PPM. D，单频接收机在一定距离内精度可达 10mm + 2PPM. D。用于差分定位其精度可达亚米级至厘米级。

GPS 卫星接收机应用广泛，目前商用的 GPS 接收机主要有精度较高的差分式 GPS 和精度较低的手持式 GPS 两种，而且现在手机也开始带有 GPS 功能。GPS 卫星接收机根据用途分为车载式（如图 6 - 7 所示）、船载式、机载式、星载式、弹载式；根据型号分为手持型（如图 6 - 8 所示）、集成型（如图 6 - 9 所示）、测地型（如图 6 - 10 所示）、全站型、定时型；按使用环境可分为中低动态接收机和高动态接收机；按所收信号可分为单频 C/A 码接收机、双频 P 码和 Y 码接收机。

6.3.4 GPS 的功能

具体说来，GPS 的功能主要有以下几个方面。

图6－7　车载式卫星接收机

图6－8　手持型卫星接收机

图6－9　集成型卫星接收机（相机与 GPS）

1. 自动导航

GPS 的主要功能就是自主导航，可用于武器导航、车辆导航、船舶导航、飞机导

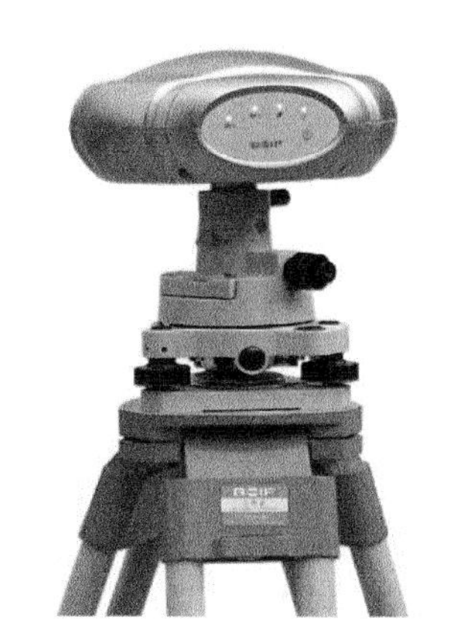

图 6－10 测地型卫星接收机

航、星际导航、个人导航。GPS 利用接收终端向用户提供位置、时间信息，也可结合电子地图进行移动平台航迹显示、行驶线路规划和行驶时间估算，对军事而言，可提高部队的机动作战和快速反应能力，在民用上也可以提高民用运输工具的运载效率，节约社会成本。

2. 指挥监控

GPS 的导航定位和数字短报文通信基本功能可以有机结合，利用系统特殊的定位体制，将移动目标的位置信息和其他相关信息传送至指挥所，完成移动目标的动态可视化显示和指挥指令的发送，实现移动目标的指挥监控。

3. 跟踪车辆、船舶

为了随时掌握车辆和船舶的动态，需根据地面计算机终端实时显示车辆、船舶的实际位置，了解货运情况，实施有效的监控和快速运转。

4. 信息传递和查询

利用 GPS，管理中心可对车辆、船舶提供相关的气象、交通、指挥等信息，还可将行进中车辆、船舶的动态信息传递给管理中心，实现信息的双向交流。

5. 及时报警

通过使用 GPS，及时掌握运输装备的异常情况，接收求救信息和报警信息，并迅速传递到地面管理中心，从而实行紧急救援。

6. 其他

GPS 还广泛应用在天文台、通信系统基站、电视台的精确定时，道路、桥梁、隧道的施工中大量采用 GPS 设备进行工程测量，野外勘探及城区规划中的勘探测绘等。

6.4 GIS 与 GPS 的应用

6.4.1 GIS 的应用领域

GIS 在最近的 30 多年内取得了惊人的发展，广泛应用于资源调查、环境评估、灾害预测、国土管理、城市规划、邮电通信、交通运输、军事公安、水利电力、公共设施管理、农林牧业、统计、商业金融等几乎所有领域。

1. 资源管理（Resource Management）

GIS 应用于农业和林业领域，解决农业和林业领域各种资源（如土地、森林、草场）分布、分级、统计、制图等问题。

2. 资源配置（Resource Configuration）

在城市中各种公用设施、救灾减灾中物资的分配、全国范围内能源保障、粮食供应等在各地的配置等都是资源配置问题。GIS 在这类应用中的目标是保证资源的最合理配置和发挥最大效益。

3. 城市规划和管理（Urban Planning and Management）

空间规划是 GIS 的一个重要应用领域，城市规划和管理是其中的主要内容。例如，在大规模城市基础设施建设中如何保证绿地的比例和合理分布，如何保证学校、公共设施、运动场所、服务设施等能够有最大的服务面等。

4. 土地信息系统和地籍管理（Land Information System and Cadastral Application）

土地和地籍管理涉及土地使用性质变化、地块轮廓变化、地籍权属关系变化等许多内容，借助 GIS 技术可以高效、高质量地完成这些工作。

5. 生态、环境管理与模拟（Environmental Management and Modeling）

区域生态规划、环境现状评价、环境影响评价、污染物削减分配的决策支持、环境与区域可持续发展的决策支持、环保设施的管理、环境规划等。

6. 应急响应（Emergency Response）

解决在发生洪水、战争、核事故等重大自然或人为灾害时，如何安排最佳的人员撤离路线，并配备相应的运输和保障设施的问题。

7. 地学研究与应用（Application in GeoScience）

地形分析、流域分析、土地利用研究、经济地理研究、空间决策支持、空间统计分析、制图等都可以借助 GIS 工具完成。

8. 商业与市场（Business and Marketing）

商业设施的建立应充分考虑其市场潜力。例如，大型商场的建立如果不考虑其他商场的分布、待建区周围居民区的分布和人数，建成之后就可能无法达到预期的市场和服务面。有时甚至商场销售的品种和市场定位都必须与待建区的人口结构（年龄构成、性别构成、文化水平）、消费水平等结合起来考虑。GIS 的空间分析和数据库功能可以解决这些问题。房地产开发和销售过程中也可以利用 GIS 功能进行决策和分析。

9. 基础设施管理（Facilities Management）

城市的地上地下基础设施（电信、自来水、道路交通、天然气管线、排污设施、电力设施等）广泛分布于城市的各个角落，而且这些设施明显具有地理参照特征。它们的管理、统计、汇总都可以借助 GIS 完成，而且可以大大提高工作效率。

10. 选址分析（Site Selecting Analysis）

根据区域地理环境的特点，综合考虑资源配置、市场潜力、交通条件、地形特征、环境影响等因素，在区域范围内选择最佳位置，是 GIS 的一个典型应用领域，充分体现了 GIS 的空间分析功能。

11. 网络分析（Network System Analysis）

建立交通网络、地下管线网络等的计算机模型，研究交通流量，进行交通规则、处理地下管线突发事件（爆管、断路）等应急处理。警务和医疗救护的路径优选、车辆导航等也是 GIS 网络分析应用的实例。

12. 可视化应用（Visualization Application）

以数字地形模型为基础，建立城市、区域或大型建筑工程、著名风景名胜区的三维可视化模型，实现多角度浏览，可广泛应用于宣传、城市和区域规划、大型工程管理和仿真、旅游等领域。

13. 分布式地理信息应用（Distributed Geographic Information Application）

随着网络和 Internet 技术的发展，运行于 Intranet 或 Internet 环境下的 GIS 应用类型，其目标是实现地理信息的分布式存储和信息共享，以及远程空间导航等。

6.4.2 GIS 在物流中的应用

1. 实时监控

经过 GSM 网络的数字通道，将信号输送到车辆监控中心，监控中心通过差分技术换算位置信息，然后通过 GIS 将位置信号用地图语言显示出来，货主、物流企业可以随时了解车辆的运行状况、任务执行和安排情况，使得不同地方的流动运输设备变得透明而且可控。另外，还可以通过远程操作，断电锁车、超速报警，对车辆行驶进行实时限速监管、偏移路线预警、疲劳驾驶预警、危险路段提示、紧急情况报警、求助信息发送等，保障驾驶员、货物、车辆及客户财产安全。

2. 指挥调度

客户经常会因突发性的变故而在车队出发后要求改变原定计划：有时公司在集中回程期间临时得到了新的货源信息；有时几个不同的物流项目要交叉调车。在上述情况下，监控中心借助于GIS就可以根据车辆信息、位置、道路交通状况向车辆发出实时调度指令，用系统的观念运作企业业务，达到充分调度货物及车辆的目的，降低空载率，提高车辆运作效率。如为某条供应链服务，则能够发挥第三方物流的作用，把整个供应链上的业务操作变得透明，为企业供应链管理打下基础。

3. 规划车辆路径

目前，主流的GIS应用开发平台大多集成了路径分析模块，运输企业可以根据送货车辆的装载量、客户分布、配送订单、送货线路交通状况等因素设定计算条件，利用该模块的功能，结合真实环境中所采集到的空间数据，分析客、货流量的变化情况，对公司的运输线路进行优化处理，可以便利地实现以费用最小或路径最短等目标为出发点的运输路径规划。

4. 定位跟踪

结合GPS技术实现实时快速的定位，这对于现代物流的高效率管理来说是非常关键的。在主控中心的电子地图上选定跟踪车辆，将其运行位置在地图画面上保存，精确定位车辆的具体位置、行驶方向、瞬间时速，形成直观的运行轨迹。并任意放大、缩小、还原、换图，可以随目标移动，使目标始终保持在屏幕上，利用该功能可对车辆和货物进行实时定位、跟踪，满足掌握车辆基本信息、对车辆进行远程管理的需要。另外，轨迹回放功能也是GIS和GPS相结合的产物，也可以作为车辆跟踪功能的一个重要补充。

5. 信息查询

货物发出以后，受控车辆所有的移动信息均被存储在控制中心计算机中——有序存档、方便查询；客户可以通过网络实时查询车辆运输途中的运行情况和所处的位置，了解货物在途中是否安全，是否能快速有效地到达。接货方只需要通过发货方提供的相关资料和权限，就可通过网络实时查看车辆和货物的相关信息，掌握货物在途中的情况以及大概的到达时间。以此来提前安排货物的接收、存放以及销售等环节，使货物的销售链可提前完成。

6.4.3 GPS在物流中的应用

1. 导航功能

三维导航既是GPS的首要功能，也是它的最基本功能，其他功能都要在导航功能的基础上才能完全发挥作用。飞机、船舶、地面车辆以及步行者都可利用GPS导航接收器进行导航。汽车导航系统是在 GPS 的基础上发展起来的一门新技术。它由 GPS 导航、自律导航、微处理器、车速传感器、陀螺传感器、CD - ROM 驱动器、LCD 显示器组成。

GPS 导航是由 GPS 接收机接收 GPS 卫星信号（3 颗以上），得到该点的经纬度坐标、速度、时间等信息。为提高汽车导航定位的精度，通常采用差分 GPS 技术。当汽车行驶到地下隧道、高层楼群、高速公路等遮掩物而捕捉不到 GPS 卫星信号时，系统可自动导入自律导航系统，此时由车速传感器检测出汽车的行进速度，通过微处理单元的数据处理，从速度和时间中直接算出前进的距离，陀螺传感器直接检测出前进的方向，陀螺仪还能自动存储各种数据，即使在更换轮胎暂时停车时，系统也可以重新设定。

由 GPS 卫星导航和自律导航所测到的汽车位置坐标、前进的方向都与实际行驶的路线轨迹存在一定误差，为修正这两者间的误差，使之与地图上的路线统一，需采用地图匹配技术，加一个地图匹配电路，对汽车行驶的路线与电子地图上道路的误差进行实时相关匹配，并做自动修正，此时，地图匹配电路通过微处理单元的整理程序进行快速处理，得到汽车在电子地图上的正确位置，以指示出正确行驶路线。CD - ROM 用于存储道路数据等信息，LCD 显示器用于显示导航的相关信息。

2. 车辆跟踪功能

GPS 导航系统与 GIS 技术、无线移动通信系统（GSM）及计算机车辆管理信息系统相结合，可以实现车辆跟踪功能。

利用 GPS 和 GIS 技术可以实时显示出车辆的实际位置，并任意放大、缩小、还原、换图；可以随目标移动，使目标始终保持在屏幕上；还可实现多窗口、多车辆、多屏幕同时跟踪，利用该功能可对重要车辆和货物进行跟踪运输。

目前，已开发出把 GPS/GIS/GSM 技术结合起来对车辆进行实时定位、跟踪、报警、通信等的技术，能够满足掌握车辆基本信息、对车辆进行远程管理的需要，有效避免车辆的空载现象，同时客户也能通过互联网技术，了解自己货物在运输过程中的细节情况。

3. 货物配送路线规划功能

货物配送路线规划是 GPS 导航系统的一项重要辅助功能，包括：

（1）自动线路规划。由驾驶员确定起点和终点，由计算机软件按照要求自动设计最佳行驶路线，包括最快的路线、最简单的路线、通过高速公路路段次数最少的路线等。

（2）人工线路设计。由驾驶员根据自己的目的地设计起点、终点和途经点等，自动建立线路库。线路规划完毕后，显示器能够在电子地图上显示设计线路，并同时显示汽车运行路径和运行方法。

4. 信息查询

为客户提供主要物标，如旅游景点、宾馆、医院等数据库，用户能够在电子地图上根据需要进行查询。查询资料可以文字、语言及图像的形式显示，并在电子地图上显示其位置。同时，监测中心可以利用监测控制台对区域内任意目标的所在位置进行查询，车辆信息将以数字形式在控制中心的电子地图上显示出来。

5. 话务指挥

指挥中心可以监测区域内车辆的运行状况，对被监控车辆进行合理调度。指挥中心也可随时与被跟踪目标通话，实行管理。

6. 紧急援助

通过 GPS 定位和监控管理系统可以对遇有险情或发生事故的车辆进行紧急援助。监控台的电子地图可显示求助信息和报警目标，规划出最优援助方案，并以报警声、光提醒值班人员进行应急处理。

6.5 GIS 与 GPS 技术应用实训

6.5.1 GIS 的地图操作实验

1. 实验目的

(1) 了解 GIS 的原理和方法。

(2) 掌握 GIS 的地图操作方法。

2. 实验内容

(1) PC 机通过物流信息技术与信息管理实验平台控制 GIS 接收数据并在地图中显示。

(2) PC 机通过物流信息技术与信息管理实验平台软件进行 GIS 地图操作。

3. 实验仪器

(1) PC 机（串口功能正常，联网正常）。

(2) 物流信息技术与信息管理实验软件平台。

(3) 物流信息技术与信息管理实验硬件平台。

4. 实验原理

GIS（地理信息系统）是一种为地理研究和地理决策服务的计算机应用系统，以地理数据为基础，采用地理模型分析方法，适时地提供多种空间的和动态的地理信息。GIS 以计算机为工具，根据用户的需求将地理数据准确、真实、图文并茂地输出给用户，以满足城市建设、企业管理、居民生活对空间信息的需求。

GIS 可以将表格类的数据转换为地理图形显示出来，然后对结果进行浏览、操作和分析，GIS 的基本功能如下。

（1）空间查询与分析：这是 GIS 的核心，也是 GIS 区别于其他信息管理系统的本质特征。不仅能进行静态的查询和检索，还可以进行动态的分析，如空间信息测量与分析、地形分析、网络分析、叠加分析等。

（2）可视化功能：将空间信息与地理信息结合起来，实现对数据的可视化管理。

（3）制图功能：这是 GIS 的最重要的功能，也是用户用得最多的功能。

（4）辅助决策功能：GIS 通常辅助市场调研、路标设置、现房选址等。

5. 实验步骤

（1）打开物流信息技术上位机物流信息技术与信息管理实验软件平台，找到“3G 实验”中的“地图操作实验”。

（2）单击“地图操作实验”，出现的界面如图 6－11 所示。

（3）屏幕右侧的调节拉伸条可以控制地图的放大和缩小。

（4）在箭头所指的框中所示区域，能够进行地图拖动、放大、缩小的操作。在该区域按下鼠标左键能够移动地图，使用鼠标中心滚轴，也能实现地图的放大或缩小，如图 6－12 所示。

6.5.2 GPS 数据分析实验

1. 实验目的

（1）掌握 GPS 定位的原理和方法。

（2）掌握 GPS 数据格式的基本知识，掌握 GPS 定位的方法。

2. 实验内容

（1）PC 机通过物流信息技术与信息管理实验硬件平台控制 GPS 接收数据并在地图中显示。

（2）PC 机通过物流信息技术与信息管理实验硬件平台进行 GPS 数据解析。

3. 实验仪器

（1）GPS 扩展模块（含 GPS 天线）。

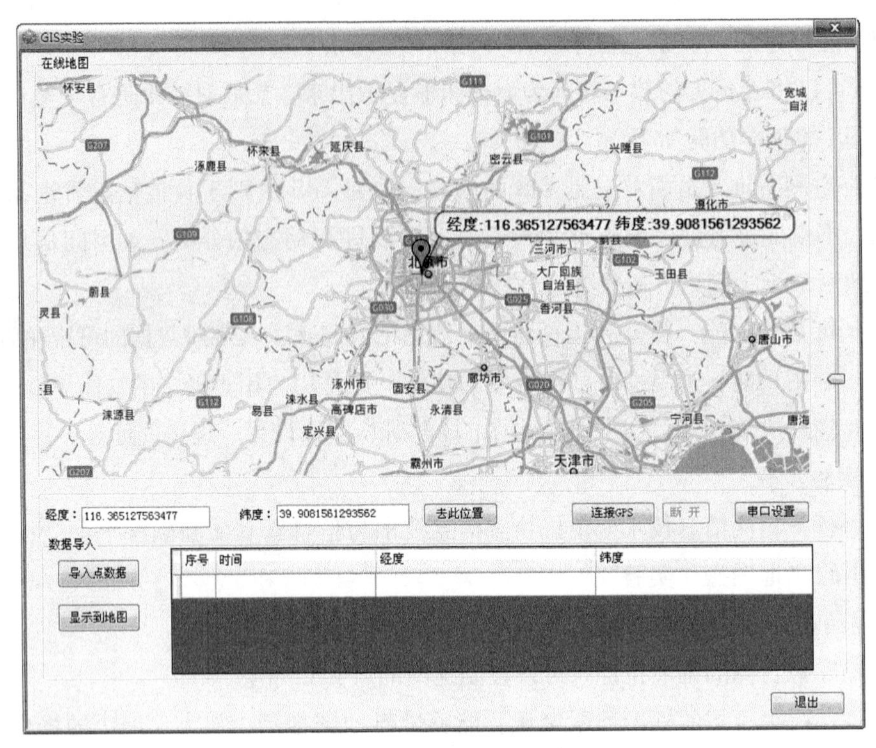

图 6－11　实验界面示意

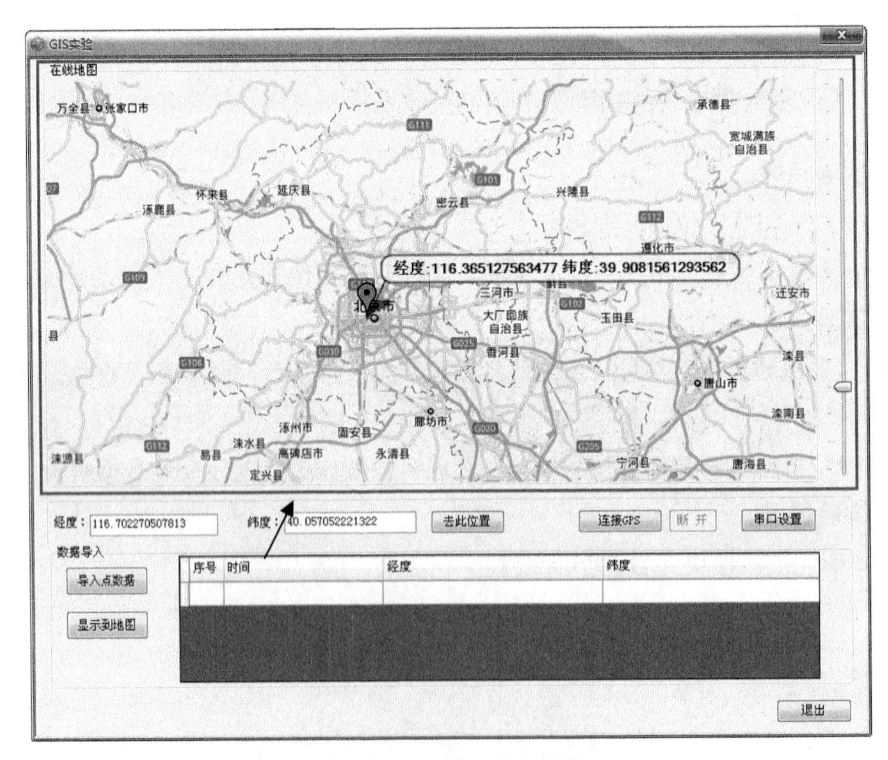

图 6－12　可操作区域示意

（2）PC 机（串口功能正常）。

（3）标准 9 芯串口线。

（4）物流信息技术与信息管理实验软件平台。

4. 实验原理

GPS 定位的基本原理是根据高速运动的卫星瞬间位置作为已知的起算数据，采用空间距离后方交会的方法，确定待测点的位置，如图 6－13 所示。

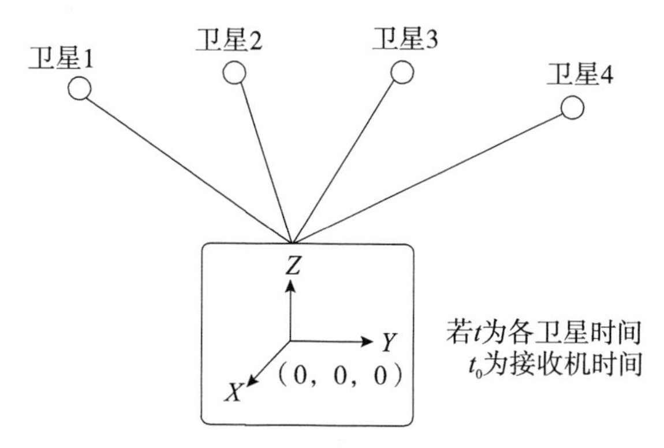

图 6－13 实验原理

下面为 GPS 定位的基本原理公式：

$$[(x_1-x)^2+(y_1-y)^2+(z_1-z)^2]^{1/2}+c(Vt_1-Vt_o)=d_1$$

$$[(x_2-x)^2+(y_2-y)^2+(z_2-z)^2]^{1/2}+c(Vt_2-Vt_o)=d_2$$

$$[(x_3-x)^2+(y_3-y)^2+(z_3-z)^2]^{1/2}+c(Vt_3-Vt_o)=d_3$$

$$[(x_4-x)^2+(y_4-y)^2+(z_4-z)^2]^{1/2}+c(Vt_4-Vt_o)=d_4$$

上述 4 个方程式中待测点坐标 x、y、z 和 Vt_o 为未知参数，其中 $d_i=c\Delta t_i$（$i=1, 2, 3, 4$）。

d_i（$i=1, 2, 3, 4$）分别为卫星 1、卫星 2、卫星 3、卫星 4 到接收机之间的距离。Δt_i（$i=1, 2, 3, 4$）分别为卫星 1、卫星 2、卫星 3、卫星 4 的信号到达接收机所经历的时间。c 为 GPS 信号的传播速度（即光速）。

4 个方程式中各个参数意义如下：

x、y、z 为待测点坐标的空间直角坐标。

x_i、y_i、z_i（$i=1, 2, 3, 4$）分别为卫星 1、卫星 2、卫星 3、卫星 4 在 t 时刻的空间直角坐标，可由卫星导航电文求得。

Vt_i（$i=1, 2, 3, 4$）分别为卫星 1、卫星 2、卫星 3、卫星 4 的卫星钟的钟差，由卫星星历提供。

Vt_o 为接收机的时钟差值。

由以上 4 个方程即可解算出待测点的坐标 x、y、z 和接收机的钟差 Vt_o。

5. 实验步骤

（1）打开上位机中的物流信息技术与信息管理实验软件平台，在软件中选择“GPS/GIS 实验”中的“GPS 数据分析实验”。打开界面后，首先进行串口设置，把 COM16 设为本地串口，其余保持默认，如图 6－14 所示。

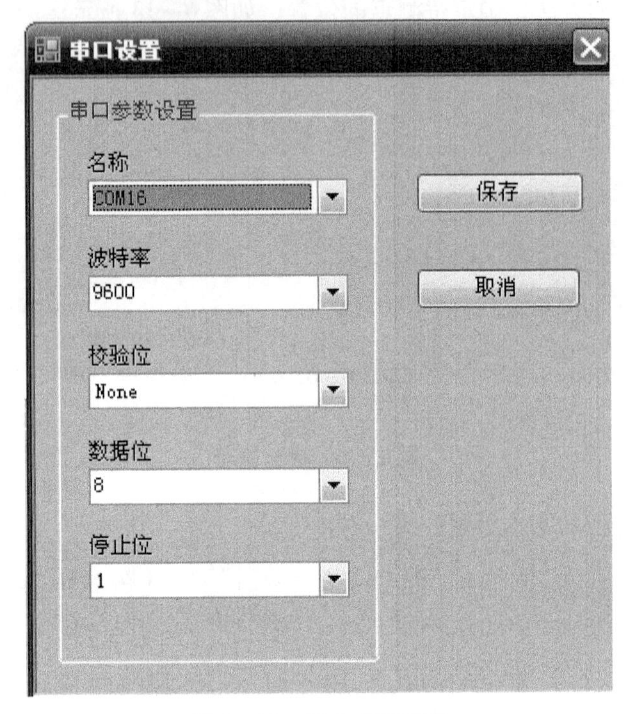

图 6－14　GPS 实验配置

（2）设置完串口后回到原界面，单击“开始”按钮等待数据进入，GPS 数据分析实验界面如图 6－15 所示。

（3）等待几分钟后，GPS 信号进入，结果如图 6－16 所示。

（4）解析数据信息如图 6－17 所示。

各部分所对应的含义如下。

① $ GPRMC 格式含义。

标准定位时间（UTC time）格式：07 时 17 分 40.674 秒（格林尼治时间）。

定位状态，A＝数据可用。

纬度：39°55.6011′。

纬度区分：北半球（N）。

经度：116°37.8596′。

经度区分：东半球（E）。

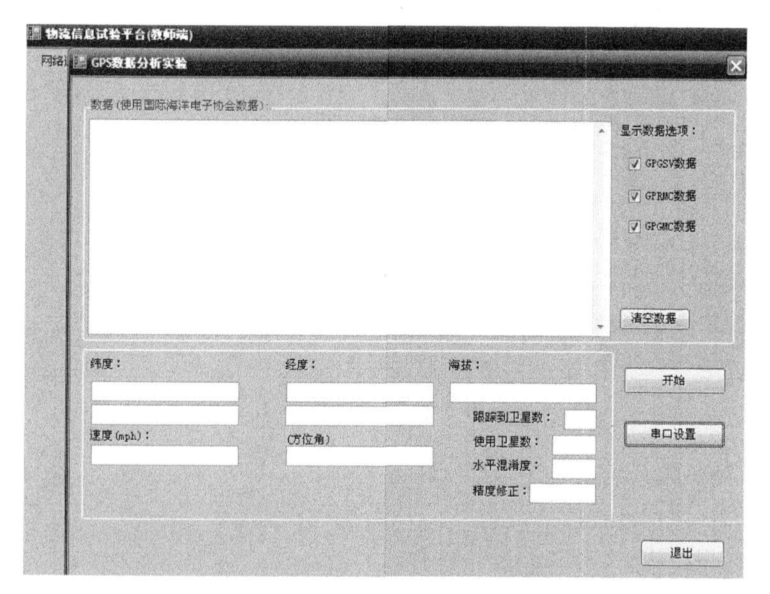

图 6-15 GPS 数据分析实验界面

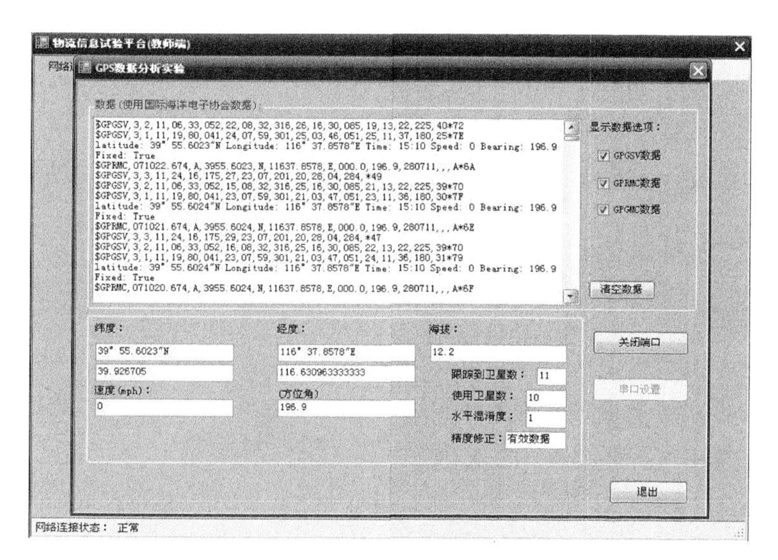

图 6-16 实验结果

相对位移速度：0.0knots。

相对位移方向：196.9 度。

日期：2011 年 7 月 28 日。

磁极变量。

度数。

Checksum（检查位）。

② $ GPGSV 格式含义。

天空中收到信号的卫星总数：3。

```
latitude: 39° 55.6011"N Longitude: 116° 37.8596"E Time: 15:17 Speed: 0 Bearing: 196.9
Fixed: True
$GPRMC,071740.674,A,3955.6011,N,11637.8596,E,000.0,196.9,280711,,,A*68
$GPGSV,3,3,11,24,19,174,31,28,06,286,19,23,04,200,18*41
$GPGSV,3,2,11,08,35,315,26,06,30,053,17,16,28,088,18,13,20,223,31*75
$GPGSV,3,1,11,19,77,040,20,07,61,296,22,03,44,052,18,11,40,179,37*7A
latitude: 39° 55.6011"N Longitude: 116° 37.8596"E Time: 15:17 Speed: 0 Bearing: 196.9
Fixed: True
$GPRMC,071739.674,A,3955.6011,N,11637.8596,E,000.0,196.9,280711,,,A*66
$GPGSV,3,3,11,24,19,174,31,28,06,286,17,23,04,200,18*4F
$GPGSV,3,2,11,08,35,315,26,06,30,053,16,16,28,088,18,13,20,223,31*74
$GPGSV,3,1,11,19,77,040,20,07,61,296,22,03,44,052,18,11,40,179,36*7B
latitude: 39° 55.6011"N Longitude: 116° 37.8596"E Time: 15:17 Speed: 0 Bearing: 196.9
Fixed: True
```

图 6-17　实验数据

定位的卫星总数：3。

天空中的卫星总数：11。

卫星编号：24。

卫星仰角：19 度。

卫星方位角：174 度。

讯号噪声比（C/No）：31dB。

Checksum（检查位）。

第三行和第四行分别为定位使用的另外两星，使用格式为 $ GPGSV 格式。

6.5.3　GPS 采集数据实验

1. 实验目的

（1）掌握手机 GPS 定位软件使用方法。

（2）掌握将 GPS 数据导入手机的方法。

（3）掌握导出 xml 格式的 GPS 数据。

2. 实验内容

（1）启动手机 GPS 客户端，并获取数据。

（2）服务器实时接收 GPS 数据或导入数据的方法。

3. 实验仪器

（1）物流信息技术与信息管理实验硬件平台。

（2）PC 机（串口功能正常）。

（3）标准 9 芯串口线。

（4）物流信息技术与信息管理实验软件平台。

（5）标配 GPS 手机。

4. 实验步骤

（1）开启手机 GPS 客户端（MobileGPS. exe），查看如图 6-18 所示的终端端号，在后续实验中，服务器端将显示该终端的编号。

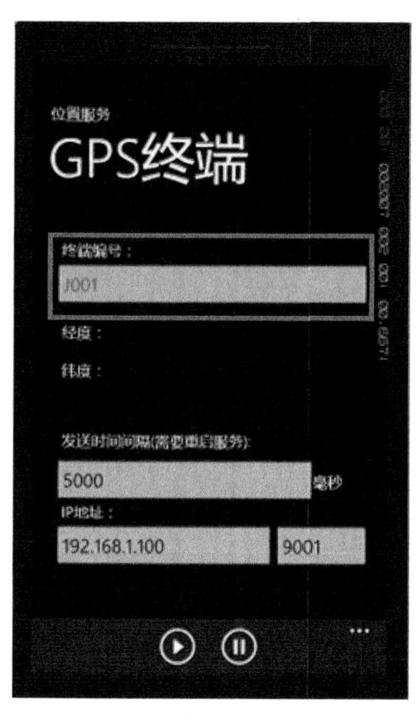

图6－18　客户端端口设置

（2）设置发送时间间隔、IP地址和端口号，点击开始运行选项，如图6－19所示。

图6－19　实验开始

（3）开启GPS数据接收客户端，查询本机IP，设置服务IP地址，并输入要导入数据的GPS端口编号，如图6－20所示。

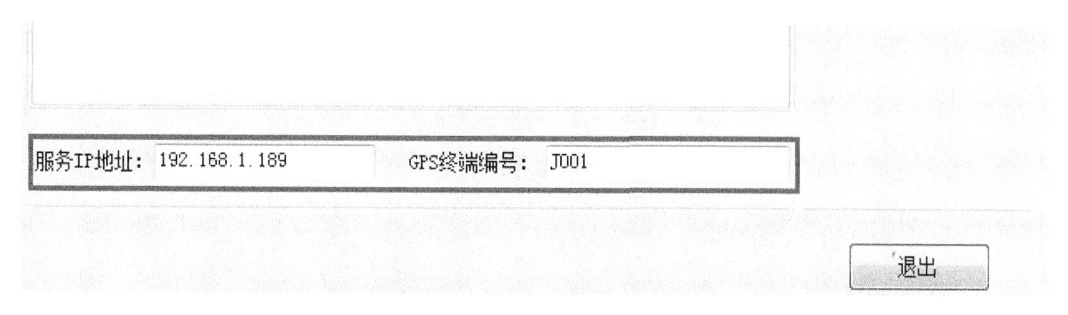

图6－20　设置界面

(4) 单击“开始”按钮接收数据，开始接收 GPS 数据，界面如图 6－21 所示。

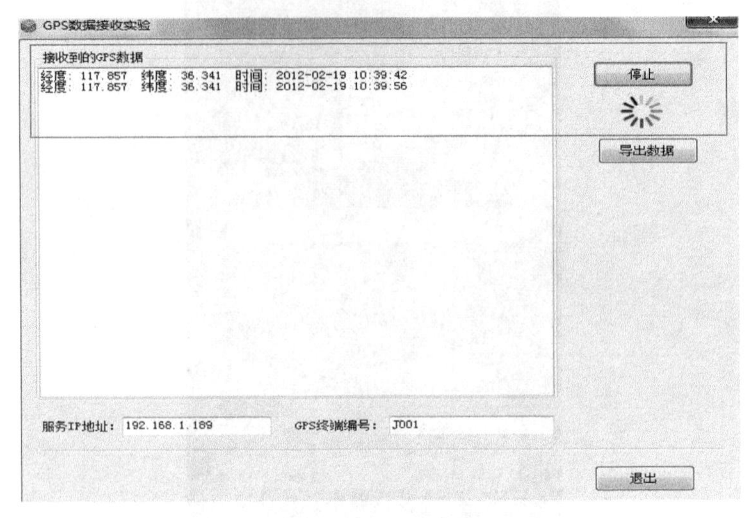

图 6－21 接收数据

(5) 单击“导出数据”按钮，能够导出 xml 格式的数据文件，如图 6－22 所示。

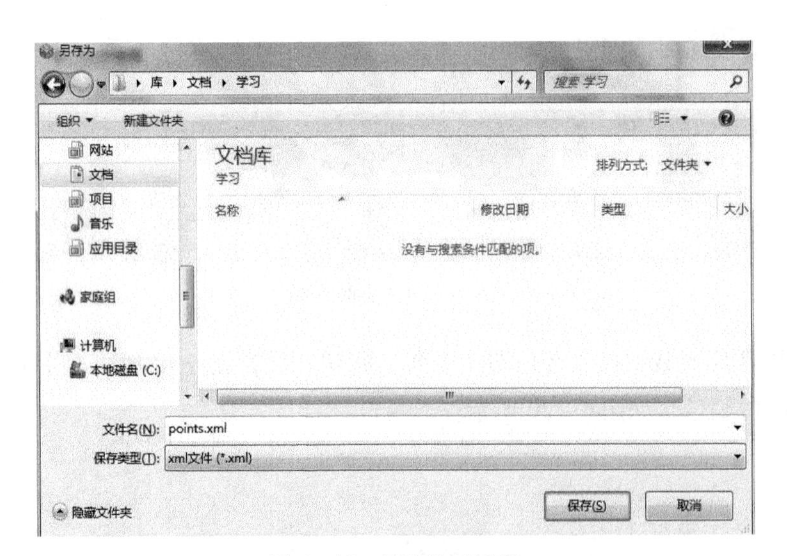

图 6－22 导出结果示意

6.5.4 GPS 数据导入 GIS 实验

1. 实验目的

(1) 认识 GPS 与 GIS。

（2）掌握 GIS 的地图导入 GPS 数据的方法。

2. 实验内容

（1）PC 机通过物流信息技术与信息管理实验平台控制 GIS 接收数据并在地图中显示。

（2）通过 GPS 模块获取数据并导入 GIS 中。

3. 实验仪器

（1）PC 机（串口功能正常，联网正常）。

（2）物流信息技术与信息管理实验软件平台。

（3）物流信息技术与信息管理实验硬件平台。

4. 实验步骤

打开上位机软件中地图操作实验，如图 6－23 所示。

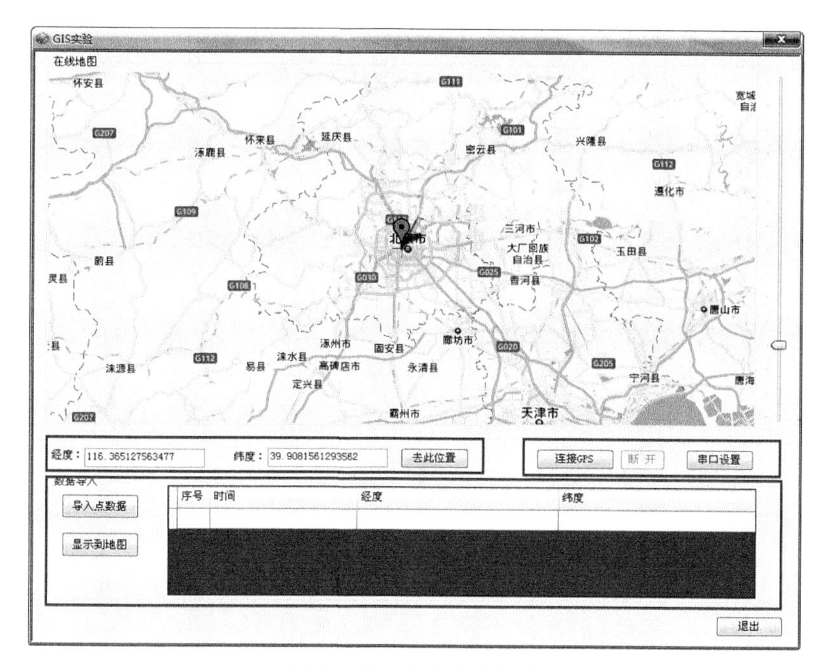

图 6－23　操作功能示意

①位置，能够手动输入经纬度，点击“去此位置”按钮在电子地图上显示出来。②位置，能够连接 GPS 模块和设置串口。③位置，能够将 GPS 离线数据导入到地图中。

图 6－24 为连接 GPS 模块后在 GIS 上显示的所在位置。

选中数据后，能够导入 xml 格式的相关地图数据，如图 6－25 所示。

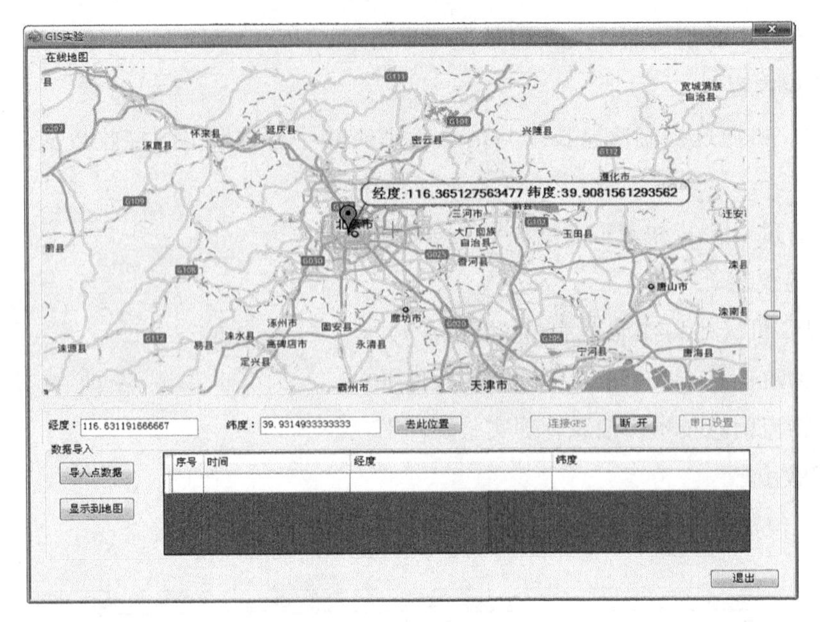

图 6－24　所在位置显示示意

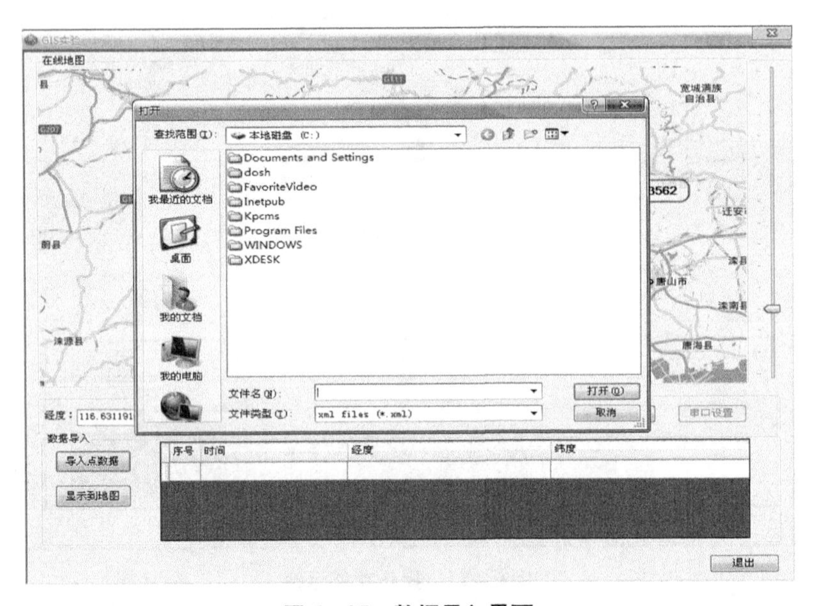

图 6－25　数据导入界面

6.6　案例分析——GPS 技术在海尔冷链监控系统中的应用

GPS 实时性、全天候、连续、快速、高精度的特点运用到冷链监控行业给其带来一场实质性的转变，并将在冷链监控行业的发展中发挥越来越重要的作用。从硬件设计到软件开发，第四代冷链监控系统已经正式启动。GPS 技术在冷链物流中的应用大大提高了运输的质量和有效地保证运输时间，从而确保了冷链产品的质量和及时到达。第四代冷链监控系统将温度监控技术和 GPS 技术有机地整合在了一起，对运输操作实行全方位的监控和管理，既提高了运输中信息的精度，又实现了运输管理的实时自动化，从而确保了冷链产品的质量和时效，将在冷链监控行业及物流业的发展中发挥越来越重要的作用。

由于冷链产品必须低温存储和运输，如果在运输中发生车辆抛锚、冷冻系统瘫痪等事故，都会大大影响冷链产品的质量。因此，将 GPS 定位技术应用到冷链物流中，通过网络实现资源共享，对货物运输过程中车辆的运行路线、车货的实时运行位置、人员的安全情况、车辆的运行情况以及车厢内的温度进行监控，实时准确地掌握，便于车辆的指挥调度，一旦发生突发事故，迅速做出决策。

（1）车辆跟踪。通过 GPS 技术能实现对选定车辆进行实时跟踪显示，并以 GIS 地理信息系统来表现定位的结果，直观反映车辆位置、道路情况、离最近冷库的距离、车辆运行距离，如图 6－26 所示。

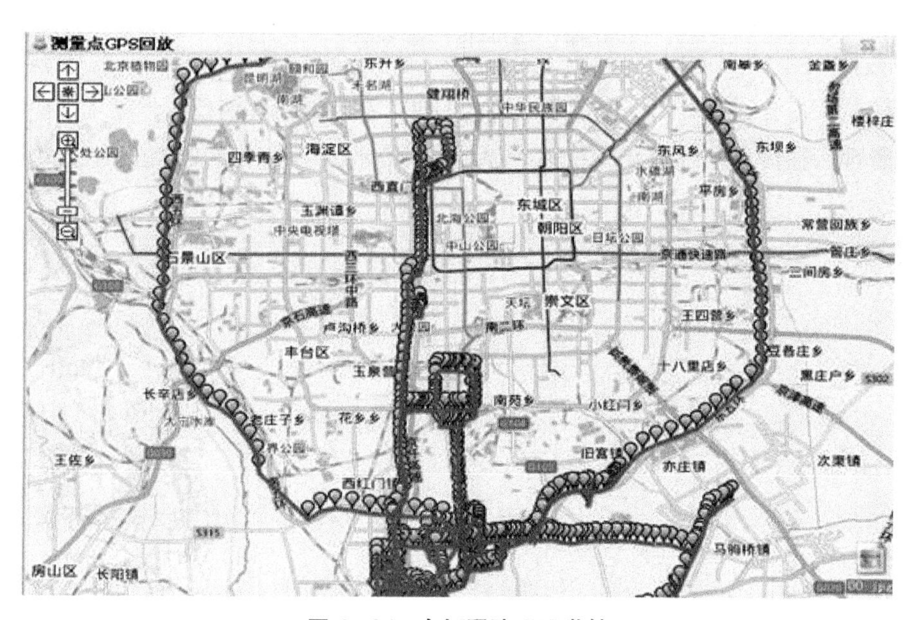

图 6－26　车辆跟踪 GIS 监控

（2）运行监控。在冷藏库中安装有温度传感器。通过温度传感器将采集的温度通过车载设备实时传回到监控中心。车辆在运输过程中可以根据实际需要装载不同温度范围的产品。如血浆制品运输的温度范围在－15℃～－25℃，血液制品和疫苗在 2℃～8℃范围内等。系统根据司机运输品种的选择而将相应的温度范围标准作为温度监控的依据。根据比较判断温度是否符合规定范围。如果温度超过设定范围，系统将及时向司机进行语音、短信、电话等报警，提醒司机及时处理，从而保证产品在运输过程中的质量安全。监控过程如图 6－27 所示。

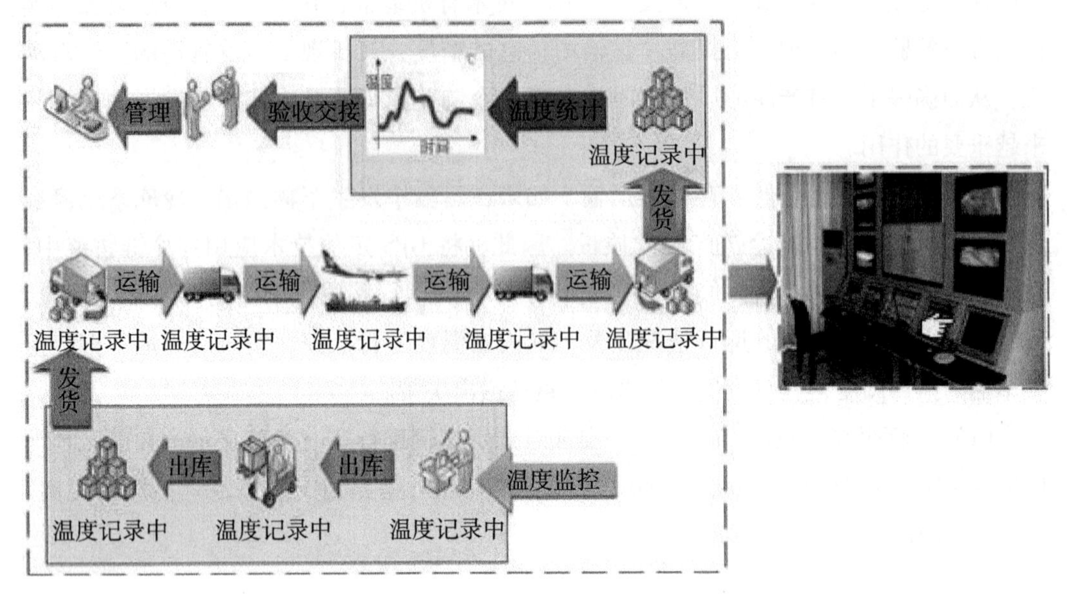

图 6－27　监控业务流程

冷链监控系统通过 GPS 卫星定位技术、GPRS 移动通信传输技术，实现了冷链运输精细化管理，在信息化管理方式方面，提供更加丰富的个性化解决办法和技术手段。

7　无线传感器网络技术及应用

7.1　案例引入——无线传感器网络技术在仓储管理中的应用

DHL 是物流业的全球领导者，旗下拥有多个业务单元，分别在国内与国际包裹递送、电子商务递送服务、国际快递、海陆空货运及工业供应链管理等领域提供无与伦比的专业物流服务。凭借遍及全球 220 多个国家和地区的业务网络，逾 380000 名员工，DHL 以安全、可靠的服务，将客户及企业连接起来，促进了全球贸易往来。DHL 为新兴市场及众多行业如科技业、生命科学和医疗保健业、新能源行业、汽车行业和零售业等提供定制化的解决方案，积极担当社会责任，在发展中国家占据了极高的市场份额。以此，DHL 致力于成为“放眼世界的首选物流公司”。DHL 是德国邮政敦豪集团旗下的知名品牌。德国邮政敦豪集团 2018 年的营业收入超过 616 亿欧元，2018 年 12 月，DHL 入围 2018 世界品牌 500 强，位列第 63。

对于 DHL 公司来说，仓库一直是供应链内货物流动的重要枢纽。在 DHL 的仓库里储存着成千上万种不同类型的货物，每平方米的仓储空间必须得到最佳的利用，以确保货物的接收、处理和交付的速度尽可能快。所以一个高速、技术驱动的环境，是无线传感器网络技术应用的理想选择。

从托盘和叉车到建筑基础设施本身，现代仓库包含许多资产可以连接物联网。首先，无线阅读器捕获从每个托盘传出的数据，这些数据可以包括产品的信息，如体积和尺寸，然后汇总并发送到 WMS 进行处理。这种能力消除了手工计数和托盘的体积扫描等耗时的任务。一旦托盘移动到正确的位置，标签发送信号，WMS 提供实时可见的库存水平，从而防止缺货发生。如果有任何物品被放错地方，传感器会提醒仓库经理，他可以跟踪项目的确切位置，以纠正措施。

对于质量管理来说，传感器监测到的相关数据，也可提醒仓库经理温度或湿度即将达到阈值。仓库员工随即采取纠正措施，确保服务质量，提升客户满意度。

在出库阶段，托盘通过出站网关扫描，以确保项目在正确的顺序下进行。Alethia 项目由 DHL、弗劳恩霍夫 IIS 和其他合作伙伴合作完成，它是一个无线传感器网络系统，可以实现无缝的、端到端的不同运输方式的项目跟踪。该网络系统可以保障货物在运输途中的完整性，实时检查位置、温度、湿度和受冲击的情况。当货物处于交付的状态时，库存数据会在 WMS 系统中自动更新，以便 DHL 可以精确地进行库存控制。

除了存储在仓库中的物品，无线传感器网络技术还可以推动实现最佳的资产利用率。通过连接机械和车辆到中央系统，物联网使仓库管理人员实时监控所有资产。当资产被过度使用或闲置资产部署到其他任务时，可以提醒管理者。例如，可以部署多种传感器来监视分拣系统中的资产，如输送带的使用或闲置时间。通过分析数据，可以确定最佳利用率的资产。这同样也是 DHL 创新的“smartlift”技术。该解决方案结合叉车传感器、定向条码及 WMS 数据创建一个室内 GPS 系统，可给叉车司机提供更加准确的位置和托盘的方向信息。管理人员通过数据了解叉车的实时速度、位置和叉车司机的工作效率以及库存的准确性。传感器和执行器结合雷达或相机连接到叉车，可以让他们与其他叉车及时沟通并扫描周围环境的隐藏物体，避免发生碰撞。DHL 开发的智能货叉，当负载容量已超过或在负荷中心不均匀时，系统将会提醒司机，注意驾驶安全。

与此同时，DHL 公司还将传感器放置在分拣机上测量吞吐量或机器温度。所有这些数据，经过收集和组合，进行预测维修分析，便可以提前安排维修预约，并计算机器的预期寿命以及其当前的使用水平。

DHL 公司认为，到 2025 年，物联网可为全球物流行业创造 1.9 万亿美元（1.77 万亿欧元）的额外价值。但要实现这一目标，必须要先确保物流行业能获得满足成本效益的传感器和装置，并将其接入无处不在、运行稳定的全球宽带和无线通信网络。华为和 DHL 目前正在合作开发一系列供应链解决方案，利用工业物联网硬件及基础设施对货运商、转运商、仓库运营商、交通运输和快递公司等物流供应链相关方提供支持。这套方案将使得 DHL 能够监测和优化自身供应链流程，提升货运安全性和效率以及客户服务，为更广泛的经济发展提供支持。

7.2 无线传感器网络技术

7.2.1 无线传感器网络概述

近年来，微电子技术、计算机技术和无线通信技术等的进步，推动了低功耗多功能传感器的快速发展，并且孕育了微机电系统（Micro - Electro - Mechanical System，MEMS）技术支持下的无线传感器网络（Wireless Sensor Networks，WSN）。Internet 构成了逻辑上的信息世界，改变了人与人之间的沟通方式，而无线传感器网络则将逻辑上的信息世界与客观的物理世界融合在一起，改变了人类与自然界交互的方式。

无线传感器网络是由部署在监测区域内大量的廉价微型传感器节点组成，通过无线通信方式形成的一个多跳的自组织网络系统，其目的是协作地感知、采集和处理网络覆盖区域中感知对象的信息，并发送给观察者。基于 MEMS 的微型传感器技术和无线通信技术赋予了无线传感器网络广阔的应用前景，其应用领域与普通通信网络有着显著的区别。目前，无线传感器网络广泛应用于军事、环境科学、健康护理、智能家居、建筑物状态监控、空间探索等领域。

7.2.2 无线传感器网络结构

无线传感器网络系统中包括传感器节点（Sensor Node）、汇聚节点（Sink Node）和管理节点，典型的网络结构如图 7－1 所示。在传感器网络中，节点被任意部署在监测区域内，是通过飞行器撒播、人工埋置和火箭弹射等方式完成的。节点通过自组织形式构成网络，并通过多跳路由方式将监测的数据传输到汇聚节点，最终借助互联网、无线网络或卫星将数据信号送至管理节点。系统用户可以通过管理节点查看、查询、搜索相关的监测数据，并对传感器网络进行配置和管理。

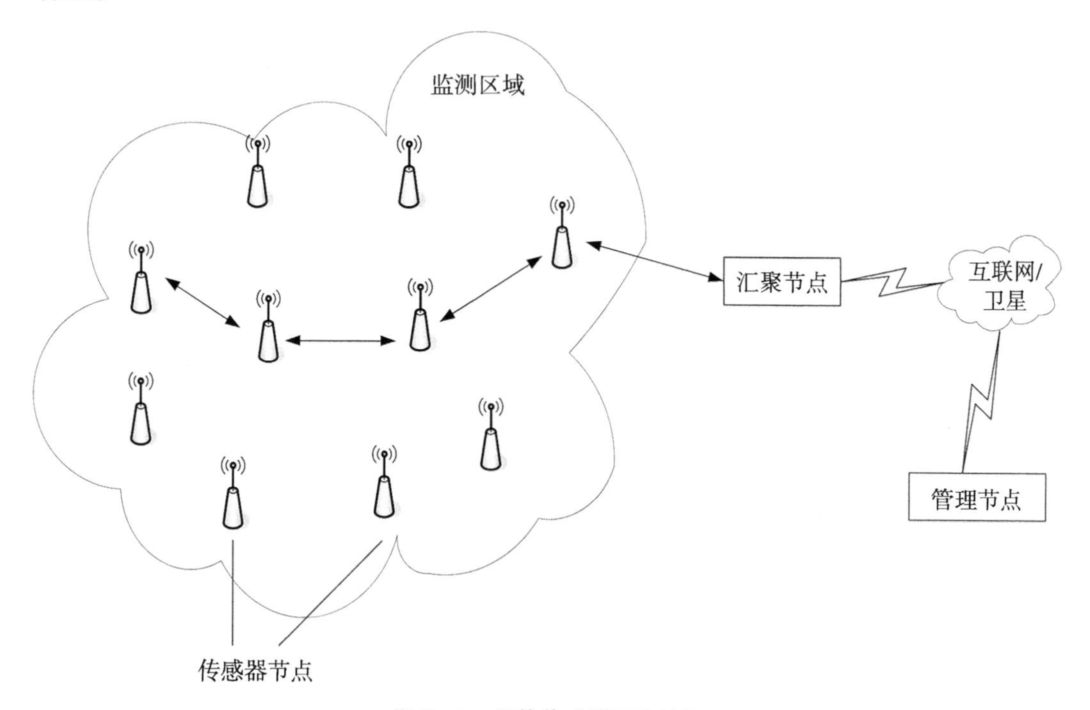

图 7－1　无线传感器网络结构

网络系统中的传感器节点通常为微型嵌入式系统，其处理能力、存储能力和通信能力相对较弱。与传统无线网络有所不同，传感器节点除了需要进行本地信息收集和数据处理之外，还要对其他节点发送来的数据进行存储、融合及转发等处理。在不同应用中，传感器网络节点的硬件结构各不相同，但基本上都由数据采集（Data Acquisition Unit）、数据处理（Process Unit）、数据传输（Data Transfer Unit）和能量供应（Power Unit）四部分组成，如图7－2所示。

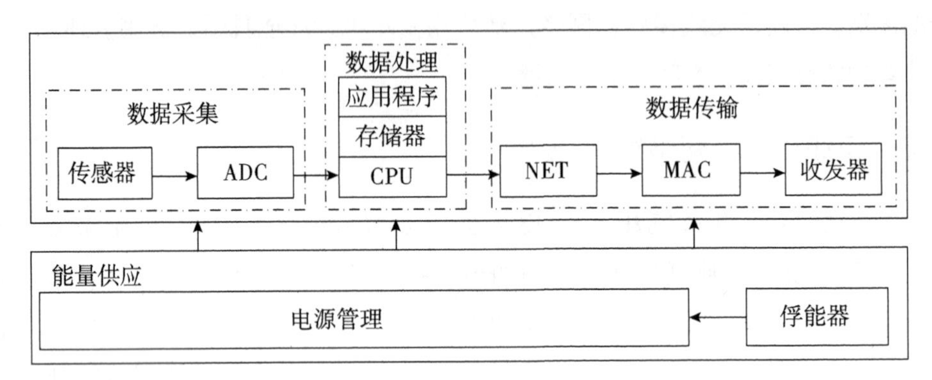

图7－2　传感器节点结构

数据采集模块由传感器与模数转换器（Analog to Digital Converter，ADC）组成，负责监测区域内信息的采集和数据转换，其中传感器的类型由被监测物理信号的形式所决定。数据处理模块负责控制整个传感器节点的操作，实现数据的存储、融合以及转发。其中处理器一般选用小型、低功耗的嵌入式CPU，如Motorola的68HC16、ARM公司的ARM7和Intel的8086等。

数据传输模块负责与其他传感器节点进行无线通信，通常采用低功耗、低成本、短距离的射频通信芯片，如RFM公司的TR1000、ChipCo公司的CC1000和CC1010等。能量供应模块负责为传感器节点提供运行所需要的能量，主要包括微型电池和换能器。微型电池用于能量的存储，换能器负责从传感器节点周围的环境中采集能量，其采用的方式因节点所处环境而各不相同。

此外，根据应用的需要也可以附加其他模块，如GPS定位模块、为节点提供移动能力的移动设备模块（如小电机驱动的小车）等。

由于传感器节点需要进行较复杂的任务调度与管理，系统需要一个微型化的操作系统，其必须能够高效地使用传感器节点的有限内存，低功耗地处理器、传感器，低速通信设备，有限的电源，且能够对各种特定应用提供最大的支持。传感器节点既可以采用现有的嵌入式操作系统，如Linux、WinCE等，也可以采用加州大学伯克利分校的研究人员专门研发的TinyOS。

参照开放系统互联参考模型（Open System Interconnect Reference Model，OSI）的七

层模型，研究人员提出并改进了多个无线传感器网络系统的协议栈。图 7－3 为细化改进后的协议栈模型。

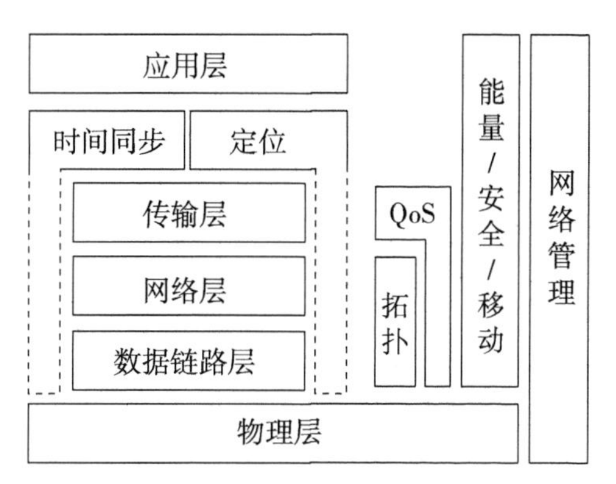

图 7－3　无线传感器网络协议栈

WSN 的协议栈中物理层负责载波频率产生、信号的调制解调、信号收发等工作，其载波媒体包括红外线、激光和无线电波。数据链路层负责媒体访问和错误控制，其中媒体访问协议保证可靠的点对点和点对多点通信，错误控制则保证源节点发出的信息可以完整、无误地到达目标节点。网络层协议负责路由生成和选择，无线传感器网络中大多数节点无法直接与网关通信，需要通过中间节点进行多跳路由。故一个网络设计的成功与否，路由协议非常关键。传输层负责将传感器网络的数据提供给外部网络。应用层包括一系列基于监测任务的应用层软件。其中定位和时间同步子层在协议中的位置比较特殊，通过倒 L 形体现出它既依赖于传输控制以下各层，又为各层提供信息支持。此外，协议栈的能量/安全/移动管理以及 QoS 拓扑管理等功能部分融入到各层协议中，用以优化和管理协议流程；部分独立于协议外层，通过各种收集和配置接口对相应机制进行配置和监控。

7.2.3　无线传感器网络特点

无线传感器网络与现有的无线网络虽然有许多相似之处，却也存在许多差别，具有其自身的特点。目前，常见的无线网络包括蜂窝移动通信网、无线局域网、蓝牙网络、移动自组织网（Mobile Ad－hoc Network，MANET）等。设计目标是在高度移动的环境中通过动态路由和移动管理技术为用户提供高质量服务和高效带宽利用，能源节约是次要考虑因素。而在无线传感器网络中，大多数传感器节点是固定不动的，只有少数节点需要移动，它们通常运行在无人值守的、人类无法接近的、恶劣甚至危险的远程环境中，加上传感器节点自身的限制，故无线传感器网络的首要设计目标是能源的高效使用，延长网络的生命周期成为无线传感器网络的核心问题。

与传统的无线网络相比，无线传感器网络具有以下特点：

（1）规模大。在监测区域内通常部署了大量传感器节点，且传感器节点分布更为密集。由于监测区域一般较为广阔，为了避免存在监测盲区，用户需要部署大量传感器节点。此外，密集部署的节点可以对各种现象进行精确传感，降低了对单个传感器节点的要求，并利用节点冗余来保证系统的容错性和鲁棒性。

（2）自组织。在传感器网络应用中，监测区域内一般没有网络基础结构，这就要求传感器节点具有自组织能力，即在部署后节点通过分层协议和分布式算法协调各自的行为，快速、自动地组成一个独立的网络。

（3）节点电源能量、通信能力、计算和存储能力有限。电源能量有限：节点一般由电池供电，电池充电和更换比较困难，因此在无线传感器网络设计过程中，任何技术和协议的使用都要以节能为首要条件。通信能力有限：节点的通信带宽较窄且经常变化，通信覆盖范围有限，此外传感器之间的通信中断频繁。计算和存储能力有限：传感器节点由于受价格、体积和功耗的限制，均采用嵌入式处理器和存储器，其计算能力、程序空间和内存空间比普通的计算机功能要弱很多。

（4）动态性。无线传感器网络是一个动态的网络，环境干扰、节点移动或节点失效都会导致拓扑结构发生变化，因此网络应该具有动态拓扑组织功能。

（5）节点易于失效。无线传感器网络节点受环境的影响以及自身资源的限制，使得其易于因故障或电源耗尽而失效。但由于无线传感器网络具有很强的抗毁性，部分节点的失效并不会影响整个网络的运行。

（6）多跳路由。由于无线传感器网络中节点通常采用射频通信的方式，其通信距离有限（一般为几百米），所以节点只能与其射频覆盖范围内的节点直接通信。如果节点希望与其射频覆盖范围之外的节点进行通信，则需要通过中间节点进行路由，故无线传感器网络为多跳路由网络。此外，无线传感器网络中的多跳路由是由普通网络节点完成的，没有专门的路由设备，故节点既是信息的发起者，也是信息的转发者。

（7）与应用相关。不同的应用背景对 WSN 的要求不同，其硬件平台、软件系统和网络协议必然会有很大的差别。故无线传感器网络并没有统一的通信协议平台，在开发传感器网络应用中必须关注传感器网络的差异，只有这样才能设计出最高效的目标应用系统。

7.2.4 无线传感器网络相关技术

无线传感器网络作为当今信息领域研究的热点，是一种新的计算模型，涉及了多个学科交叉的研究领域，包括网络的组织、管理和服务框架，信息传输路径的建立机制、面向需求的分布信息处理模式等。从无线传感器网络的结构和功能上，其内容可以分为节点系统的理论和技术、通信协议的理论和技术、核心支撑技术和无线传感器网络实践与应用。

1. 节点系统的理论和技术

无线传感器网络是在特定应用背景下以一定的网络模型规划的一组传感器节点的集合，故节点是整个无线传感器网络正常运行的基础。传感器节点必须具有微型化、低成本、可灵活扩展、稳定安全等特性。节点系统的理论和技术的研究包括节点硬件和操作系统的设计。

目前，使用得最为广泛的传感器节点是 Smart Dust 和 Mica 系列。Smart Dust 是美国 DARPA/MTO MEMS 支持的研究项目，其目的是结合 MEMS 技术和集成电路技术，研制体积不超过 1mm^3，使用太阳能电池，具有光通信能力的自治传感器节点。Mica 系列节点是加州大学伯克利分校研制的用于无线传感器网络研究的演示平台节点。考虑到无线传感器网系统自身的特点，其操作系统必须能高效地使用节点的有限内存、低速低功耗的处理器、传感器、低速通信设备和有限的电源。针对这一要求，加州大学伯克利分校的研究人员研究了一个适合于无线传感器网络的新型操作系统 TinyOS。

2. 通信协议的理论和技术

无线传感器网络通信协议主要包括物理层、数据链路层、网络层和传输层。无线传感器网络自身的特点决定了它不能使用目前已经存在的一些标准协议（如 IEEE 802.11），所以国内外的研究者为无线传感器网络的各个层次都提出了一些解决方案，但到目前为止仍没有形成被广泛认可的标准。

（1）物理层。物理层主要负责载波频率产生、信号的调制解调等工作。无线传感器网络的载波媒体可能的选择包括红外线、激光和无线电波。在国外已经建立起来的无线传感器网络中，绝大多数节点是基于无线射频通信方式。

（2）数据链路层。数据链路层负责媒体访问和差错控制。媒体访问控制（Medium Access Control，MAC）协议保证可靠的点对点和点对多点通信，错误控制则保证源节点发出的信息可以完整、无误地到达目标节点。

（3）网络层。网络层负责路由发现和维护。目前，根据 WSN 自身的特点，研究人员已经提出了许多新的路由协议，按照网络拓扑结构可以分为平面路由协议和分簇路由协议。由于分簇路由具有拓扑管理方便、能量利用高效、数据融合简单等优点，已成为当前重点研究的路由技术。

（4）传输层。传输层协议主要实现无线传感器网络与外网相连，将网络中的数据提供给外部网络。

3. 核心支撑技术

核心支撑技术主要包括网络覆盖和拓扑控制的理论和技术、时间同步的理论和技术、节点定位的理论和技术、网络安全的理论和技术、数据管理和融合等。

（1）拓扑控制。拓扑控制是在满足网络覆盖度和连通度的前提下，通过功率控制和骨干网络节点的选择，剔除节点之间不必要的通信链路，形成一个数据转发的优化网络。拓扑控制的研究内容主要包括功率控制和层次型拓扑结构。

（2）时间同步机制。在无线传感器网络中，每个节点都有自身的本地时钟，但由于不同节点的晶体振荡器频率存在偏差，加上温度变化和电磁波干扰，使得节点之间的时间会逐步出现偏差。因此，无线传感器网络亦需要时间同步机制。一个良好的传感器网络时间同步机制必须具有扩展性、稳定性、鲁棒性和节能性。

（3）节点定位技术。节点定位技术用于确定事件发生的位置或确定获取消息的节点位置，对传感器网络应用的有效性起着关键的作用。

（4）网络安全技术。在大多数非商业应用中，无线传感器网络的安全问题并不十分重要，但对于军事、商业等领域，其安全问题就显得尤为重要。由于传感器网络部署区域的开放性、网络拓扑的动态性和无线信道的广播性，使得传统的安全机制无法适用于无线传感器网络。

（5）数据的处理、融合和管理。在覆盖度较高的传感器网络中，由于相邻节点所报告的信息存在冗余性，为了减少传输的数据量并有效地节约能量，所以应利用节点的本地计算和存储能力处理数据，进行数据融合操作，从而达到节能、提高收集数据的效率和准确度的目的。传感器网络数据管理的目的是把传感器网络上数据的逻辑视图和网络的物理实现分离开来，使得传感器网络的用户和应用程序只需关心所要提出的查询的逻辑结构，而无须关心传感器网络的细节。

7.3 无线传感器网络技术应用实训

7.3.1 ZigBee 数据采集实验

1. 实验目的

（1）了解 ZigBee 的数据采集过程。

（2）掌握 ZigBee 节点的连接和断开操作。

（3）认识 ZigBee 节点类型以及 ZigBee 收集的温度、湿度和光照度的曲线。

2. 实验内容

（1）使用物流信息技术与信息管理实验硬件平台软件 ZigBee 节点进行环境温湿度、

光照度采集。

（2）连接和断开 ZigBee 模块。

3. 实验仪器

（1）PC 机（串口功能正常）。

（2）一个 ZigBee 主节点，若干个 ZigBee 网络节点。

（3）物流信息技术与信息管理实验软件平台。

4. 实验原理

ZigBee 是 IEEE 802.15.4 协议的代名词。根据这个协议规定的技术是一种短距离、低功耗的无线通信技术。这一名称来源于蜜蜂的八字舞，蜜蜂（Bee）依靠飞翔和“嗡嗡”（Zig）地抖动翅膀的“舞蹈”来与同伴传递花粉所在方位信息，也就是说蜜蜂依靠这样的方式构成了群体中的通信网络。其特点是近距离、低复杂度、自组织、低功耗、低数据速率、低成本。主要适用于自动控制和远程控制领域，可以嵌入各种设备。简而言之，ZigBee 就是一种便宜的、低功耗的近距离无线组网通信技术。通过 ZigBee 技术可以采集环境的温度、湿度等数据，在实验平台中波特率为 19200。

ZigBee 是一种新兴的近距离、低复杂度、低功耗、低数据速率、低成本的无线网络技术，是一种介于无线标记技术和蓝牙之间的技术提案，主要用于近距离无线连接。它依据 802.15.4 标准，在数千个微小的传感器之间相互协调实现通信。这些传感器只需要很少的能量，以接力的方式通过无线电波将数据从一个网络节点传到另一个节点，所以它们的通信效率非常高。

5. 实验步骤

（1）开启物流信息技术与信息管理实验软件平台 ZigBee 实验中的数据采集实验，首先使用默认的温度显示类型。

（2）开启一个 ZigBee 节点电源开关并单击“打开串口”按钮，主节点开始接收到数据，并在图像中显示出来，如图 7－4 所示。

（3）打开第二个 ZigBee 节点，将其放置于与第一个节点不同温度的环境下，观察图像的变化，如图 7－5 所示。

7.3.2　ZigBee 协议分析实验

1. 实验目的

（1）认识 ZigBee 协议通信原理和通信过程。

（2）掌握 ZigBee 节点的连接和断开。

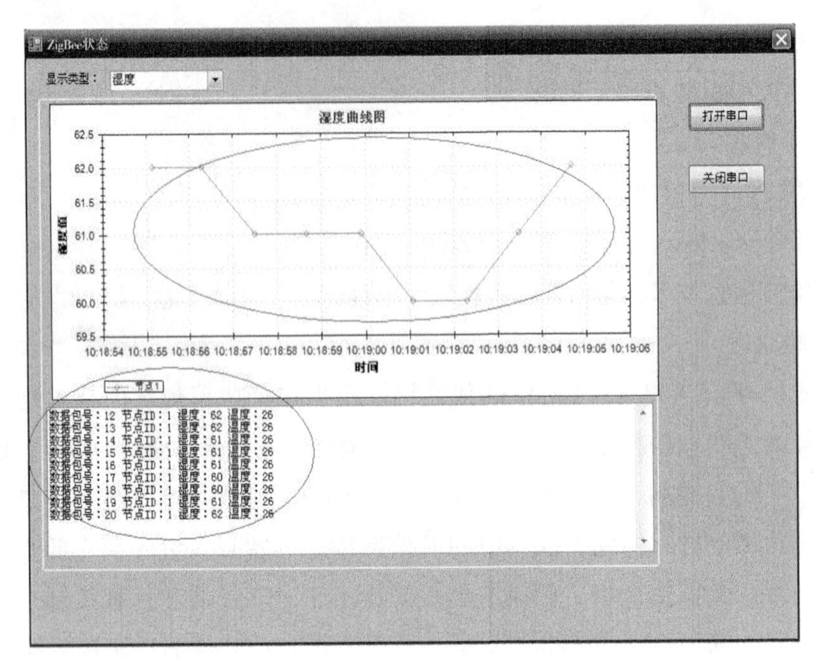

图 7－4　主节点图像显示示意

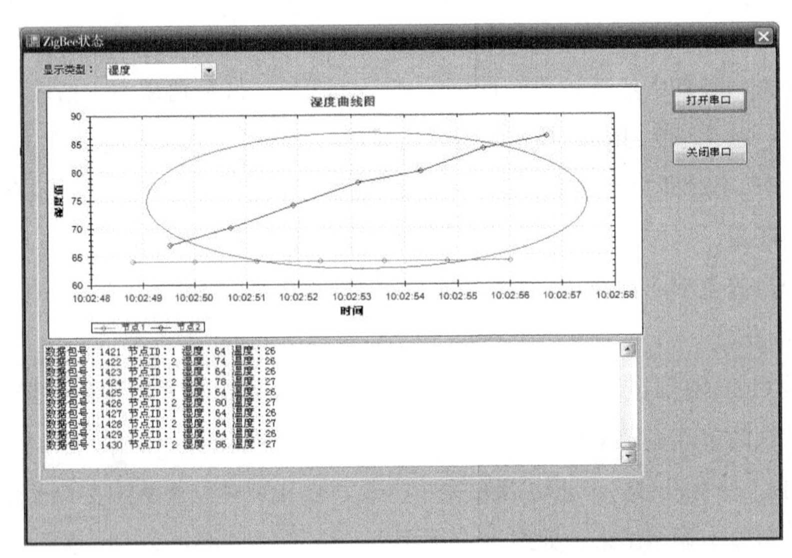

图 7－5　第二个 ZigBee 节点湿度曲线示意

2. 实验内容

（1）使用物流信息技术与信息管理实验硬件平台中的 ZigBee 节点进行环境温湿度、光照度数据采集。

（2）通过软件显示的数据包进行协议分析。

（3）连接和断开 ZigBee 模块。

3. 实验仪器

（1）PC机（串口功能正常）。

（2）一个ZigBee主节点，若干个ZigBee网络节点。

（3）物流信息技术与信息管理实验软件平台。

4. 实验原理

IEEE 802.15.4协议中数据包的结构为包头（2字节）、长地址（8字节）、节点号、湿度、温度、光强、包尾。每个数据包括24个字节，以00开头、FFFF结束。

下面举例说明一个数据包，如表7－1所示。

00 37　00 15 8D 00 00 0A E2 3A 00 01　00 4A 00 1E 0A D9 00 73 00 0E FF FF

表7－1　IEEE 802.15.4数据包格式

代码	说明	备注
00 37	包头	2字节
00 15 8D 00 00 0A E2 3A	长地址	8字节
00 01	节点号	2字节
00 4A	湿度	2字节
00 1E	温度	2字节
0A D9 00 73	光强	4字节
00 0E	校验	2字节
FF FF	包尾	2字节

5. 实验步骤

（1）打开ZigBee实验中的协议分析实验，在协议分析实验“串口设置”选项中可以选择正确的串口号和波特率，也可在“文件”选项中配置，选择“十六进制显示”选项，如图7－6所示。

（2）单击“打开串口”，打开节点电源，接收数据，如图7－7所示。

（3）根据上述步骤要求进行实验，分析通信协议。

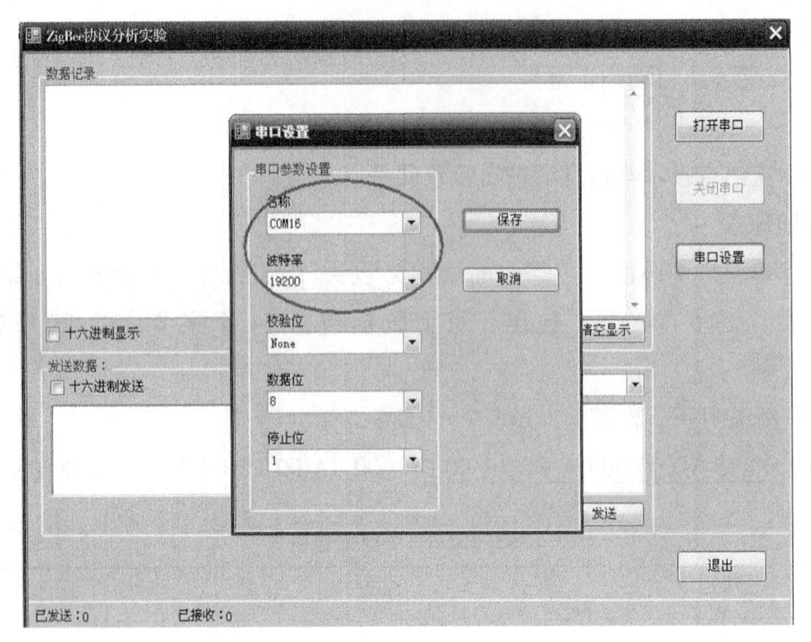

图 7－6　串口设置界面

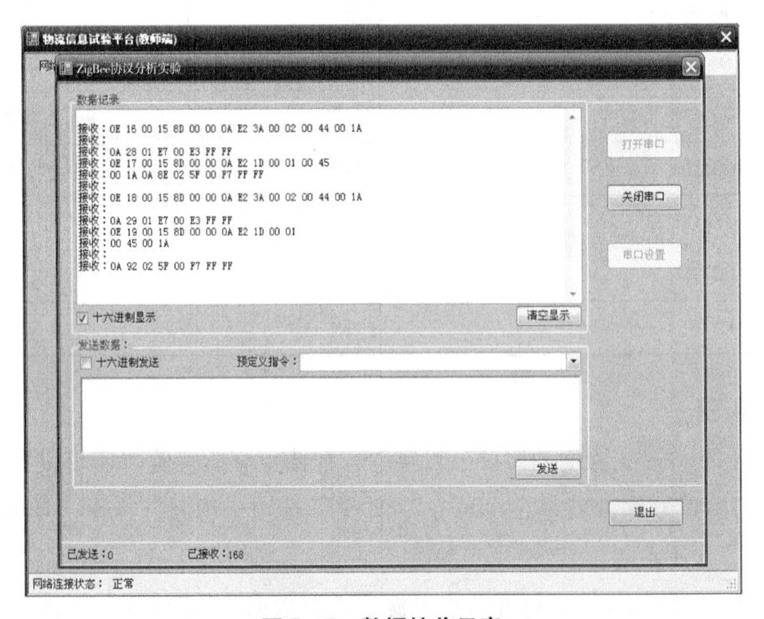

图 7－7　数据接收示意

7.4　案例分析——深圳市中南运输集团有限公司

深圳市中南运输集团有限公司是由深圳市兆通投资股份有限公司与新国线运输集团有限公司共同投资组建的大型专业运输企业，公司拥有各类营运车辆 1600 多辆，员工4000多人。依托深圳移动构建的GPRS车辆定位与配载项目，中南运输公司在全面提高服务质量、提高速度、降低成本等方面开始了一场新的“革命”。据中南运输公司负责人介绍，在实施信息化流程改造之前，车辆的调度及管理极其混乱，从而使得企业的日常运营成本居高不下，配送过程中，车辆的空驶率较高；由于配送司机与客户的沟通效率低，对司机缺乏良好的监督机制，使得企业的综合服务水平低下。

中南运输集团运营规划部为满足物流行业车辆定位、内部沟通、客户服务的需求，提高物流配送效率，推动物流行业的信息化应用与创新，与中国移动北京公司签订10年合同，购买中国移动北京分公司推出的VPMN、企业信息机、无线DDN业务为主的综合性物流行业移动信息化解决方案的信息化服务。将移动信息化产品与企业的递送过程和内部管理信息系统紧密连接在一起，节约了管理成本，提高了工作效率，增加了货物运送中的透明度，使物流公司能及时、准确地掌控车辆、位置等信息，提高了运输质量和运输效率，增强了客户服务企业核心竞争力。

1. 实行VPMN方案

物流行业通常拥有众多的分支机构，各个分支机构之间的联络都需要经常性的电话联络；此外，物流企业员工经常在外工作，公司需要随时与员工保持沟通，确认信息，进行调度，这些都是企业不可小视的成本。降低通话成本，让有限的资金更有效地投入到企业的发展中去，已经成为目前物流企业的一大需求。

中国移动北京公司推出的业务降低了通话费用、为企业节约了成本。VPMN即将企业员工的移动全球通手机号码组成一个组，这些员工在北京地区内通话时，组内号码之间彼此接听、拨打对方北京移动全球通电话，不限次数、通话时间和时段，享受话费优惠服务，实现移动办公，真正满足企业移动沟通、降低成本的需求。

2. 搭建沟通企业内外部的企业信息机

企业信息机是中国移动开发的软、硬件一体化封装的移动信息化行业应用产品，操作界面友好，部署维护简单方便。

如图7－8所示，企业可利用中国移动北京公司提供的短信平台，向移动电话用户提供各类应用服务。辅助企业内部办公，提高工作效率。

通过企业信息机，实现邮件提醒、会议通知、人力资源管理等功能。通过与企业邮件系统结合，邮件送达邮箱后，即以短信的方式进行提醒，使重要邮件不会被错过；重要会议可通过短信提醒人员准时参加，确保会议准时有效地召开；人员招聘时通过短信实现公司人力资源与应聘人员的互动，为公司招纳贤才提供了更多的途径。依托短信的实时性、有效性，大幅提高内部办公效率。

3. 构建无线DDN平台，随时随地掌握车辆信息

无线DDN即通过GPRS/短信/数据拨号等方式，将GPS定位终端的位置信息发回

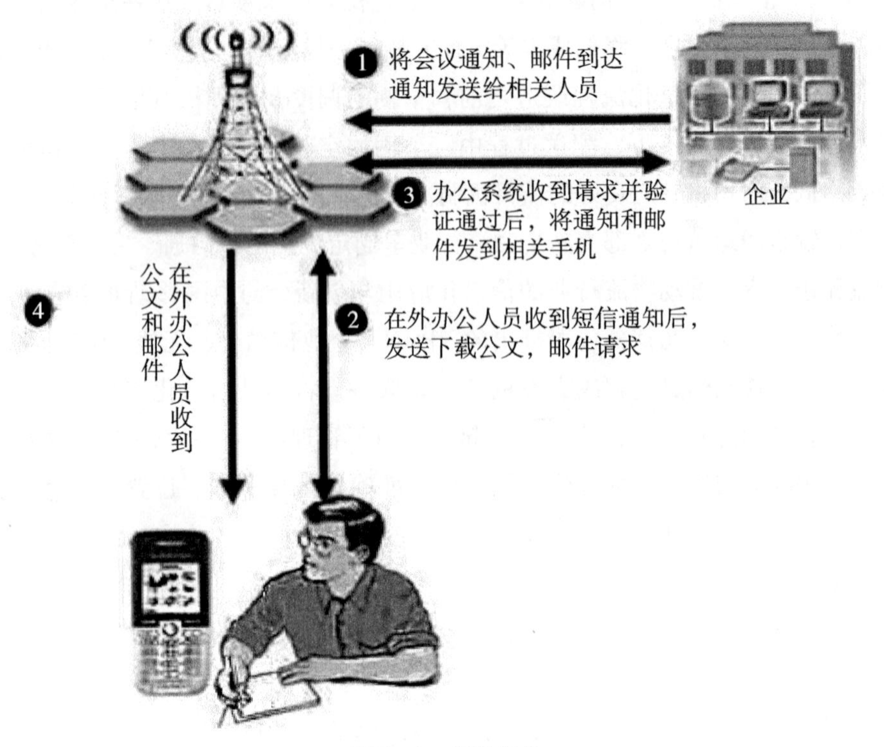

图 7-8　短信平台

到物流控制中心，为物流企业提供车辆定位、车辆跟踪、车辆调度等应用的移动数据业务。

在递送员配送的过程中，通过特种终端，将货品的条码扫描到终端中，并通过 GPRS 网络将相关数据上传到数据库。同时企业内部的一些急件也可以通过 GPRS 网络下传给递送员。在下传急件的过程中，通过平台进行备份，保证在 GPRS 出现问题的时候仍然能够及时将信息传递给递送员。而终端本身也具有存储功能，可以在本机备份数据，递送员可以再回到公司通过终端接口将信息导入到数据库。

采用特种行业终端，适应行业应用：寄件人最关心的就是自己所寄物品的状态，通过无线终端可使快件信息实时反馈到管理中心以及网站，这样使寄件人在快件寄出后的第一时间，就可以通过登录快递公司网站来查询所寄物品的状态及相关信息，同时缩短寄件流程。这样使物流企业提升了服务水平，提高了寄件速度，大大增强了行业竞争力。

8 物联网技术在物流中的应用

8.1 案例引入——基于物联网技术的智能物流系统

汽车行业的信息化有两个与众不同的地方。一是复杂。汽车构造复杂，零部件通常有几万个，不同车型完全不一样，相同车型又有很多个性化要求。因此，从订单审核到生产计划、物料计划的制订再到销售，这个流程相当复杂。二是回报率高。信息化体系的顺畅运作，对业务的提升帮助特别大，投入产出比很高。无论是降低库存，还是提高资金周转率，都能创造非常巨大的利润。

上海通用的信息化系统分为三大块：商品化软件、通用全球系统和本地开发部分。其主要的业务运作运行在商品化软件上；涉及生产制造方面是用通用全球系统（通过广域网和通用全球系统实时连接，共享一些数据和信息）；而很多中国单元业务和特别的业务需求（如跟经销商和供应商方面的协同、质量检测控制等）以及前两种系统不能实现的功能则通过本地开发系统来实现，这一部分是企业竞争能力的核心所在。

在上海通用建立之初，其 IT 系统的关键部分主要是沿用通用全球核心公共系统标准，虽然覆盖从接订单到交货到用户的整个流程，但美中不足的是，由于通用核心公共系统是十多年前开发的，开发语言陈旧、系统庞大，比起目前新兴的技术系统，运行维护成本极高。再加上这套系统是从美国远程到上海，由于时差等问题，上海通用系统出现问题时经常很难及时解决。为了解决这些问题，通用公司发起了“用更加经济先进的新 IT 系统替代旧核心公共系统”的可行性研究，经过 6 个多月的测试之后最终决定实施 SAP 的 IS－AUTO 系统，并选择惠普为 IS－AUTO 系统提供咨询与实施服务。以后的运营实践证明，这一决定，为上海通用带来了非常可观的经济效益。与其他产品的制造不一样，汽车制造是一辆车就是一个订单，一辆车有近 2 万个零部件、2000 多道工序，物料是要按工序排好的，计算精度必须要以车为单位、精确到每小时才行，一句话概括，就是所有的效益都在供应链上。供应链的顺畅与精确，是信息系统肩负的主要任务，而上海通用的老系统可以说并不能胜任这项工作，这一切都要依靠新的 IS－AUTO 系统来实现。在中国惠普的帮助下，历时两年多的 SAP IS－Auto（汽车行业SAP解决方案）加上APO（高级计划优化器）项目成功在上海金桥南厂上线，其最大的价值就在于对整个供应链业务的整合。

IS-AUTO系统运行以后，销售订单从经销商那里传送到上海通用之后，就会汇总到生产订单管理系统，然后通过生产计划系统制订物料计划，上线生产，这个过程完全是按需定制的。在这个过程中，用户可以随时了解到自己订的车的生产进度，并可以根据生产进度更改已有定制；而上海通用，则可以在车辆还在生产线上时就知道它是卖给谁的，运输计划可以同时跟进，车一下线就可以马上运出。保守估算，上了IS-AUTO系统后，库存平均比以前减少了1~2天，财务运作效率提前了2~3天，经销商至少可以节约2天的财务成本，因为通过这个系统，经销商可以比以前提前两天获知汽车下线的信息，对他们来说大大提高了资金的周转率。

事实上，SAP IS-Auto系统已经成为上海通用汽车IT系统的神经中枢，它覆盖了上海通用从接订单到给最终用户交车的整个流程，并且与经销商管理系统、供应链管理系统、工厂底层管理系统等形成紧密连接，其最大的特色是按需定制、柔性管理。

过去上海通用应用的SAP/R3系统不能支持汽车的“柔性生产制造”（即在一条生产线上可以随时生产多种不同的车型，并且除了一些基本的共性模块，例如车身、底盘之外，其他一切部件包括发动机、变速箱等都成为选择性模块，可以根据客户需要进行多种组合），而且也不能够支持真正的JIT（Just In Time，准时生产），而这两点恰恰是现代汽车业竞争的关键。为此，上海通用曾经开发过一套自己的生产管理系统，与SAP的ERP系统结合在一起使用，虽然很好地解决了不同车型在同一条生产线流水作业的问题，但由于这种生产方式要求材料供应商必须处于“时刻供货”的状态，增加了他们的存货成本，他们便把部分成本打在给通用供货的价格中。这样一来，整条供应链的成本并没有降低。为了克服这个问题，上海通用将IS-AUTO与先前开发应用的供应商管理系统进行了对接，实现了与供应商的即时沟通，使供应商能根据通用的生产计划安排自己的存货和生产计划，同时也减少了对他们的存货资金的占用。而且一旦供应商在原材料、零部件方面出现问题，也可以向上海通用汽车提供预警，以便很快地启动“应急计划”。

应用了SAPS-Auto系统的上海通用，成为国内首个、全球屈指可数成功实现了全价值链整合应用IT系统的汽车公司。在与其他品牌汽车厂商的竞争中，上海通用采取全线覆盖的产品策略，别克、凯越、君威、凯迪拉克、赛欧等车型丰富，成为市场的领跑者。这一切业绩的取得，不能说不是得益于其先进的IT信息系统的应用。

8.2 物联网技术在智能仓储中的应用

8.2.1 智能仓储系统概述

自从有了生产活动，仓储就应运而生。仓储是生产活动的一个重要组成部分，并随着生产的发展而发展。特别是随着我国制造业的崛起，物流业也得到了迅猛发展，仓储越来越受到社会的广泛关注，大大促进了人们对仓储理论的研究，促使其逐步发展完善，从而成为一门独立的学科。

仓储活动是指通过仓库对物资进行储存和保管，以保管活动为中心，从仓库接收商品入库开始，到按需要把商品全部完好地发送出去为止的全部过程。它不同于生产或交易活动，是整个物流系统中衔接上下游物流活动的核心环节之一。仓储活动能够克服生产和消费在空间和时间上的分离，可以维持商品原有使用价值，加快资金周转，节约流通费用，降低物流成本，提高企业的经济效益。仓储活动的基本功能包括物品的入库、盘点、环境监控和出库信息处理四个方面，其中物品的出入库与在库盘点管理可以说是仓储的最基本的活动和传统功能。环境监控是仓储物流活动中的安全辅助环节，为货物存储的环境安全提供了保证。如今，随着管理手段与管理水平的不断提升，对仓储环境监控的研究也变得更普遍、更深入、更精细。

所谓智能仓储物流管理系统（Intelligent Warehouse Management System），就是基于自动识别技术对仓储各环节实施全过程的流程管理，以提高仓库管理人员对物品的入库、盘点、环境监控和出库操作作业的规范化，实现对货物货位、批次、保质期等的电子标签管理，有效地对仓库流程和空间进行管理，实现批次管理、快速出入库和动态盘点，从而有效地利用仓库存储空间，提高仓库的仓储能力，在物料的使用上实现先进先出原则，最终提高仓库存储空间的利用率，降低库存成本，提升市场竞争力。

8.2.2 智能仓储系统关键技术及原理

智能仓储物流系统是指货物从供应商供货到仓储部门保管的全部工作流程。仓库作业流程包括审核入库、在库盘点、环境监控和订单出库等环节，并能够根据各个环节的信息来制订仓储计划。系统将采用 RFID 技术、ZigBee 无线传感技术等，对仓库实施全过程管理，其主要的设备和技术有：

1. RFID 智能出入库管理系统

顾名思义，RFID 智能出入库管理系统就是对进出库的货物进行有效的智能管制，其实现意图和实现逻辑几乎和传统的入库员手工输入一样，只不过结合了 RFID 标签、RFID 读写器、自动控制、计算机、网络等先进的技术和设备，完成 RFID 技术与货物出入库管理的有效结合，目的在于能够提供更加方便、更加灵活、更加高效、功能更加强大的仓库管理手段，如图 8－1 所示。

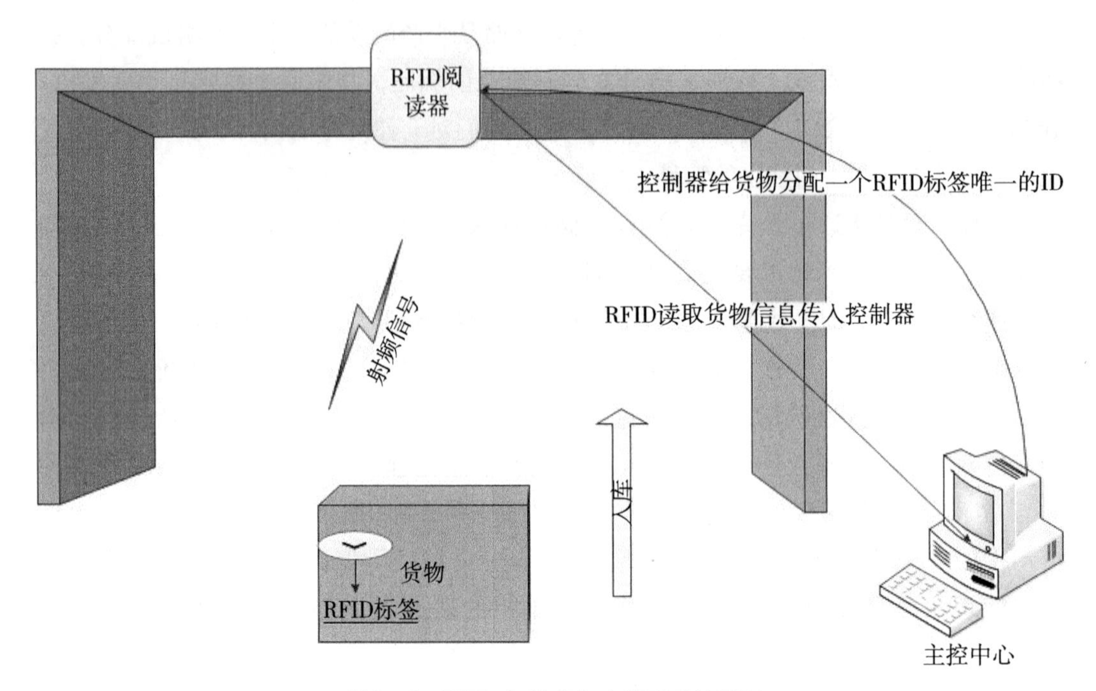

图 8－1　RFID 智能出入库管理系统原理

RFID 出入库管理系统主要分为三个模块。

（1）感知模块：RFID 标签作为整个仓储内部环节的信息传递载体，将货物与包装箱进行绑定。

（2）信息读取模块：高频或者超高频 RFID 读写器，能够获取包装箱上的货物携带信息，并通过网络传输上传至整个系统的应用层面，供上层应用者进行上层管理与应用。

（3）控制模块：带有仓库管理系统平台软件的主机，将底层获取的信息进行整合与管理，从而为入库货物的存储、转移、盘点和出库作业进行业务层次的合理规划与调节。

智能出入库管理系统的整体工作原理是：货物到达仓储部门待入库之前，赋予货物包装唯一的 RFID 标识，并建立货物与 RFID 标签的唯一绑定。在货物入库审核环节，系统对入库货物上的 RFID 标签与 RFID 读写器之间通过射频信号进行信息交换，两者之间的信息传输方式主要有电感耦合方式和电磁反向散射耦合两种，鉴于本系统采用的 RFID 标签的频率是超高频（UHF），所以采用电磁反向散射耦合的方式来进行信息的通信。当 RFID 读写器从 RFID 标签中获取信息后，通过网络进行通信传输到主控系统，主控系统便可以获取货物包装的唯一身份标识。整个仓储系统从入库审核到出库审核之间的所有仓储作业中 RFID 标签一直与货物进行唯一绑定，保证在仓储系统中实现对该货物全生命周期的追溯。智能仓储管理系统软件平台可以以动态饼形图的方式显示该仓储中每个货架上的货物数量，实现货物在仓库内的透明化管理。出库审核完成以后，RFID 标签信息将会与下一阶段的运输配送信息进行绑定和衔接，RFID 标签则被摘下回收，做到仓储内的循环利用，货物本身继续沿用自己的条码进行信息标识，如图 8 -2 所示。

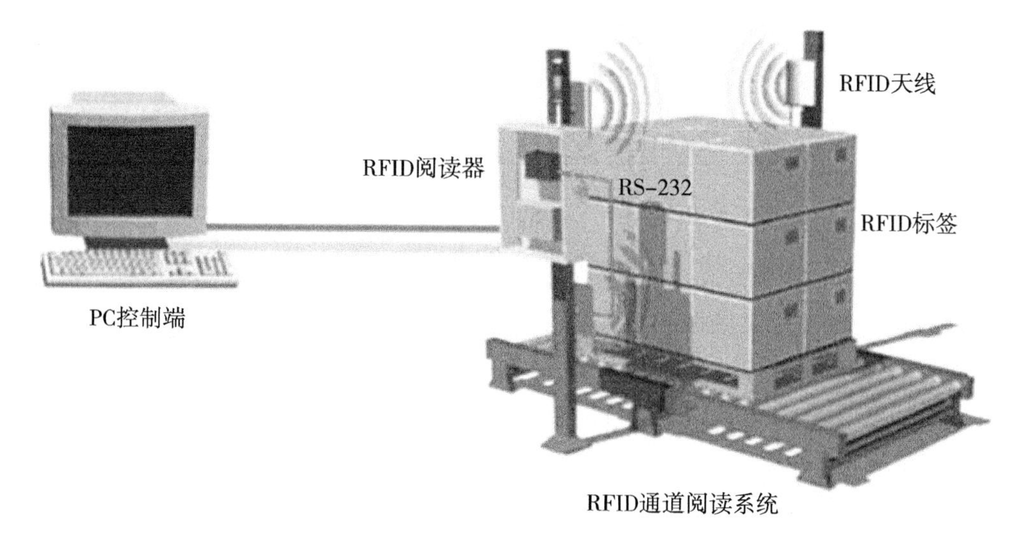

图 8 -2　RFID 智能入库管理系统示意

货物经过 RFID 通道阅读系统，通过托盘上的货物的 RFID 标签数来获取入库货物的数量信息，从而追溯整个托盘中入库货物的数量信息，并通过 RFID 读写器将信息获取并存入到系统的数据库中，供整个仓储作业环节的查询与应用。入库产品信息如表 8 -1所示。

表 8 -1　　入库产品信息

入库单 EPC	产品名称	产品数量	时间	备注
WARE0000001	产品 A	10	2012/11/18 17：40：48	
WARE0000002	产品 B	10	2012/11/18 17：40：48	
WARE0000003	产品 C	10	2012/11/18 17：40：48	
WARE0000004	产品 D	10	2012/11/18 17：40：48	

货物以托盘的形式进入到仓储部门，经 RFID 通道阅读系统信息读取模块读取并存储货物入库信息。货物到达仓储内部的货物缓存区进行拆盘和必要的拆箱操作，等待排队入库上架，同时系统会根据该货物的属性（种类、温湿度要求、重量等）自动给该货物分配相应的仓库位置和货架位置，以便进行上架操作。表 8－2 为系统数据库中货物上架信息。

表 8－2　系统数据库中货物上架信息

入库单 EPC	产品名称	仓库 ID	产品数量	时间	备注
WARE0000001	产品 A	001	10	2012/11/18 17：40：48	
WARE0000002	产品 B	001	10	2012/11/18 17：40：48	
WARE0000003	产品 C	001	10	2012/11/18 17：40：48	
WARE0000004	产品 D	001	10	2012/11/18 17：40：48	

2. 智能盘点小车

智能盘点小车主要由控制装置、供电装置、读写装置和上位机组成。供电装置主要为小车的运行提供能量，保证小车能够在盘点过程中正常运行。控制装置主要控制小车的运行速度和方向，保证小车能够准确地定位和到达。读写装置用于小车到达准确位置以后，通过上下移动来读取仓库中货架上的货物信息，完成仓库内货架上货物的自动盘点，并将获取的信息通过通信方式与上位机进行数据通信，供上层应用者进行数据分析和管理。上位机主要对小车的运行串口及协议进行设置，保证小车能在上位机的控制下正常运行。智能盘点小车的结构示意如图8－3所示。

智能盘点小车的工作原理是：仓储系统客户端根据仓储内的具体业务制订相应的盘点计划，然后将盘点计划下达到智能盘点小车的上位机上，再由上位机控制智能盘点小车对仓储内货架上的货物进行盘点操作，实现对仓储内指定位置、指定货架、指定商品的信息实时了解和跟踪，便于对仓储内货物的管理和整个系统的订货、分销货计划的制订，避免了因缺货、库存过多等问题给分销商和仓储方带来成本的压力。

远程仓储系统客户端制订好盘点计划，确定盘点的区域以及该区域内指定的仓库和货架位置，通过“区域 ID→仓库 ID→货架 ID”的层次关系找到需要盘点的具体货物的位置。上位机将制订好的盘点计划下达至盘点小车，操纵小车进行盘点操作。盘点计划如表 8－3 所示。

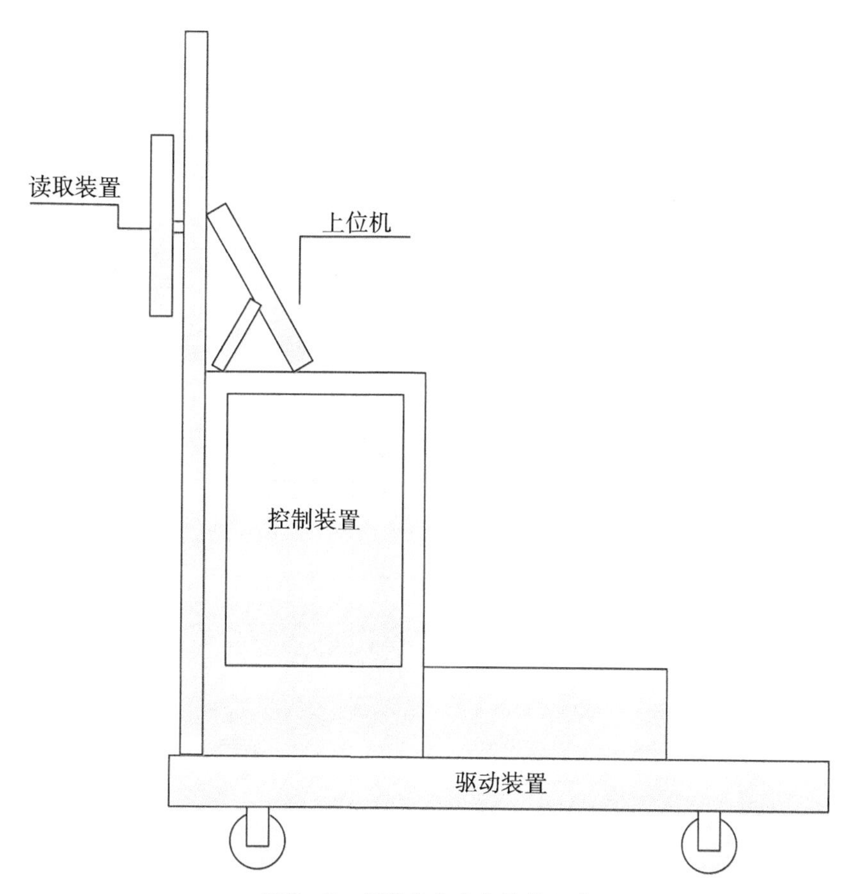

图 8－3　智能盘点小车结构示意

表 8－3　盘点计划

盘点单编号	盘点区域 ID	仓库 ID	货架 ID	商品名称	数量	盘点时间	备注
Check－001234	A1	001	00A				
Check－001235	A2	001	00A				
Check－001236	A3	001	00A				
Check－001237	A4	001	00A				
Check－001238	B1	001	00A				

3. 智能环境监控

智能环境监控主要由 ZigBee 主节点和从节点组成，通过主节点与从节点的通信作用实现信息交互，并将所有子节点环境信息上传至客户端的环境监控软件，以图表的形式生动直观地展现在客户端，同时还能设定好环境信息的上下限值，并做到实时获取仓库内的温度和湿度信息，与设定值进行比对，实现自动预警功能，提高仓储管理的安全性，体现人工智能化优势。

环境监控系统需要在指定的区域、仓库和货架上配有与之相应的环境监控子节点，并间断性地开始（必要时可以实时开启），将采集的信息及时上传至客户端，通过“货架→仓库→区域”进行环境信息的上输，以保存到系统数据库中，供仓储系统应用者使用。系统数据库中环境监控信息如表 8-4 所示。

表 8-4　系统数据库中环境监控信息

区域 ID	仓库 ID	货架 ID	温度	湿度	烟雾浓度	状态	时间	备注
A1	001	00A						
A2	001	00A						
A3	001	00A						
A4	001	00A						
B1	001	00A						

智能仓储环境监控系统示意如图 8-4 所示。

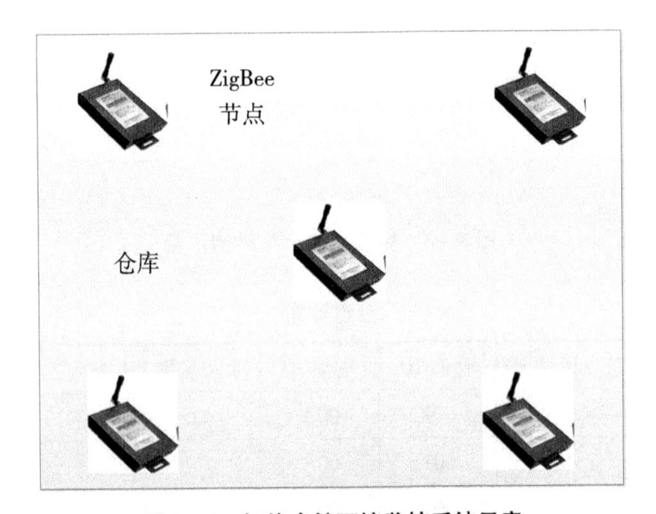

图 8-4　智能仓储环境监控系统示意

借助智能仓储系统中关键设备与技术的帮助可以大幅度地提高仓储管理内部各业务功能效率，提高货物周转率和缩短订单的响应时间，使仓储系统中信息流与实体流同步，实现仓储中设备、货物与信息的协调同步。

8.3　物联网技术在智能运输中的应用

8.3.1　智能运输系统概述

在物流的完整过程中，配送与运输起着至关重要的作用，是企业的“第三利润源”。从流通的角度来看，配送是指将被订购的商品，使用交通工具从产地或仓库送达客户的活动。配送的形态可以是从制造厂仓库直接运送给客户，也可以再经过批发商、经销商或由物流中心转送至客户。配送的目的在于克服供应商与消费者之间空间上的距离。运输是配送实现的根本手段，是运动的，它和静止的保管不同，要依靠动力消耗才能实现，而且又承担大跨度空间转移的任务，所以活动的时间长、距离远、消耗大。物流是物品实体的物理性运动，这种运动不但改变了物品的时间状态，也改变了物品的空间状态。运输承担了改变物品空间状态的任务，配送过程中的其他各项活动，如包装、装卸搬运、物流信息等，都是围绕着运输而进行的。可以说，在科学技术不断进步、生产的社会化和专业化程度不断提高的今天，一切物质产品的生产和消费都离不开配送与运输。

智能配送是运用计算机、GPS、GIS 等技术，根据配送的要求，制订一个高效、可控的配送方案，包括配送使用的设备、车辆，装载的商品等内容。

智能运输系统起源于公路交通运输的发展。随着机动车普及率的提高和公路交通需求的增加，交通拥挤问题日益突出，公路和城市道路运输的效率受到制约。为解决这一矛盾，各国纷纷加大了道路建设的力度。与此同时，为缓解新建公路和道路在土地占用、城市改造和建设资金等方面的压力，提高现有道路、公路网络的运输能力和运输效率，成为解决交通运输问题的另一重要途径。公路智能运输系统便是在这种背景下得以开发和应用的，并向其他运输方式推广。当代信息、通信、自动化和计算机技术的发展也为智能运输系统发展提供了强有力的技术支持。在20 世纪60 年代产生的城市路口交通控制和后来的高速公路监控系统，就是公路交通运输管理局部智能化的开始。早在20 世纪 30 年代，美国通用汽车公司和福特汽车公司就倡导和推广过“现代化公路网”的构想。日本、美国和西欧等发达国家为了解决共同面临的交通问题，竞相投入大量资金和人力，开始大规模地进行道路交通运输智能化的研究试验。随着研究的不断深入，智能交通系统功能扩展到道路交通运输的全过程及其有关服务部门，并发展成为带动整个道路交通运输现代化的智能运输系统。智能运输系统的服务领域为先进的交通管理系统、出行信息服务系统、商用车辆运营系统、电子收费系统、公共交通运营系统、应急管理系统、先进的车辆控制系统。智能运输系统实质上就是利用高新技术对传统的运输系统进行改造而形成的一种信息化、智能化、社会化的新型运输系统。

目前，各国和各方面专家对智能运输系统的理解不尽相同，但比较公认的含义是：智能运输系统是将先进的信息技术、数据通信传输技术、电子控制技术及计算机处理技术等综合运用于整个交通运输管理体系，建立起一种实时、准确、高效的综合运输管理体系，最终使交通运输服务和管理智能化。其目标和功能包括：提高交通运输的安全水平；减少交通堵塞，保持交通畅通，提高运输网络通行能力；降低交通运输对环境的污染程度并节约能源；提高交通运输生产效率和经济效益。与传统提高交通运输水平手段相比，智能运输系统不是单纯依靠建设更多的基础设施、消耗大量资源来实现以上目标和功能，而是在现有或较完善的基础设施上，将先进的通信技术、信息技术、控制技术有机地结合，综合地运用于整个交通运输系统实现其目标和功能。

现代物流活动中，智能运输系统的作用越来越受到重视，它在城市配送及道路运输方面体现了极大的优势。智能运输系统模拟了企业物流活动中的配送及运输环节，通过 GPS、RFID 等技术实现运输环节的实时监控，直观体现了现代智能运输体系的运作模式及关键技术原理。

8.3.2 智能运输系统关键技术及原理

智能运输系统的运行从下游客户订单开始。当配送系统接收到客户订单后，对客户订单进行处理生成相应的配送单，并发送给拣货部门。拣货部门根据拣货单选取符合要求的商品进行装箱、装盘等操作，再将包装好的商品交给运输部门进行运输配送，最终将商品送达客户手中。整个智能运输系统分为配送准备以及运输监控两部分。配送准备阶段对将要配送的商品进行信息处理，实现人、车、货三者之间的信息同步，为运输阶段做准备。运输监控部门通过 GPS、RFID 等现代物联网技术实现对车辆的在途监控，确保运输过程安全，最终实现商品流通全程的信息流畅和安全可靠。

1. 快速订单处理及可视化库存管理技术

智能运输系统需要快速响应客户订单，并依据库存水平制订相应的配送计划。在技术实现上利用 Web 信息共享技术实现订单的快速传递与响应；在库存管理上，通过 RFID 技术实现对库存状况的实时管理，保证库存信息的准确性。该系统的工作原理如图 8 -5 所示。

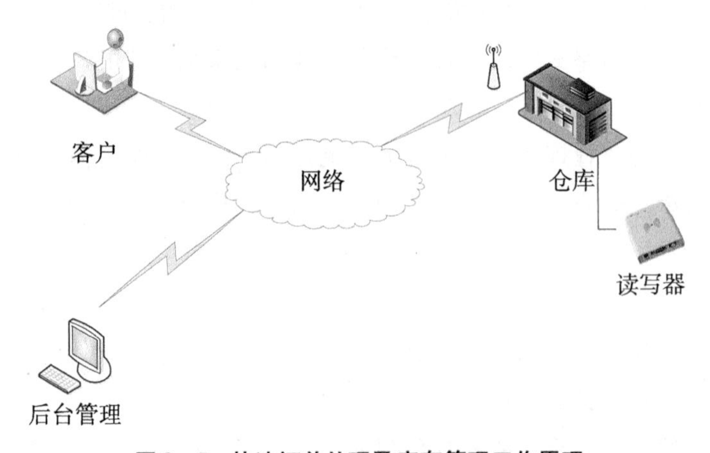

图 8 -5　快速订单处理及库存管理工作原理

2. 贴标系统及标签信息绑定系统

在配送准备阶段，需要对商品包装以及托盘进行贴标处理，即利用系统 EPC 绑定功能将商品的 EPC 与包装箱的 EPC 以及托盘编码进行绑定，再通过 RFID 读写器完成包装 EPC 绑定操作以及车辆 EPC 的识别与绑定，其工作原理如图 8－6所示。

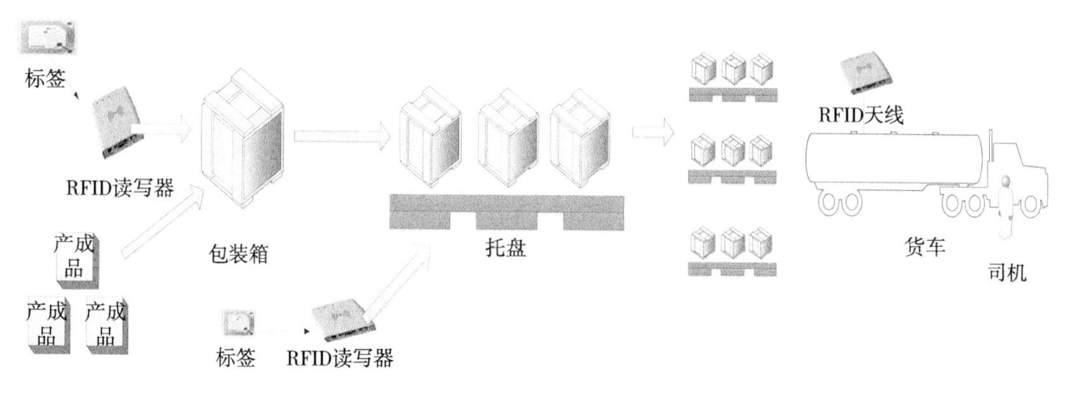

图 8－6 贴标系统及标签信息绑定系统工作原理

配送准备阶段，使用到的设备包括：超高频 RFID 标签（如图 8－7 所示），RFID 读写器及天线等（如图 8－8 所示），内嵌 RFID 读写器的手持终端（如图 8－9 所示），含分拣机的传送带（如图 8－10 所示）和托盘（如图 8－11 所示）、包装箱等存储设备。

图 8－7 超高频 RFID 标签

3. 车辆定位追踪系统

车辆定位追踪系统包含 GPS 和 GIS 技术。GPS 定位的基本原理是根据高速运动的

图 8－8　RFID 读写器

图 8－9　RFID 读写器

图 8－10　含分拣机的传送带

图 8－11　托盘

卫星瞬间位置作为已知的起算数据，采用空间距离后方交会的方法，确定待测点的位置。而 GIS 是以地理空间数据库为基础，在计算机软硬件的支持下，运用系统工程和信息科学的理论，科学管理和综合分析具有空间内涵的地理数据，以提供管理、决策等所需信息的技术系统。

在许多应用场合，GPS 与 GIS 是不可分割的，只有利用 GIS，用户才能直观地在上位机看到位置与各种地理信息；只有依靠 GPS，才能够获取用户的位置信息。在智能运输系统中，用户以手机为定位端，通过 GPRS 数据传输方式传输数据到接收服务器中，后台管理系统通过接收服务器的数据获取 GPS 数据，并通过 GIS 进行显示，如图 8－12 所示。

车载 GPS 终端确定车辆的空间坐标信息，将位置信息发送至 Web 服务器，通过 Web GIS 确定车辆所在坐标的地理环境信息。后台管理系统通过这些位置数据可以进行相应的监控与管理。

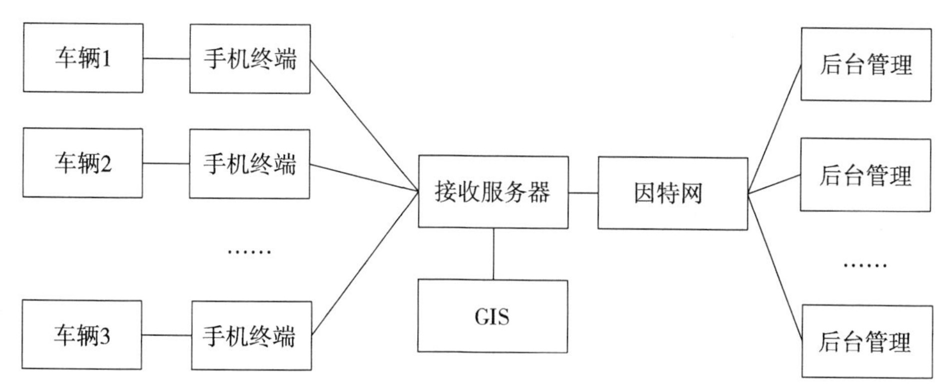

图 8－12　智能运输定位系统结构

4. 车辆状态监控系统

针对在途车辆的状态监控，系统应用了无线传感技术，在车厢内部、车胎等位置布控各类传感器，如温湿度传感器、胎压传感器等，再通过 ZigBee 技术将车辆状态信息传递到车载终端，并运用 GPRS 技术将车辆环境信息等状态数据传输至网络服务器，实现对车辆状态的实时监控，如图 8－13 所示。

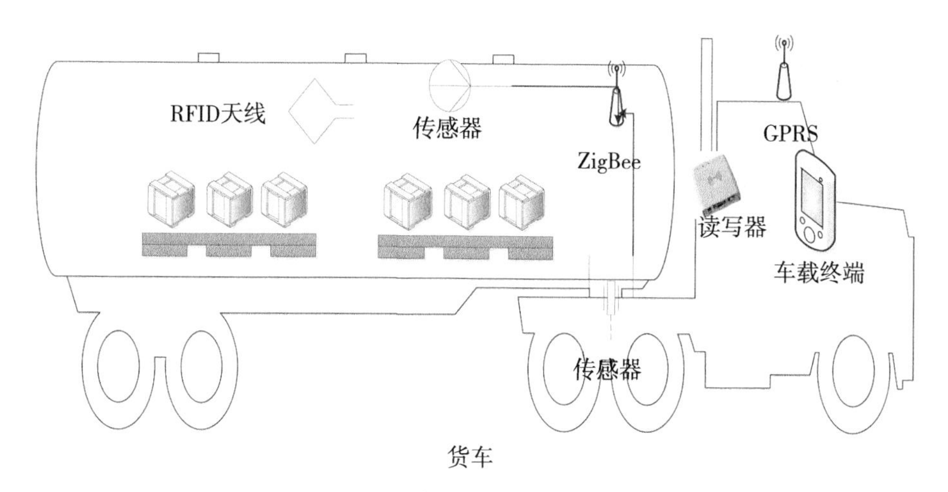

图 8－13　车辆状态监控系统示意

车载终端不仅仅接收车辆位置信息数据、车辆环境信息数据，还通过车载的 RFID 天线识别司机以及车辆的 EPC 编码，并将 GPS 数据、环境数据以及车辆人员 EPC 等数据一并通过 GPRS 发送至网络服务器，不仅实现车辆的位置监控、车载环境监控，还能根据车辆 EPC 提供车载商品的追溯与管理。

智能运输系统所涉及的硬件设备包括车载 GPS 终端（如图 8－14 所示），ZigBee 节点（如图 8－15 所示）和 RFID 读写器。

图 8－14　车载 GPS 终端

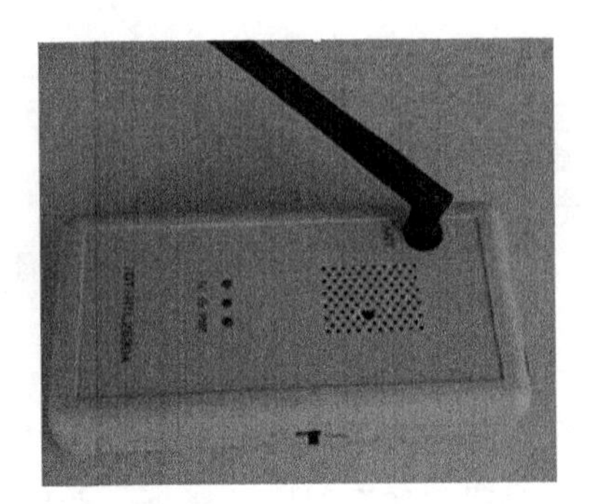
图 8－15　ZigBee 节点

8.4　物联网技术在智能销售中的应用

8.4.1　智能超市销售系统概述

智能超市销售系统是融合 RFID 技术、计算机通信网络、数据库管理技术于一体的现代化超市经营管理工具，具有运转效率高、风险成本低、管理科学先进、服务品质优良等优点。智能超市最大特点是采用了 RFID 技术，无须人工对每件商品条码进行扫描，可以节约大量的人力和物力，提高效率，避免超市出口排长队。由于射频信号能够穿透衣服、箱包等遮蔽物，所以 RFID 技术可以防止超市商品被盗。超市的每件商品都贴上电子标签，标签内存储的信息包括商品的编码、价格等。当标签进入读写器的识别范围内，标签马上就能被激活，商品所有的信息都能被读写器获取，然后显示给顾客和工作人员。读写器内部采用防碰撞算法，能同时识别多个标签，并且无遗漏。所以，同传统的超市销售系统相比，智能超市销售系统能够在库存管理、销售管理、物流配送等方面降低超市成本，提高供货商对消费端的反应效率，改善用户体验，提升客户关系水平，真正将供应链转为以消费者需求为导向的运作模式，创造了一个以消费者为主导的新型关系。

国外的相关研究都取得了一定的成果，并且有部分超市正在试运行这种基于 RFID 技术的智能销售系统。国内的相关研究起步较晚，最开始只有部分高校对 RFID 和电子标签进行研究，并没有进行产业化。近几年，许多公司意识到 RFID 的广阔前景，特别是高频段的 RFID 在现实生活中大有用武之地，在这个方向的研究上都投入了大量的人力和物力，但在智能超市领域推广开来还有许多问题亟须解决。

8.4.2　智能超市销售系统关键技术及原理

基于物联网技术的智能超市销售系统涉及智能超市前台购物全部流程，包括用户注册发卡、用户智能选取商品、用户自助结算、货架自动监控商品、自动提示补货等功能。在智能超市销售系统中的每件商品都贴有 RFID 标签，标签内存储的信息包括商品的编码、价格等。一旦进入读写器的识别范围内，标签马上就能被激活，所有的商品信息都能被读写器获取，然后显示给顾客和工作人员。读写器内部采用防碰撞算法，能同时识别多个标签，并且无遗漏。超市货架都装有 RFID 读写器，能够智能感知货物，实时监控货物的种类、数量与货物的变化情况，并实时与服务器进行数据交互。系统主要由智能服务台、智能购物车、智能货架、智能结算通道以及后台服务器组成。智能超市整体架构如图 8－16 所示。

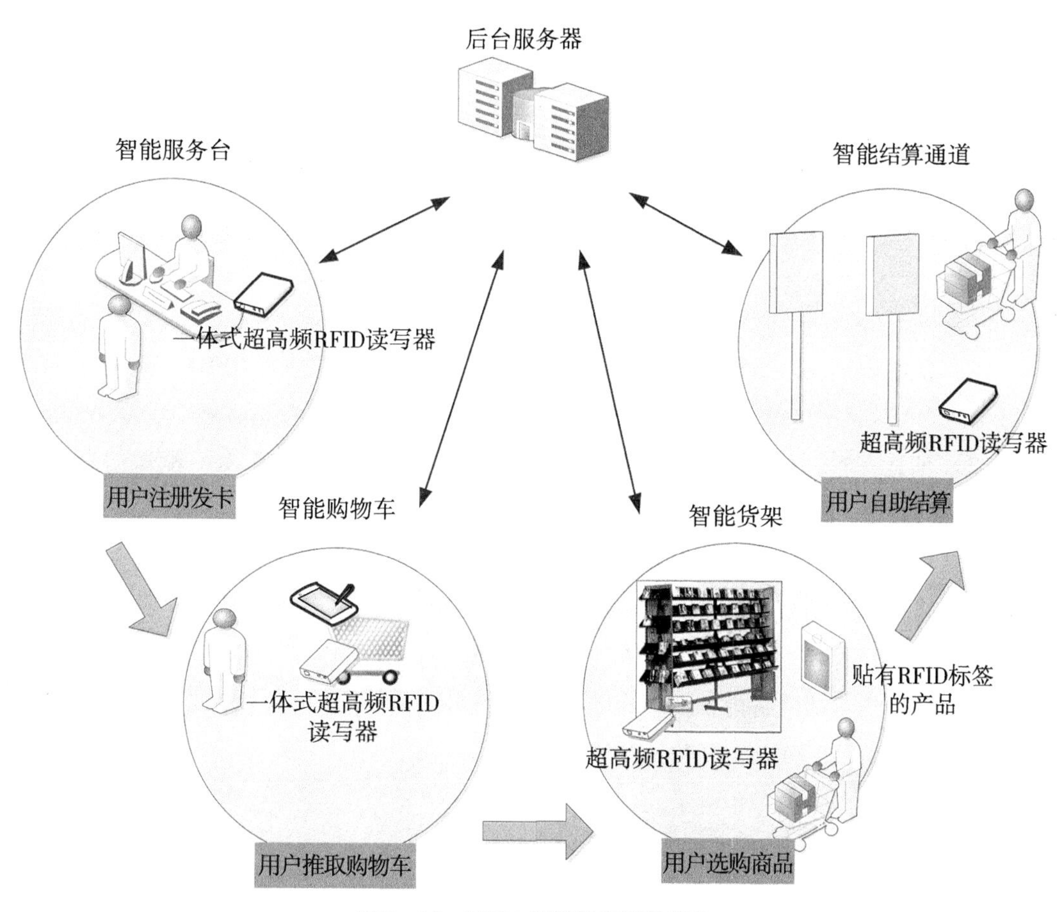

图 8－16　RFID 智能超市整体架构

1. 智能购物车

智能购物车是运用 RFID 技术原理，实现智能化超市的重要工具之一。智能购物车主要由购物车体和车上终端两部分组成。智能终端具有 RFID 识别、Wi - Fi 数据传输、语音提示、高清晰多媒体播放等多种功能。智能购物车通过智能购物终端传递折扣信息，商家可无线传输当前折扣信息，提示消费者。智能购物车通过购物终端的 RFID 阅读器与天线识别商品，并可连接服务器查询商品具体信息，特别是为消费者提供及时的溯源渠道。智能购物车系统组成如图 8 – 17 所示。

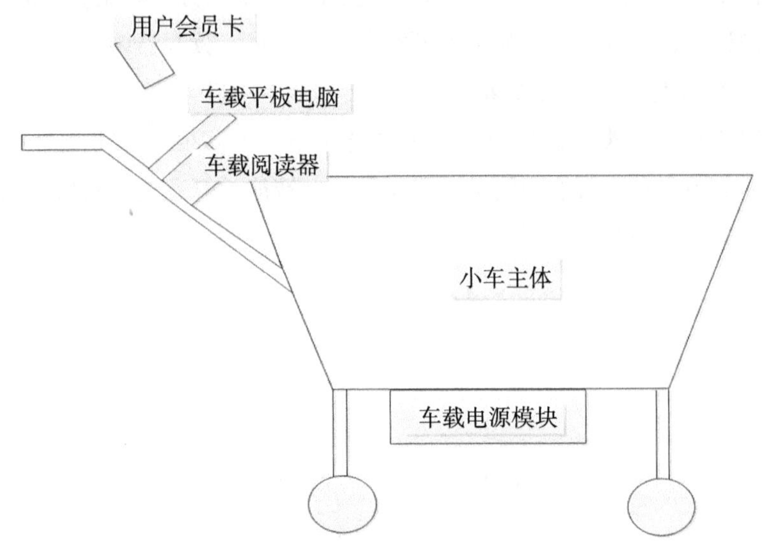

图 8 – 17　智能购物车系统组成

（1）能够识别用户身份卡，可显示历史购物记录，可识别贴有 RFID 或条码标签的商品信息。

（2）信息查看：通过数据库信息查询，能够获取商品的生产信息、配送信息、原材料供应信息等，同时也可以查看商品的打折促销信息等。

（3）商品位置导航：利用智能货架信息交互，能够获取商品的位置信息，使用导航功能快速找到想要的商品。

（4）快速结算：通过智能购物车上的 RFID 读写器或条码枪，用户可以将选购的商品加入购物车（包括网络虚拟购物车与实体购物车），在结算处经过门形 RFID 读写器确认已选购商品后，可以实现快速结算。

智能购物车如图 8 – 18 所示。

2. 智能货架

智能货架是采用 RFID 技术、无线通信技术以及传感技术，通过感应货物 RFID 标签，可以为用户实现快速、准确的智能化存储与清点的装置，广泛用于各个行业，如

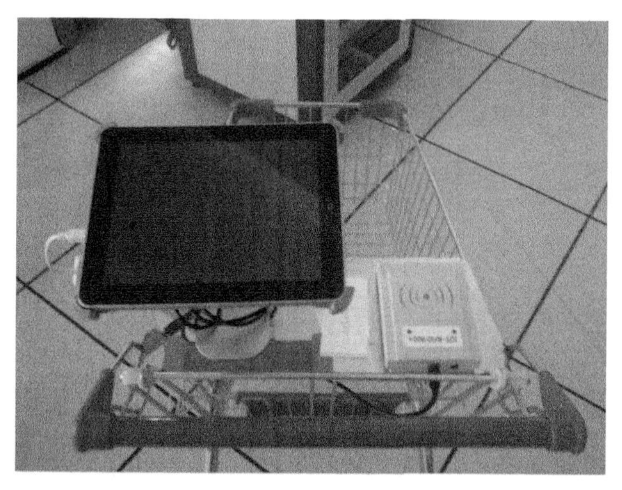

图 8－18 智能购物车

资产管理、档案文件管理、图书管理等领域，以实现库存管理的智能化、科学化和自动化，有效控制由于库存资产管理的不善带来的资产丢失或闲置，提高管理效率和服务水平。

智能货架结构如图 8－19 所示。

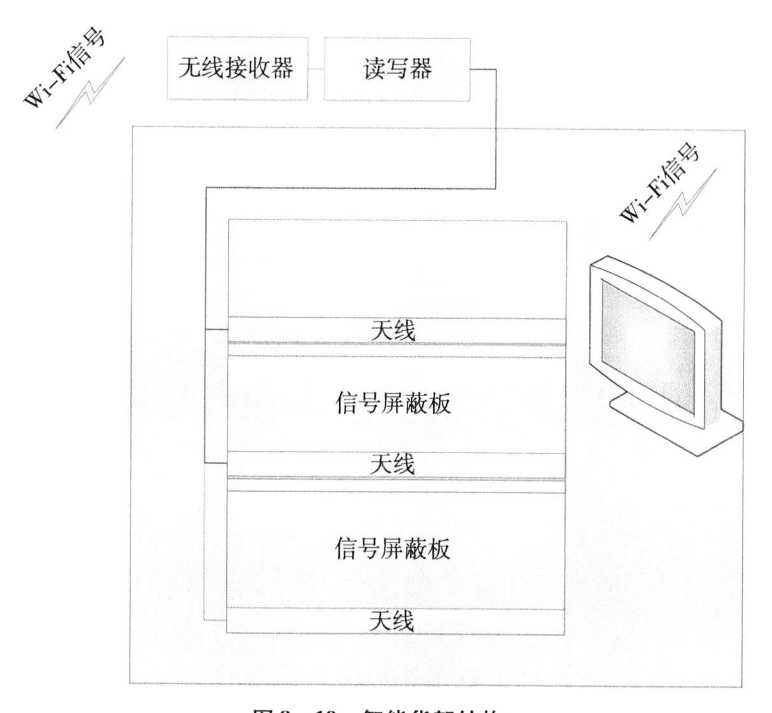

图 8－19 智能货架结构

该系统中的智能货架能够对货架上商品进行实时监控，记录商品放置时间、离开时间以及每层货架商品放置状态，自动将补货信息通过网络传送到仓库管理服务器，还能感知环境状态，并进行异常监控报警。智能货架带有触摸屏设备，购物者可通过触摸屏设备查看商品信息，并进行语音导购。智能货架可模拟超市前台，完成商品的展示与实时监控，与智能拣货小车、收银台共同完成智能购物环节。

智能货架实施效果示意如图 8 –20 所示。

图 8 –20　智能货架实施效果示意

3. 智能收银台

智能收银台基于高频 RFID 技术与无线网络技术，通过读取指定范围内的货物标签实现货物的智能结算。智能收银台主要由超高频 RFID 读写器、一体式超高频读写器、上位机及管理系统组成。智能收银台结构如图 8 –21 所示。

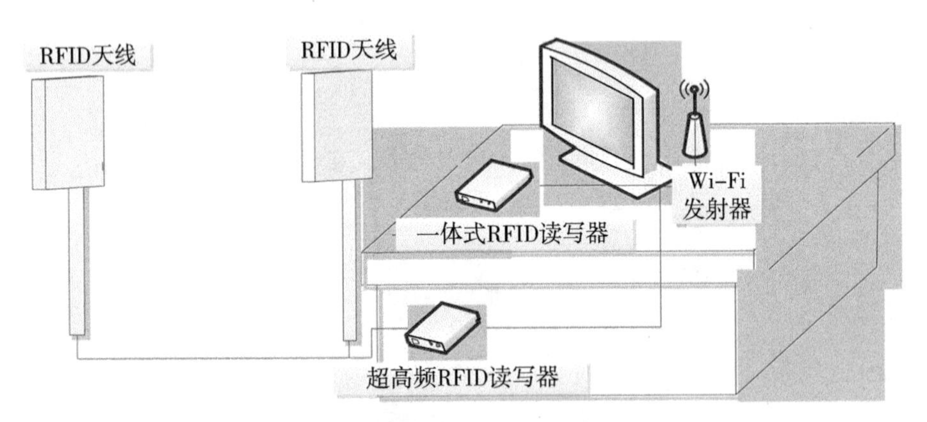

图 8 –21　智能收银台结构

智能收银台能够识别用户身份卡，同步显示历史购物记录，并识别贴有 RFID 标签的商品，同时支持智能购物车结算与普通读取式结算两种结算方式。在系统中，模拟超市收银台，能够完成自助式智能结算与货物的防盗监控，与智能货架、智能拣货小车共同完成智能购物环节。智能收银台效果示意如图 8 - 22 所示。

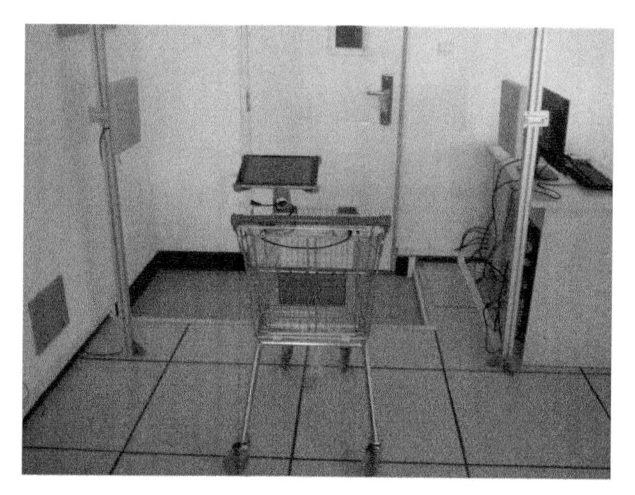

图 8 - 22 智能收银台效果示意

8.5 智能物流应用实训

8.5.1 智能仓储实训

一、入库实验

1. 实验目的

（1）了解仓储环节中的货物入库作业流程。

（2）学习利用 RFID 读写器扫描货物入库操作的基本原理。

（3）将扫描后的货物进行上架操作，将货架编号与货物绑定。

2. 实验内容

（1）读取待入库产品 EPC，进行入库操作。

（2）利用软件生成货架 EPC，作为货架唯一标识。

（3）将生成的货架 EPC 与货物进行绑定。

3. 实验仪器

（1）一台带有 USB 接口的计算机，软件环境为 Windows7 或 Windows XP 操作系统。

（2）RFID 读写器。

（3）超高频 RFID 标签。

（4）智能仓储物流实训软件平台。

4. 实验步骤

(1) 连接好计算机和 RFID 读写器，启动智能仓储物流实训软件平台。

(2) 使用 RFID 读写器读取待入库货物信息，生成“在库产品信息”，如图 8－23 所示。

在库信息

在库产品信息　查询条件：　查询　刷新　退出

产品编码	产品名称	产品类型	产品规格	在库状态	生产完成时间	入库时间	出库时间	生产批次
303400000400...	产品A	A	100*200	已入库	2012/12/17 12:53:25	2012/12/17 14:44:43		0001
303400000400...	产品A	A	100*200	已入库	2012/12/17 12:53:33	2012/12/17 14:44:43		0001
303400000400...	产品A	A	100*200	已入库	2012/12/17 12:53:41	2012/12/17 14:44:43		0001
303400000400...	产品A	A	100*200	已入库	2012/12/17 12:53:49	2012/12/17 14:44:43		0001
303400000400...	产品A	A	100*200	已入库	2012/12/17 12:53:57	2012/12/17 14:44:43		0001
303400000400...	产品A	A	100*200	已入库	2012/12/17 12:54:05	2012/12/17 14:44:43		0001
303400000400...	产品A	A	100*200	已入库	2012/12/17 12:54:13	2012/12/17 14:44:43		0001
303400000400...	产品A	A	100*200	已入库	2012/12/17 12:54:21	2012/12/17 14:44:43		0001
303400000400...	产品A	A	100*200	已入库	2012/12/17 12:54:29	2012/12/17 14:44:43		0001
303400000400...	产品A	A	100*200	已入库	2012/12/17 12:54:37	2012/12/17 14:44:43		0001

图 8－23　在库产品信息界面

(3) 利用智能仓储物流实训软件平台生成货架的 EPC 编号，将已入库的货物进行上架并与货架绑定。

二、智能盘点实验

1. 实验目的

(1) 了解仓储环节的货物盘点业务流程。

(2) 学习 RFID 标签及智能盘点小车的基本工作原理。

(3) 掌握使用智能盘点小车实现货物盘点业务。

2. 实验内容

(1) 根据要求，利用智能仓储物流实训软件平台生成待盘点货物信息表。

(2) 通过智能仓储物流实训软件平台获取货架与货物对应信息表，以此作为盘点结果的依据。

(3) 进行盘点操作。

3. 实验仪器

(1) 一台带有 USB 接口的计算机，软件环境为 Windows8、Windows7 或 Windows XP 操作系统。

（2）智能盘点小车。

（3）超高频 RFID 标签。

（4）智能仓储物流实训软件平台。

4. 实验步骤

（1）连接好计算机和 RFID 读写器，启动智能仓储物流实训软件平台。

（2）使用智能仓储物流实训软件平台生成待盘点货物信息列表，如图 8－24 所示。

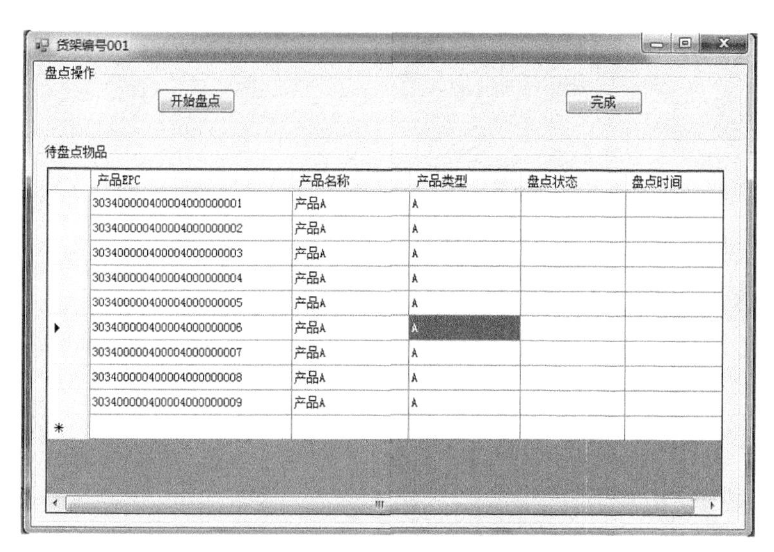

产品EPC	产品名称	产品类型	盘点状态	盘点时间
303400000400004000000001	产品A	A		
303400000400004000000002	产品A	A		
303400000400004000000003	产品A	A		
303400000400004000000004	产品A	A		
303400000400004000000005	产品A	A		
303400000400004000000006	产品A	A		
303400000400004000000007	产品A	A		
303400000400004000000008	产品A	A		
303400000400004000000009	产品A	A		

图 8－24 待盘点货物信息列表

（3）根据货架与货物的对应信息表，下达智能盘点小车的盘点指令，同时启动智能盘点小车使之处于正常工作状态。

（4）下达完指令后，点击“开始盘点”按钮进行智能盘点操作，生成盘点结果信息，如图 8－25 所示。

三、环境监控实验

1. 实验目的

（1）了解仓储环节中环境监控的意义。

（2）学习 ZigBee 技术的通信原理及传感器的基本原理。

（3）掌握使用 ZigBee 技术对仓储内部进行环境监控实验。

2. 实验内容

（1）ZigBee 环境设备的配置与安装，调好环境监控网络。

（2）将配置好的 ZigBee 进行分配，进行 ZigBee 子节点与货架 EPC 以及货物的绑定操作。

产品EPC	产品名称	产品类型	盘点状态	盘点时间
303400000400004000000001	产品A	A	已盘点	2012/11/16 11:23:48
303400000400004000000002	产品A	A	已盘点	2012/11/17 16:24:33
303400000400004000000003	产品A	A	已盘点	2012/11/18 11:24:53
303400000400004000000004	产品A	A	已盘点	2012/11/18 21:24:30
303400000400004000000005	产品A	A	已盘点	2012/11/18 11:24:43
303400000400004000000006	产品A	A	已盘点	2012/11/19 10:08:23
303400000400004000000007	产品A	A	已盘点	2012/11/19 08:24:33
303400000400004000000008	产品A	A	已盘点	2012/11/19 09:24:34
303400000400004000000009	产品A	A	已盘点	2012/11/19 16:24:32

图 8-25　盘点操作结果

（3）软件测试，获取到环境监控信息。

3. 实验仪器

（1）一台带有 USB 接口的计算机，软件环境为 Windows8、Windows7 或 Windows XP 操作系统。

（2）ZigBee 节点和子节点设备。

（3）超高频 RFID 标签。

（4）智能仓储物流实训软件平台。

4. 实验步骤

（1）将计算机和 ZigBee 设备进行配置与安装，启动智能仓储物流实训软件平台，通过软件赋予每个节点一个唯一的编号。

（2）将分配好的环境监控节点与监控的货架 EPC 和货物 EPC 绑定，建立两者之间的关联。

（3）将主节点和分配的子节点打开，保证都处于正常工作状态。

（4）利用智能仓储物流实训软件平台，点击“环境监控”按钮获取监控环境信息，如图 8-26 所示。

四、出库实验

1. 实验目的

（1）了解仓储环节中的货物出库作业流程。

（2）掌握 RFID 读写器扫描货物出库操作的基本原理。

2. 实验内容

读取待出库产品 EPC，将产品进行出库操作。

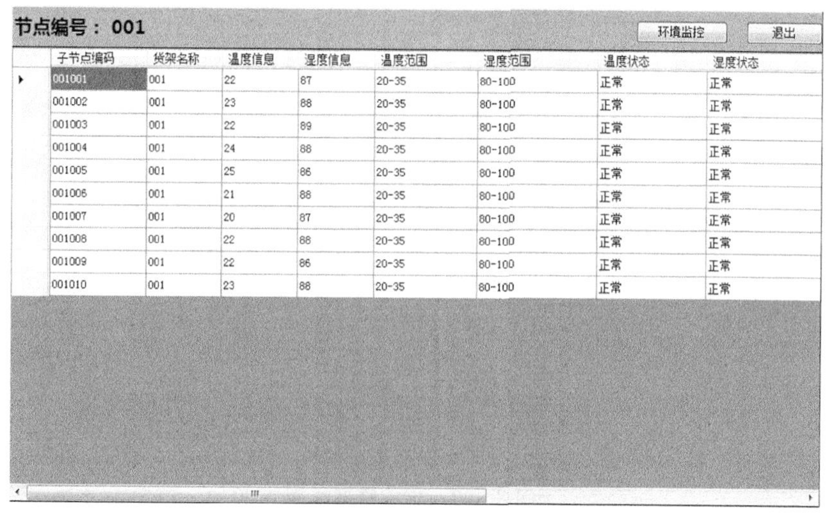

子节点编码	货架名称	温度信息	湿度信息	温度范围	湿度范围	温度状态	湿度状态
001001	001	22	87	20-35	80-100	正常	正常
001002	001	23	88	20-35	80-100	正常	正常
001003	001	22	89	20-35	80-100	正常	正常
001004	001	24	88	20-35	80-100	正常	正常
001005	001	25	86	20-35	80-100	正常	正常
001006	001	21	88	20-35	80-100	正常	正常
001007	001	20	87	20-35	80-100	正常	正常
001008	001	22	88	20-35	80-100	正常	正常
001009	001	22	86	20-35	80-100	正常	正常
001010	001	23	88	20-35	80-100	正常	正常

图8－26　环境监控信息界面

3. 实验器材

（1）一台带有 USB 接口的计算机，软件环境为 Windows8、Windows7 或 Windows XP 操作系统。

（2）RFID 读写器。

（3）超高频 RFID 标签。

（4）智能仓储物流实训软件平台。

4. 实验步骤

（1）连接好计算机和 RFID 读写器，启动智能仓储物流实训软件平台。

（2）根据订货单制订出库计划，使用智能仓储物流实训软件平台生成出库货物信息，如图 8－27 所示。

（3）通过读写器读取出库货物信息表中的货物，点击“扫描出库”按钮，读取列表中商品的 EPC 标签，读取过的产品的库存状态会变为“出库”，同时出库时间会被记录下来并显示，读取过的产品对应的信息栏会有颜色变化，以方便用户操作，如图 8－27所示。

8.5.2　智能运输实训

一、产品包装绑定实验

1. 实验目的

（1）了解配送作业中包装环节的业务流程。

（2）了解产品包装及标签绑定的基本原理。

（3）掌握使用 RFID 技术实现标签绑定。

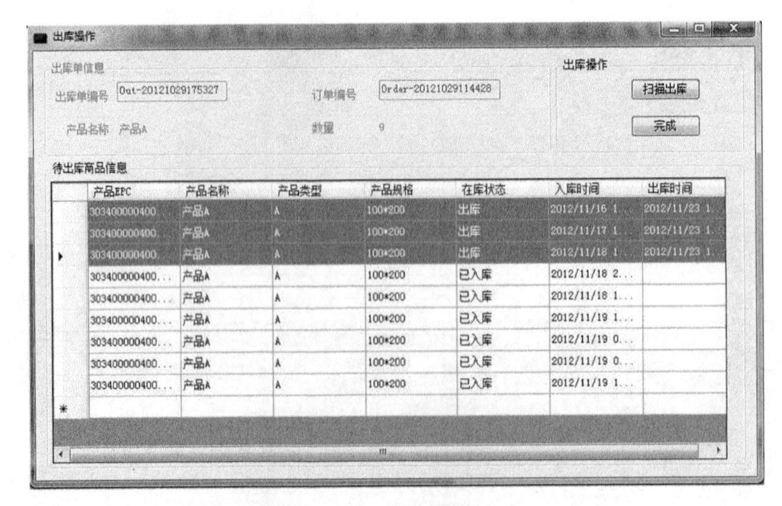

图 8-27　出库管理界面

2. 实验内容

(1) 读取待配送产品 EPC，确认配送产品。

(2) 生成包装箱 EPC，将产品 EPC 与包装箱 EPC 进行绑定操作。

(3) 装箱、封箱操作。

3. 实验仪器

(1) 一台带有 USB 接口的计算机，软件环境为 Windows8、Windows7 或 Windows XP 操作系统。

(2) RFID 读写器。

(3) 超高频 RFID 标签。

(4) 智能配送与智能运输软件平台。

4. 实验步骤

(1) 使用软件平台生成包装箱 EPC，完成包装箱的贴标操作。

(2) 使用 RFID 读写器读取包装箱 EPC，读取成功后依次读取待配送产品 EPC，进行产品与包装箱间的 EPC 绑定，如图 8-28 所示。

(3) 完成包装箱 EPC 与产品 EPC 的绑定操作，结果如图 8-29 所示。

二、产品装车绑定实验

1. 实验目的

(1) 了解配送作业中装车环节的业务流程。

(2) 了解产品装车过程中标签绑定的基本原理。

(3) 掌握使用 RFID 技术实现标签绑定。

2. 实验内容

(1) 读取包装好的包装箱 EPC。

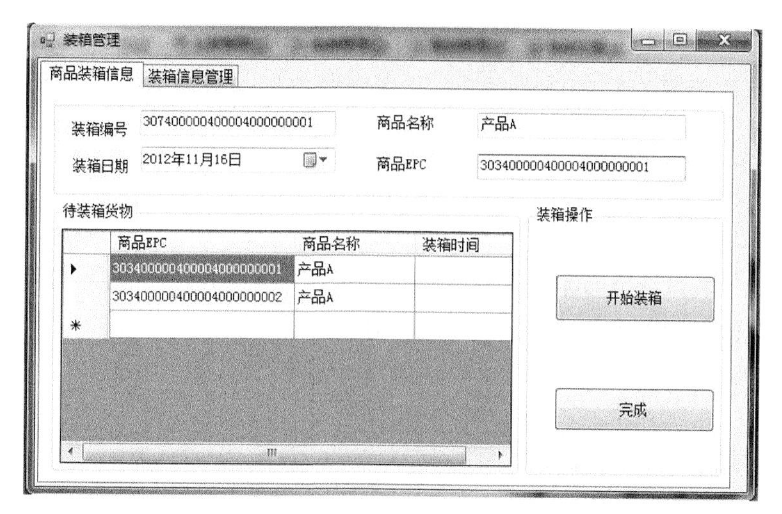

图 8-28　装箱操作界面

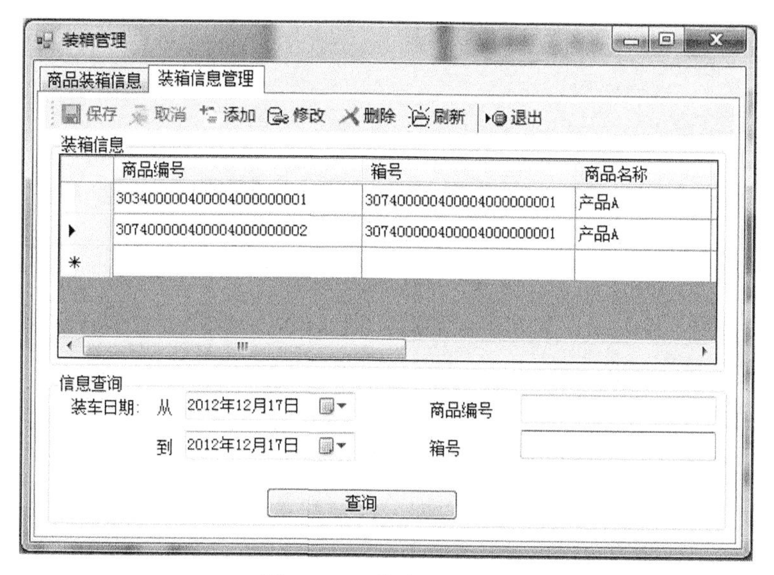

图 8-29　装箱信息管理

（2）将包装箱 EPC 与车辆 EPC 进行绑定操作。

（3）完成装车操作。

3. 实验仪器

（1）内嵌 RFID 读写器的手持终端。

（2）智能配送与智能运输软件平台。

4. 实验步骤

（1）启动智能配送与智能运输软件，在“包装管理”下单击“绑定装车”按钮，然后在弹出的“装车绑定”界面的左侧栏中单击“读取”按钮，再使用手持终端读取需要装车的包装箱 EPC，这时出现装车包装箱的详细信息。

（2）在读取车辆 EPC 信息栏中单击“读取”按钮，利用手持终端读取车辆 EPC，读取成功后“读取”按钮变为不可用，需在装车完毕点击“重置”按钮后才可再次进行读取操作。

（3）以上两步读取成功后，单击“绑定操作”信息栏中“绑定装车”按钮，提示成功后可实现包装箱信息与车辆信息的绑定。单击“查看装车信息”按钮可查看已经绑定的包装箱信息和车辆信息，完成全部操作后单击“完成”按钮退出。装车绑定操作界面如图 8－30 所示。

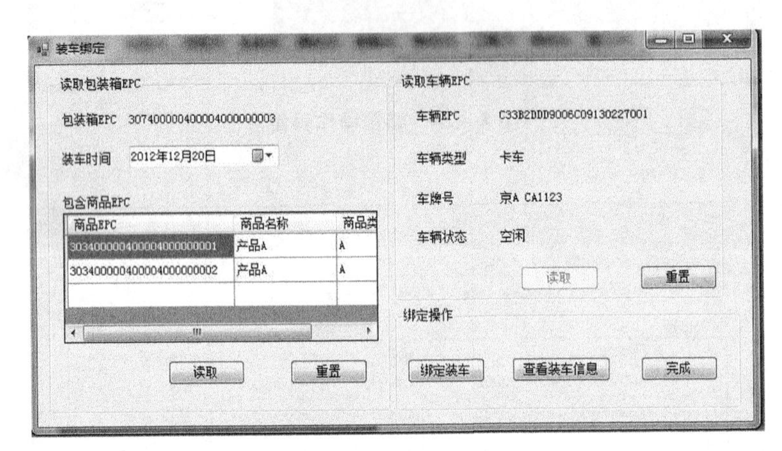

图 8－30　装车绑定

三、司机绑定配送实验

1. 实验目的

（1）了解配送环节业务流程以及配送单的内容组成。

（2）了解司机与车辆绑定的基本原理，以及配送单的产生过程。

（3）掌握使用 RFID 技术实现标签绑定。

2. 实验内容

（1）利用手持设备识别车辆 EPC 及司机 EPC。

（2）将车辆 EPC 与司机 EPC 进行绑定操作。

（3）生成详细配送单。

3. 实验仪器

（1）内嵌 RFID 读写器的手持终端。

（2）智能配送与智能运输软件平台。

4. 实验步骤

（1）单击“配送管理”按钮，在下拉菜单中选择“生成配送单”按钮，弹出“生成配送单”界面，单击车辆详细信息栏中的“读取”按钮，使用手持终端读取车辆EPC，读取的信息将显示在车辆详细信息栏中。

（2）单击司机详细信息栏中的“读取”按钮，使用手持终端读取司机EPC，读到的信息会显示在司机详细信息栏中。

（3）单击“生成配送单”信息栏中的“生成配送单”按钮，系统会根据读取的车辆和司机EPC信息生成部分配送单信息，“发货时间”和“达到时限”需要单独输入，时间确定后便生成配送单，如图8－31所示。

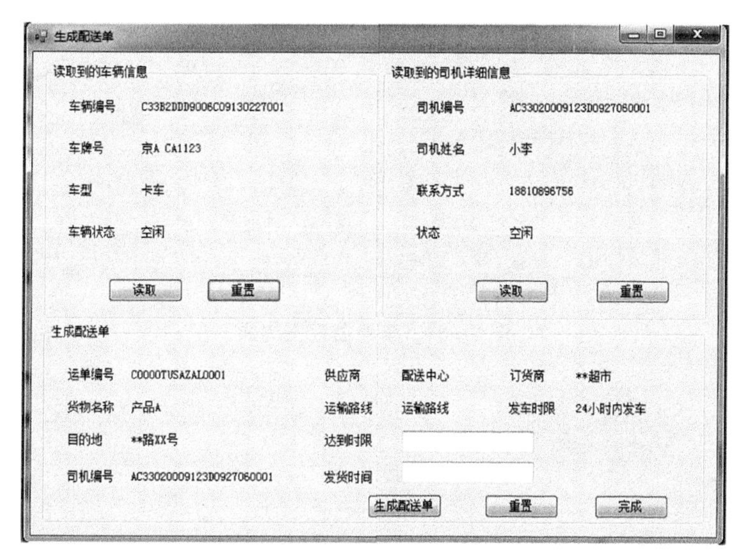

图8－31　生成配送单

四、车辆位置监控实验

1. 实验目的

（1）了解车辆定位系统的原理。

（2）掌握使用软件平台实现对车辆位置的监控。

（3）了解实时车辆监控的管理方法。

2. 实验内容

（1）使用平台系统采集车辆位置信息。

（2）在WebGIS车辆监控系统上显示车辆的实时位置及周边地理环境信息。

（3）监控在途车辆及司机信息。

3. 实验仪器

（1）内嵌GPRS设备的车辆终端（GPS）。

（2）智能配送与智能运输软件平台。

4. 实验步骤

（1）启动车载终端开关和智能配送与智能运输软件，单击“车辆监控”按钮，弹出“WebGIS 车辆监控系统”界面，如图 8－32 所示。在车辆监控菜单中单击“选择车辆”按钮，选择要监控的车辆，如图 8－33 所示。

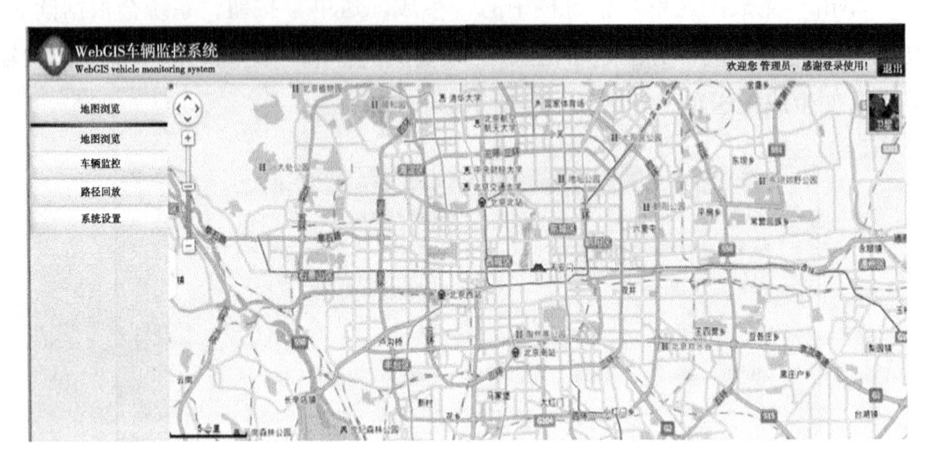

图 8－32　车辆监控主界面

地图浏览
车辆监控
选择车辆
车辆管理
路径回放
系统设置

选择车辆
选择您要监控的车辆

开始监控

显示 10 记录　　即时搜索：

☐	车牌号码	车辆类型	购买时间	当前状态
☐	J001	面包车	2011-11-30	正常
☐	J002	普通轿车	2011-11-29	正常
☐	J003	普通轿车	2012-02-25	正常
☐	J004	卡车	2012-02-02	正常
☐	J006	面包车	2012-02-03	正常
☐	J007	普通轿车	2011-12-09	正常

图 8－33　车辆管理界面

（2）通过车载终端，获得车辆坐标信息，并向系统平台发送相应的车辆坐标信息，然后在 GIS 地图上显示车辆当前的位置及地理环境信息。

（3）查看车辆运行轨迹，如图 8－34 所示。

五、在途商品监控实验

1. 实验目的

（1）了解在途商品监控的原理与方法。

（2）学会对运输过程中的产品进行实时监控与管理。

（3）加深对智能物流系统全程化管理思想的认识。

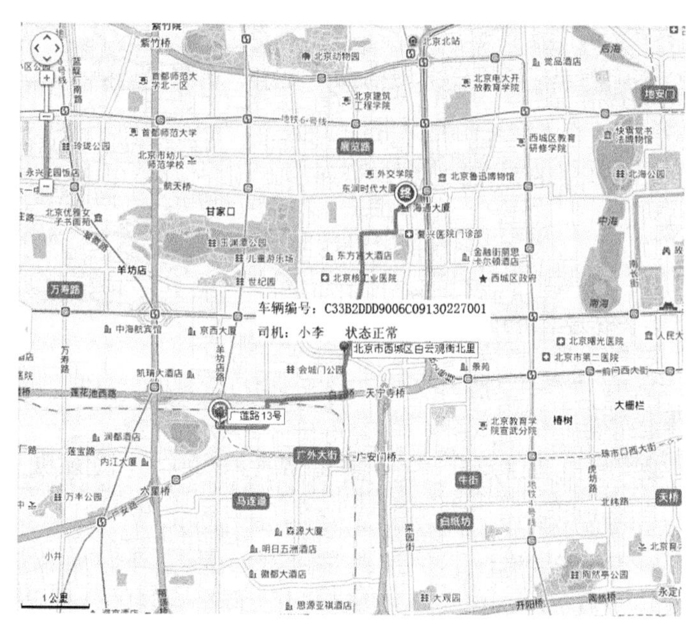

图 8－34 车辆运行轨迹界面

2. 实验内容

（1）使用智能配送与智能运输系统实时监控车辆的位置信息。

（2）利用商品 EPC 查询该商品当前的位置。

（3）查询该商品对应的运输车辆信息以及司机信息。

3. 实验仪器

（1）内嵌通信功能的 GPS 定位车载终端。

（2）智能配送与智能运输软件平台。

4. 实验步骤

（1）启动车载终端开关。

（2）在搜索框输入需要查询的商品 EPC，单击“查询”按钮，系统通过车载终端，获得车辆坐标信息，并向系统平台发送相应的车辆坐标信息，然后在 GIS 地图上显示车辆当前的位置及地理环境信息。点击产品编码，可查看相应车辆的状态信息。

（3）在搜索框中输入需要查询的产品 EPC，调出 GIS 地图，即可查看产品运行轨迹等状态信息。

六、车辆状态监控实验

1. 实验目的

（1）了解 ZigBee 无线传输协议及使用方法。

（2）了解在途车辆实时环境监控的原理与方法。

（3）熟悉商品全程监控的思想。

2. 实验内容

（1）利用 ZigBee 技术传输车辆环境信息，实现对车辆状态的实时监控。

（2）通过 GPRS 将数据信息传输至后台管理。

（3）商品在途的实时环境信息监控与管理。

3. 实验仪器

（1）车载终端设备。

（2）内嵌有各类传感器的 ZigBee 节点。

（3）GPRS 无线传输设备。

4. 实验步骤

（1）打开车载终端电源以及打开各传感器节点控制开关，对车辆环境信息进行实时监控。

（2）接收车辆各类环境信息，并显示于车载终端显示器上，如图 8－35 所示。

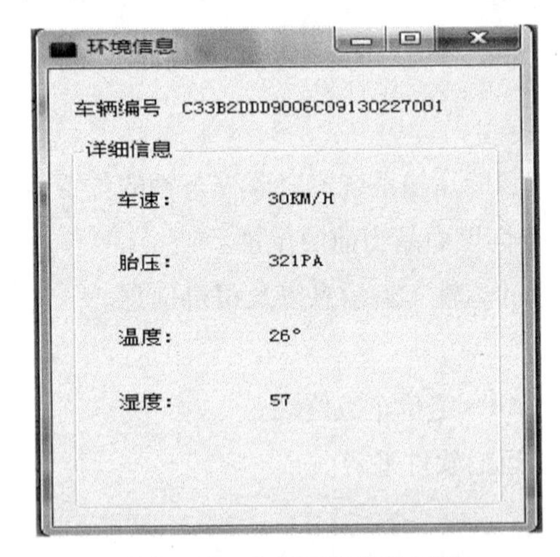

图 8－35　车辆环境信息界面

（3）环境警报限制的设定，若环境信息数据超出警报界限将触发警报。

（4）后台管理系统实时监控车辆环境信息，在地图上监控车辆的运行状态。单击即可查询车辆的实时状态。

8.5.3　智能销售实训

一、用户注册与管理实验

1. 实验目的

（1）了解超市销售过程的业务流程。

（2）掌握 RFID 技术在超市用户管理中的应用。

（3）掌握 RFID 技术的读写技术。

2. 实验内容

（1）将 RFID 的信息与用户信息绑定，完成用户的注册操作。

（2）完成对基于 RFID 卡的用户信息管理，包括用户注册、更新和注销等。

3. 实验仪器

（1）带有 USB 接口的计算机一台，软件环境为 Windows8、Windows7 或 Windows XP 操作系统。

（2）RFID 读写器。

（3）超高频 RFID 标签。

（4）智能超市销售系统实验软件平台。

4. 实验步骤

（1）连接智能生产物流实训的计算机、RFID 读写器等硬件设备。

（2）打开智能后台管理实验系统软件下的系统设置，设置好串口以及其他参数。

（3）打开软件的用户管理模块，对用户信息进行添加、修改、删除等操作，如图 8－36所示。

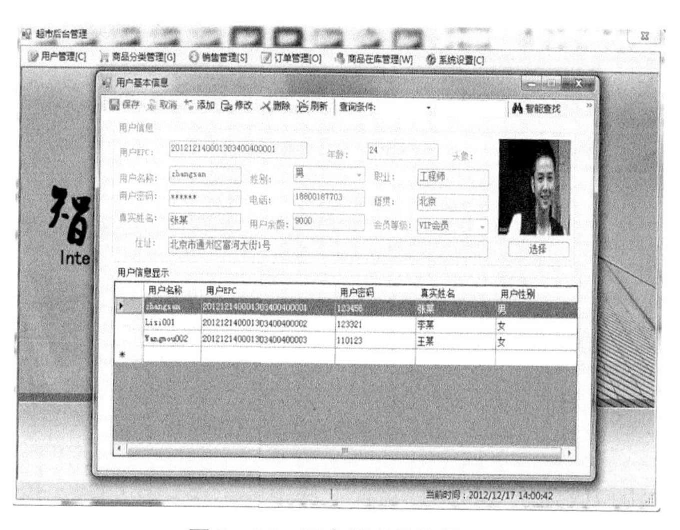

图 8－36　用户管理模块界面

①增加用户。单击用户管理界面中的“添加”按钮，弹出增加用户对话框，给用户分配一个唯一的用户 EPC 作为用户的身份标识，如图 8－37 所示。

单击“读取”按钮可以获取用户唯一的 EPC 号码，点击“确定”按钮返回用户基本信息界面，此时在用户基本信息界面就获得了用户的 EPC 号码，然后根据具体需要添加用户信息，信息录入完成后可以单击“添加”按钮。录入的信息出现在下方的“用户信息显示”档内。可以通过上述方法添加多个用户的信息，如图 8－38 所示。

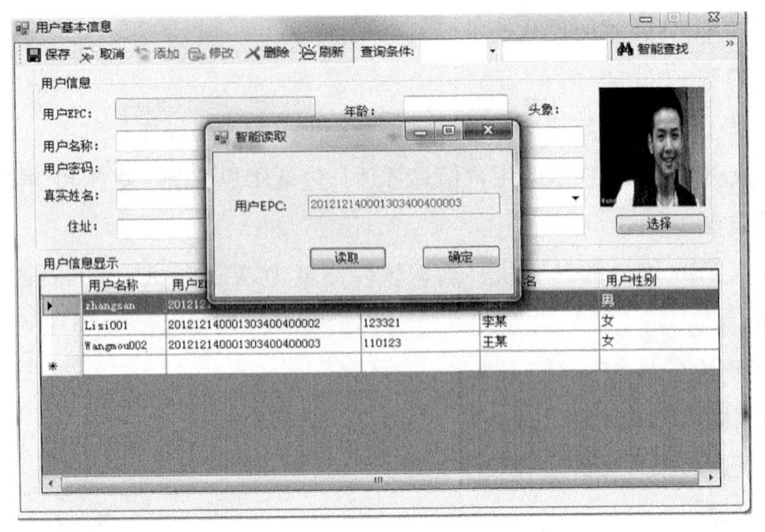

图 8－37　增加用户操作界面

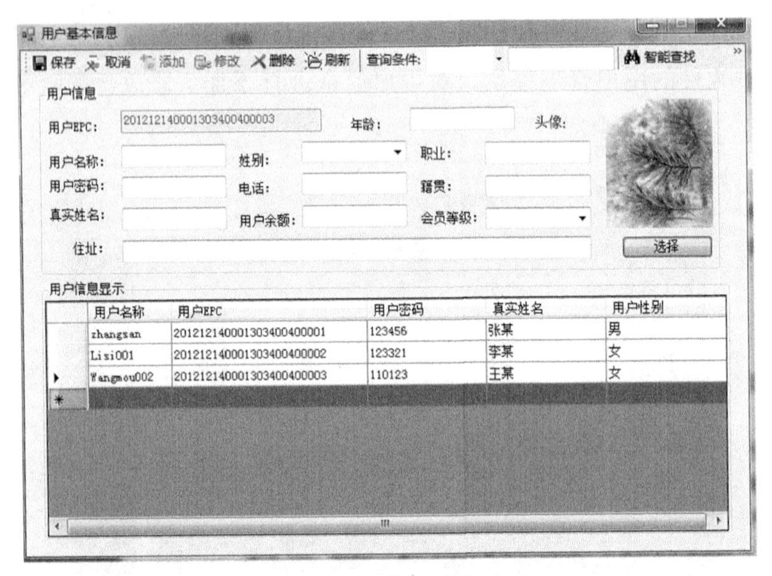

图 8－38　添加用户信息操作界面

②修改/删除用户信息。双击用户信息，选中的记录颜色变深，用户基本信息就会显示在用户记录项上。接下来可以根据具体的变化进行相应修改，然后点击“保存”将修改结果保存下来。例如，将某一用户的密码修改为 133，则只需双击将对应的用户记录项中的密码改为 133 即可，修改完毕单击保存，修改后的记录就显示在了下面的用户信息之中，如图 8－39 所示。

若要删除用户信息，则选择所要删除的用户，单击“删除”按钮后，系统显示删除成功，表示用户信息的删除。

③用户查找。当用户卡放在读卡器上，单击“智能查询”按钮，出现查询窗口，

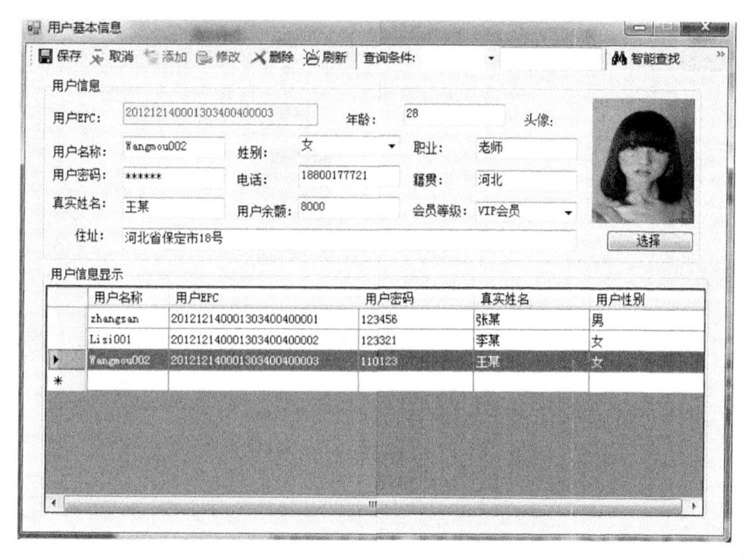

图 8－39　修改用户基本信息操作

再单击“读取”按钮就可以获得用户的 EPC 号码，点击“确定”按钮完成智能查询功能并将用户的信息显示在用户基本信息界面上，如图 8－40 所示。

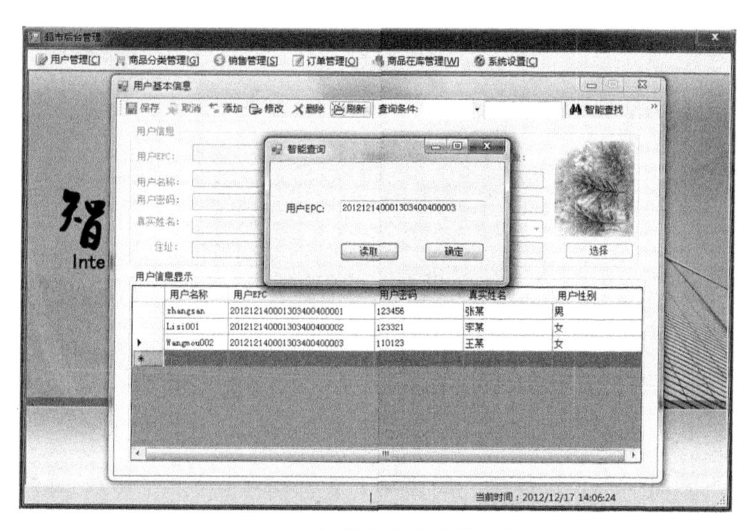

图 8－40　智能查询用户信息操作

④用户充值。单击用户管理中的“用户充值”界面，输入用户名称获取其他的信息，然后在“充值金额”栏中输入要充值的金额，单击“保存”完成用户的充值业务，单击“退出”按钮退出用户充值界面，如图 8－41 所示。

二、智能货架实验

1. 实验目的

（1）了解产品销售的业务流程。

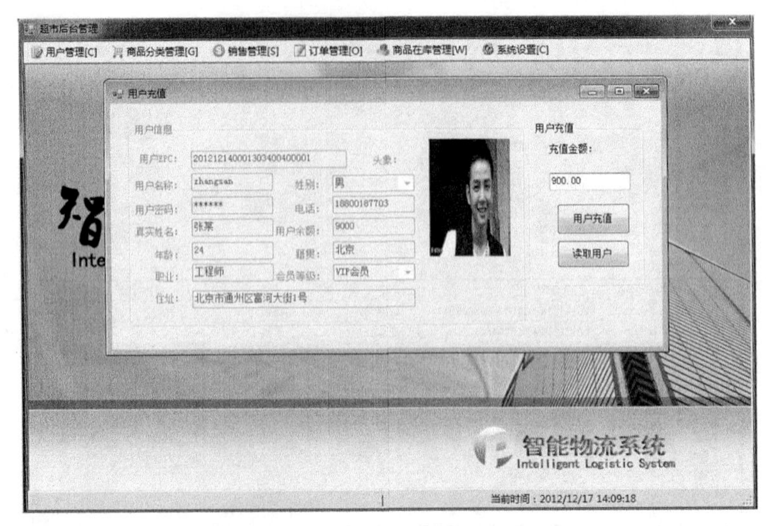

图8－41　用户充值操作

（2）了解RFID技术在智能货架中的技术原理及其在零售业务流程中的优势。

2. 实验内容

（1）在智能货架的前端显示屏单击查看指定商品的详细信息。

（2）将智能货架上的商品取下并观察前端一体机显示屏的内容变化情况。

3. 实验仪器

（1）智能货架系统。

（2）贴有标签的商品。

4. 实验步骤

（1）打开智能货架的硬件设备（供电，并保证网络畅通），然后启动一体机，运行前端智能货架软件系统。

（2）点击“设置”下面的系统参数设置，可以进入系统参数设置界面，如图8－42所示。

在系统设置的窗口中，依次填入监听端口、安全库存检查间隔、选择RFID读写器数据传输格式以及数据库连接的数据，点击“测试”，检查数据库连接是否正常。设置完成后，单击“保存”按钮完成设置。

（3）点击“防盗模式”按钮，启动智能货架的监控功能，稍后，系统界面上将显示货架上的产品信息，如图8－43所示。

（4）单击界面上的商品，可以查看商品的详细信息。

（5）将货架上的商品取走，查看软件界面的变化情况。

（6）将货物重新放回货架，查看软件界面的变化情况。

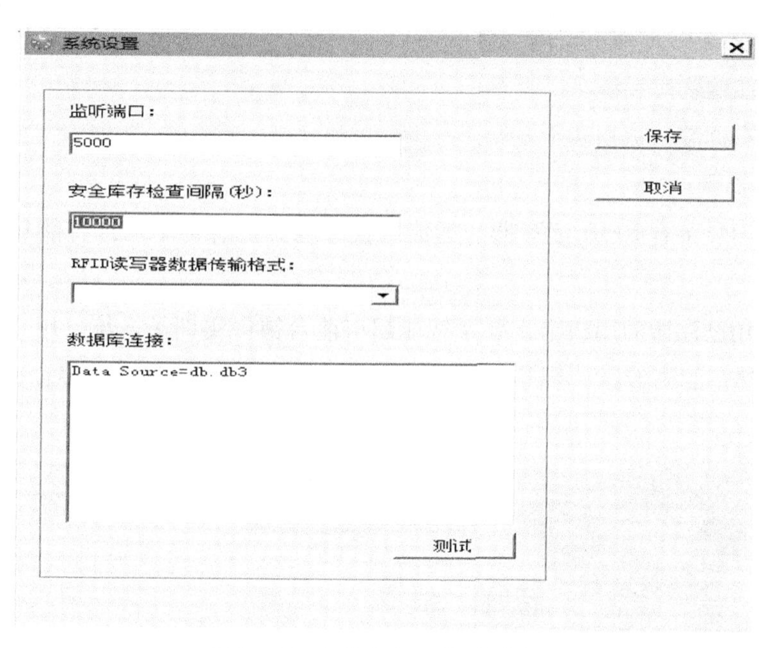

图 8－42　智能货架系统设置界面

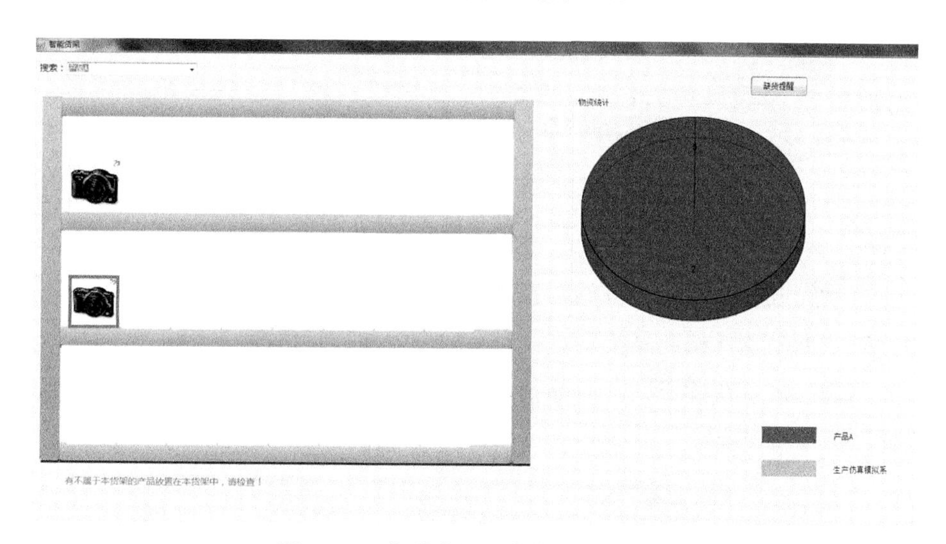

图 8－43　智能货架防盗模式监控界面

三、前台选购商品实验

1. 实验目的

（1）了解智能超市的业务流程。

（2）了解 RFID 技术在智能超市中的应用与优势。

（3）掌握 RFID 技术在超市前台货物管理中的应用原理与实现原理。

2. 实验内容

使用智能超市的智能购物车系统完成在智能超市中的购物操作。

3. 实验仪器

（1）智能购物车系统。

（2）贴有标签的货物若干。

4. 实验步骤

（1）使用装备有 RFID 读写器与智能触摸屏的智能购物车前往智能货架开始购物实验。

（2）使用已注册的用户卡，登录智能超市前台销售实训子系统。用户将会员卡放置在智能购物车的刷卡区，观察系统读出的客户信息，然后登录主界面，如图 8－44 所示。

图 8－44　智能前台登录界面

（3）登录完成后，单击“开始”按钮进行购物。

（4）查找商品 A（按商品类别查找商品的位置和存货情况）。

（5）将商品放置在读卡区。商品信息如图 8－45 所示，包括商品图片、名称、原价、位置、折扣和现价等。

图 8－45　商品信息查看界面

（6）使用“添加到购物车”功能。单机“添加到购物车”按钮，将商品添加到购物车中。若添加成功，界面则显示“添加成功”的提示，如图 8－46 所示。

图 8－46 添加购物车界面

（7）移除购物车中的商品。当消费者打算移除购物车中的商品时，只需选中购物车中要移除的商品，单击“移除”按钮，系统提示“移除成功”。

（8）重复上述（6）、（7）步操作若干次，购物车中最后要留有商品。

四、前台购物结算实验

1. 实验目的

（1）掌握智能超市前台购物结算的业务流程。

（2）了解 RFID 技术在智能超市中的应用与优势。

（3）掌握 RFID 在智能结算中的应用原理。

2. 实验内容

使用智能超市的智能购物车系统完成在智能超市中的购物结算操作。

3. 实验仪器

（1）智能购物车系统。

（2）贴有标签的货物若干。

4. 实验步骤

（1）登录智能购物车系统，单击“去购物”按钮，加载已选购好的商品，然后单击“结算”按钮。

（2）将购物车推到结算台，通过结算台通道的门形 RFID 读写器来读取所选购商品的信息。此时，系统将显示购物车中的商品信息，如图 8－47 所示。

（3）如果系统有未使用智能购物车添加的商品，直接通过结账通道时，将在无效商品栏中显示。单击“确认支付”按钮，系统将提示存在非法商品。

（4）选中无效商品区域中的商品，并单击“添加到购物车”按钮。

（5）若系统与购物车中商品比对后无误，再次点击“确认支付”按钮，系统将从用户余额中扣除商品金额，完成购物。结算完成后，系统显示结算成功。

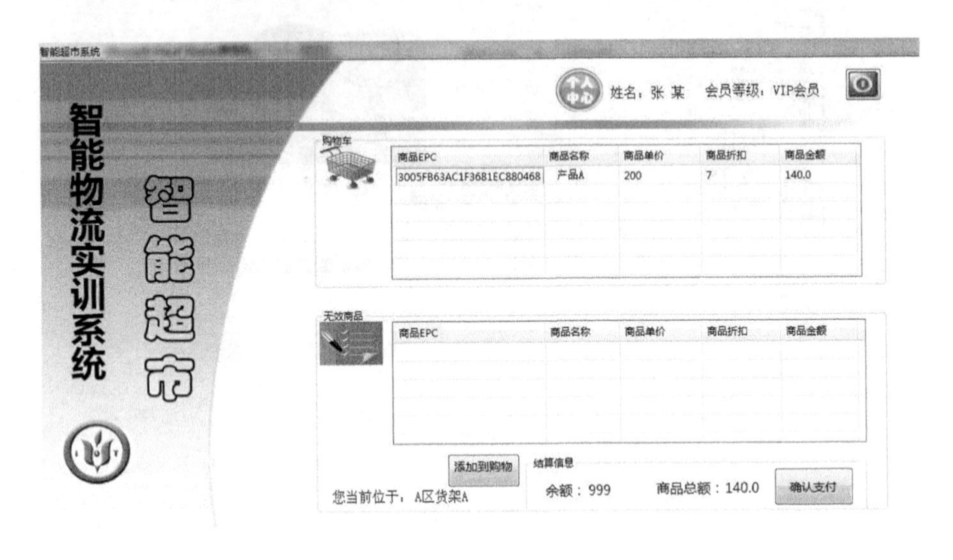

图 8－47　前台购物结算界面